下一代太空颠覆性技术与创新

Disruptive Space Technologies and Innovations: The Next Chapter

[美] 斯科特·马德瑞（Scott Madry） 著

吴文堂 王鲲鹏 黄 剑
王东亚 高永飞 姚 刚 译

中国宇航出版社

·北京·

图书在版编目（CIP）数据

下一代太空颠覆性技术与创新 / (美) 斯科特·马德瑞 (Scott Madry) 著 ; 吴文堂等译. -- 北京 : 中国宇航出版社, 2023.11

书名原文: Disruptive Space Technologies and Innovations:The Next Chapter

ISBN 978-7-5159-2178-5

Ⅰ. ①下… Ⅱ. ①斯… ②吴… Ⅲ. ①航天科技 Ⅳ. ①V1

中国版本图书馆CIP数据核字(2022)第244618号

责任编辑　张丹丹　　　**封面设计**　王晓武

出版发行　中国宇航出版社

社　址	北京市阜成路 8 号　**邮　编**　100830 (010) 68768548	**版　次**	2023 年 11 月第 1 版 2023 年 11 月第 1 次印刷
网　址	www.caphbook.com	**规　格**	787×1092
经　销	新华书店	**开　本**	1/16
发行部	(010) 68767386　(010) 68371900 (010) 68767382　(010) 88100613（传真）	**印　张**	13.75　**彩　插**　4 面
		字　数	300 千字
零售店	读者服务部　(010) 68371105	**书　号**	ISBN 978-7-5159-2178-5
承　印	天津画中画印刷有限公司	**定　价**	98.00 元

本书如有印装质量问题，可与发行部联系调换

只有当我讲述的事情听上去极其不可思议时，我们才有可能想象出真正的未来是什么样子。

——亚瑟·克拉克

谨以此书献给第一个在火星表面行走的人，他一定生活在今天这个时代。无论你是谁，无论你在哪里，你都无法在今天预测未来会给你带来什么奇妙的事情。但请记住，当你在那伟大的一天回望地球时，你是站在巨人的肩膀上。

序

近年来，太空领域充斥着“太空 2.0”和“新太空”之类的新词。当下的热门话题是这种创新思维和来自硅谷的颠覆性技术正在如何改变商业航天世界。毋庸置疑，变革正在酝酿之中，而颠覆性的创新正在以前所未有的速度推动这一变革。

斯科特·马德瑞教授出版了一本具有里程碑意义的书，将目前正在发生的变化置于更广泛的历史、经济、文化、技术和政治背景中。他的首要任务是解释在我们这样一个充满活力的社会中，变化和创新是如何以新的方式爆发的。在一种持续的动力驱动下，做什么事情都变得更有效率、更加经济，生产力也不断提高。但不幸的是，人们却很少关注可持续发展及环保事宜。

数十万年来，人类一直过着采集狩猎的生活，但后来，能产生大量种子的植物为人类带来了农业、农耕、城镇、定居地以及专业的技能、人才与工艺，促使更多的发明涌现，最终引发了工业革命、后工业社会以及不受约束的信息网络，技术、社会、法律、政治和军事创新层出不穷，城市化和创新永久改变了我们的世界。

一方面，我们的经济、健康、技术、身体素质、法律与公民体系以及对世界的系统性解决方案都在不断发展；另一方面，这种发展也导致了新的问题，例如机械化战争、污染和世界各地的人口过剩等。为了解决这些问题，新的和平条约、核裁军条约、环境保护机构和人口控制机制应运而生。

事实上，创新、新技术以及能促进社会和经济生产力发展的新的、更加系统的方法已经伴随我们几千年了。马德瑞教授为我们列出了一些改变社会与现代生活方式的创新途径，特别强调了人们对太空、卫星、运载火箭、空间应用与服务的全新思考方式，以及商业太空技术改变世界的方法。

也许，他想传递的最重要的信息是，不要狭隘地思考商业太空领域已经发生的事情。他认为，不断变化的商业太空世界不仅是高效的立方星、新型地面测控系统或可重复使用的运载火箭。他解释了这些重要的创新只是达到目的的一种手段，以及太空是如何实现民主化的，以便更多的人，尤其是发展中国家的人们，可以利用空间系统，以较低的成本在通信、网络、政府服务、农业、林业、渔业、采矿、教育、医疗保健、运输、执法等方面提供令人惊叹的新服务，所涉领域遍布全球所有经济部门。发达国家和发展中国家都可以从小卫星及可重复使用的运载火箭中受益。遥感立方星还可以用于预防反人类犯罪和毒品走私、非法捕鱼、污染行为等等。

本书从丰富的历史与文化意义角度解释了创新的过程、颠覆性技术的意义以及“新太空”（NewSpace）革命，同时解释了技术创新如何引领新的服务与应用并产生新的社会与政治问题，以及如何催生人们对新法律和监管改革的需求。有人认为应见好就收，在大多数情况下，几乎任何事情的过度都会导致产生严重的问题。用小型卫星开发低成本空间系统的热潮确实引起了人们对轨道空间碎片的关注，同时也使那些刚刚进入商业航天领域的人们对公平进入太空表示担忧。

马德瑞教授在本书中所提供的清晰阐释以及对社会、政治、监管和经济的广泛论述令人印象深刻。他清楚地解释了颠覆性技术这一重要主题，以及随着时间的推移，颠覆性技术如何改变了一个又一个行业。此外，他还诠释了包括新运载火箭和地面用户终端在内的“太空2.0”系统是如何改变世界的。“新太空”正在通过大量颠覆性的新技术、系统和服务，为我们提供新的机遇。

对于任何对太空以及这个令人惊叹的创新领域正在发生的快速变化感兴趣的人来说，这本书都是一本非常有用的读物。目前，联合国已经为我们这个60万亿亿吨（6×10^{24} kg）的行星制定了17个困难而苛刻的“可持续发展目标”。这些目标需要解决的问题包括饥饿、污染、生活水平、社会公平以及种族、性别、文化公平等。当前，太空技术革命所带来的诸多创新，有助于人们以更低廉的成本、更普适和简单的方式实现这些艰巨的目标。马德瑞教授列出的新太空系统给世界带来的十大变化非常值得了解。他极具个性化的叙述也为本书平添了趣味。请开始您的阅读吧！

国际空间大学名誉院长——约瑟夫·派尔顿

2019年4月3日

前　言

任何非常先进的技术都与魔法无异。

——克拉克第三定律

2010—2018年，我在世界各地开展学术研究、举办公开讲座并参加学术研讨，参与了奇点大学（Singularity University）、美国国家航空航天局艾姆斯研究中心的几个项目，管理了国际空间大学在澳大利亚阿德莱德的暑期计划，同时在世界各地的各类学术研究中授课，去过位于美丽的开普敦的南非大学空间实验室，还参加过几届太空下一代论坛（Space Generation Forum）及国际宇航大会。这本书就诞生于这一系列活动中。

像所有的作品一样，这本书也有着不同的初衷和动因，但促成它的依然是我所观察到并参与了一小部分的“新太空”所带来的惊人变化，以及太空领域参与者从大型政府机构和国际航空航天公司到狂热的新硅谷私营部门的变革。这是一个能够参与航天事业的有趣的时代。

我开始沉迷于这样一种想法：一个人，一小群人，一个想法或一项技术发展竟然可以对市场、社会与个体产生如此巨大的影响，我想知道这种情况是如何发生的，它发生过多少次，以及是什么推动、促成或抑制了这种惊人的技术创新过程。为什么它发生在某个地方或某段时间而不是另一个地方或另一段时间？它可以像花园里的种子一样根据需要培育、管理、种植和浇灌吗？还是它只是在不经意间“发生”，并像风一样，消失在时间里？我还开始思考颠覆性创新所带来的更大的社会效应及影响。有人关心谁被颠覆了吗？又有谁能决定那些受到负面影响的人的命运？如何减轻对这么多人的负面影响？如何利用这股强大的革新力量来造福地球上数以百万计的贫民？这有可能吗？我有很多问题，但若有答案的话，真正的答案却很少。这就是我决意要踏上的旅程。这本书主要完成于我的母校北卡罗来纳大学教堂山分校，也有部分撰写于南非开普敦、加利福尼亚山景城和澳大利亚阿德莱德，还有许多零散的内容写于世界各地的酒店和机场。

本书必须涵盖非常广泛的议题，因为我们必须通过探讨大量主题来讲述这个复杂而迷人的故事。在第1章，我们将介绍颠覆性创新和技术的基本定义，以传统商学院和经济学的观点为主，即如何研究这一活动。在第2章中，我们将介绍三个传统的、与太空无关的案例研究，说明颠覆性技术如何重塑现有市场及更大的世界。这三个案例的研究显示了颠覆的力量以及它们对市场、公司、国家甚至文化的广泛影响。个人作为变革推动者的力量也是显而易见的。

在此之后，我们将在第 3 章探讨太空领域：它是什么，我们如何到达那里，一旦进入太空我们做什么，我们为什么要这样做等。我们将研究参与太空活动的各种轨道和商业企业、市场、政府项目与机构。最后，我们将审视“新太空”的革命性理念，以及太空世界是如何处于革命的边缘的。第 4 章将介绍颠覆性空间创新的案例研究，与第 2 章类似。我们将研究航天发射器、可重复使用火箭与运载器、太空旅游、充气式太空轨道酒店等新概念，以及实际太空应用的新理念，如电信、卫星导航以及对地球家园的遥感技术等。在第 5 章中，我们将介绍哪些可能是即将出现的顶级颠覆性空间技术与创新，以及它们可能产生的影响。我们还将提及一些荣誉奖项。

第 6 章将讨论这场空间革命将如何影响发展中国家，特别是颠覆性的空间技术如何能够支持联合国的可持续发展目标，并成为与我们同享地球的 30 亿较贫困人口的积极力量。第 7 章将探讨复杂的国际监管与条约，以及这些法律框架与“新太空”革命之间的关系。我们现有的国际政策和监管框架已经严重过时，需要进行重大调整，以便适应即将来临的未来。

第 8 章将探讨颠覆的弊端。如今，每个人都想具有颠覆性，但没有人想被颠覆，“新太空”革命正在颠覆许多既定、强大的参与者，面对这种变化，他们一点也不高兴。这些巨大的变化不仅影响强大而富有的航空航天公司，也影响底层工人和整个社会，它如何为那些失去工作和生计的人提供一些补偿？大规模经济和文化颠覆所付出的文化和个人代价是什么？有许多重要的问题需要考虑，而这些问题在科技界并不常被提及。

第 9 章将介绍你需要知道的有关颠覆性技术与太空创新的 12 件大事。第 10 章将介绍所有这些的最终结论，并将提出对未来的预测。本书最后提供了术语表及太空颠覆性与创新性技术的相关文件、立法和国际法规，这些术语在太空界和科技界普遍使用。

像所有描述快速变化事件的书籍一样，本书只要出版印刷就会开始过时，而且肯定还会有许多事件在这个项目刚刚完成后就立刻发生，世事一贯如此。我自始至终都使用公制单位，但也为尚未采用公制单位的美国朋友增加了英制单位（英尺和磅）。全文也使用了美元。我在书中列举了许多事实和技术数据，也提出了我自己的观点。如有任何事实方面的错误，毋庸置疑是我的责任，虽然我是无意的。如果我弄错了一些事情，在此深表歉意。我所呈现的只是我自己的观点，我相信你能分辨出它们与数据之间的区别。

许多人影响了我对问题的想法和思考，并帮助我完成了此书的撰写。首先是我的老朋友、同事、编辑、俄克拉荷马人约瑟夫·派尔顿博士，他是我所知道的知识最丰富、著作最多的太空专家。然后是施普林格出版社编辑莫莉·所罗门，她一直向我传授绝佳的出版知识与合理化建议。她业务精湛，让我学到了很多东西。最后，我永远感谢我的家人，我的妻子萨拉和我的女儿艾德里安，当我漫游世界结束回到家中后，她们总是在那里等着我，迎接我，帮助我恢复元气，倾听我讲述远方人们的故事。感谢你们所有人。

斯科特·马德瑞

美国北卡罗来纳州教堂山

目　录

第1章　系好你的安全带，这将是一段颠簸的旅程！

当一位杰出而年迈的科学家说某事是可能的，他极有可能是正确的。但当他断言某事不可能时，他很可能是错的。

——阿瑟·克拉克

1.1　为什么要写一本关于颠覆性技术与太空的书

这是一本关于颠覆性创新与太空以及当前正发生在世界各地、重塑人类航天事业的太空革命的书。市面上有很多以太空为主题的书籍，讲述了人类如何到达太空，人类能在那里做什么，以及这些活动对于地球上的人有何意义，还有很多关于创新与颠覆性技术的商业书籍。但本书主要关注颠覆性创新如何随着时间的推移而发展演变，它们最终如何进入太空领域，如何改变我们开展太空活动的方式，这一切意味着什么，以及它们的未来发展方向。

本章将从目前已相当成熟的传统学术、商业和经济学的角度介绍颠覆性技术的概念，主要包括颠覆性技术的历史和理论，并介绍其定义与基本概念。本书还将讨论颠覆性创新模式，因为它通常需要从传统商业的角度来理解。本章为后文介绍太空颠覆性技术以及它们为何既相似又截然不同奠定了基础。

1.2　到底什么是太空颠覆性技术与创新

归根结底，我们需要尝试研究这个过程是如何运作的，以及这一切是如何在太空、地面、我们的生活和我们的未来中整合在一起的。最后，我们希望读者能够思考这一切与你和你的生活，以及我们星球的未来有什么关系。

1.3　人类是创新者

在我们所生活的时代，技术与社会正在经历前所未有的变革。我们智人在这个星球上存在的99.9%以上的时间里，也就是至少20万年、6600多代人，都是以狩猎采集为生，过着10～50人为伍的群居流浪生活[1]。生存与环境密切相关，一代又一代人生活在基本相同的技术中：石器与长矛、编织篮与兽皮袋、陶罐以及简单的狩猎和日常生活工具。除了能够随身携带的物品外，其他什么都没有。我们过着我们的父母和他们的父母曾经的生活，我们把我们的物质财富、技能和文化工具箱传给我们的孩子，孩子又把这些传给他们的孩子。

然而，最终人类开始以越来越快的速度转变为我们所说的“人，智者”（智人）。首先，驯化动物、发展农业、使用工具和以铜、铁为代表的金属使人类永久性地建立了城镇，继而出现城市，食物有了盈余，财富得以积累，社会也有了贵族与精英阶层，人类成为这个世界上有着与众不同生活方式的物种[2]。

我们生活在越来越复杂与庞大的社会中，有着更加专业化及更加新颖的谋生方式。创新和发明不断被引进与分享，人们的生活方式也变得越来越固定。直到18世纪末甚至更晚的时候，世界各地的人们几乎都生活在一个社会、社会组织和对人类社会与我们生活的世界之间关系的理解都是单一的、相对稳定的“茧”中。但这一切开始发生变化，世界旋转得越来越快，技术革命变成了一个不断增大、令人困惑的旋涡。

钢铁和蒸汽的工业时代带来了以蒸汽船、火车头、铁路网、桥梁、工业生产和全球范围内大规模贸易为代表的巨大变革与创新。新的能力与工具又创造出能够让生活更美好、更长久、更充实的新方法，但我们也开始失去那些将我们与我们的历史以及我们在世界上的位置联系在一起的纽带。我们不能再依赖父辈的技术和工具，也不能确定所知道的东西是否足以养活我们的孩子。未来充满变数，前路不为人知。

随后到来的是“硅时代”，这是计算机的时代，是二进制的时代，是电子邮件和互联网的时代，也是数字信息的时代。一波又一波的新技术、新计算能力和新数字技术应用正在冲击我们的生活。新的企业正在迅速取代旧的企业，而它们自己也在瞬间被淘汰。

如今，在发达国家，一个人在大学接受的培训和教育对他们所产生的影响可能持续不了几年，他们需要在之后的人生中“不断充电”，以获取足够的知识，在不断变化的工作环境中保持生产力。一波又一波的新数字技术正向我们涌来，问题很快就变成了“我们将在下一场技术浪潮中冲浪，还是会被淹没？”父母和他们的孩子生活在完全不同的数字世界中，而祖父母连WhatsApp都不会玩儿，只能被遗留在旧世界，与他们的孙子孙女完全分离。云计算、社交计算、人工智能、数据分析、机器学习、大数据、边缘计算、对我们的星球和我们生活的持续观测研究……所有这些以及更多的东西正冲刷着我们的社会、政治和经济现实。这一切都令人非常不安，而且人们也似乎在某种程度上减少了联系，尽管我们一直在网上收看24小时有线新闻或通过社交媒体上网。

根据人类的进化与文化，我们没有足够的能力去回应或反应，更不用说有的放矢地去创造一个对我们有益的世界了。人类在进化中实现了一种区别于其他动物的独一无二的生存方式。河狸知道如何垒窝，知更鸟知道如何筑巢，这些动物生而具备生存本领，而人类却是通过一个复杂的关系网得以生存，我们称之为文化。每个人都出生在虽无形却无处不在的文化中，我们从父母和家庭中吸收了这种文化，它使我们掌握了语言，拥有了社交工具，能够在任何气候中生存，无论是北极高地还是最偏远的太平洋岛屿。我们的学习能力、适应能力和接受这个文化网络的能力为我们提供了很大的帮助，然而当我们长大成人后，发现自己处在一个全新的环境中，父母的工具已变得无关紧要。在我们不知道生存的工具究竟是什么时，该如何帮助我们的孩子呢？

几个重要的问题由此而生。这包括：当今的技术发展是否已经加速到了对人类产生反作用的地步？颠覆性何时会超越创新性？社会将如何规划并有效利用这种快速变化？当我们无法控制或适应日新月异的技术变革时，我们该怎么办？还有更多的问题，而且，有趣儿的是，在创造这些新技术方面有大量的思考和发展，但很少有人考虑这些技术是如何影响我们的世界的，以及我们可以或应该做些什么。如果我们能发展它，我们就去做！毫无疑问，无论这一切将如何展开，它们都将对我们所有人（包括我们的孩子）的生活产生重大影响。

太空，以及我们的太空活动和由此带给我们的好处，已经成为生活中不可分割的一部分，这一点将在后文进行探讨。能够清楚看到的是，更多时候，太空正在不知不觉地融入我们的世界，比如全球定位系统（GPS），它已对我们生活的许多方面产生了影响。太空正在我们眼前经历着深刻的变化，整个太空领域正在进行一场广泛而迅速的颠覆性变革，而这正是本书的内容。虽然太空变革对金融、社会和个人的影响尚不确定，但我们可以开始思考这一切。

究竟什么是颠覆性创新呢？这是一个耳熟能详的词语，但它的意思是什么？哪些人应该首先思考它？它又是如何运作的呢？

1.4　颠覆性创新的传统研究

颠覆性技术或颠覆性创新的最初概念，是由美国哈佛商学院的教授克莱顿·克里斯滕森（Clayton Christensen）在其著作《创新者的窘境：当新技术让伟大公司走向失败》中提出的，该书由哈佛商业评论出版社于 1997 年出版[3]。在这本开创性的、改变游戏规则的书中，克里斯滕森教授提出了一个观点，即新技术的引入可以扰乱甚至摧毁现有的主要企业，即使这些企业从标准的商业规划和管理角度来看，一切都很正确。这本书与他的其他几本书（如《创新者的解决方案》[4]），以及他的追随者的著作，在很大程度上改变了企业、学术界和科技界对新技术、创新产品及服务所带来的颠覆周期的思考与规划。这在很大程度上也是颠覆者自己的故事，是他们的想法和意志推动了这一进程。

现在，在商学院和经济学文献中，有一个相当完善的颠覆性创新与技术理论，但学术界和其他人对这一切究竟意味着什么，这个概念应该如何适用不同的商业领域和文化等问题还颇有争议。这是正常现象，因为争论与辨析新的想法及其含义，同时努力拓宽和发展这些概念正是学者的职责所在。有关新的颠覆性发展是如何扰乱市场现状，并主导市场参与者的研究已经逐渐深入人心，并不断发展延伸，其他书籍、期刊文章和会议也会继续讨论和拓展这些新想法，颠覆性创新与技术理论正是在这样的情形下逐步推进。商业性文献大多聚焦大众消费市场，而太空一直是一种异于其他类型的商业活动，我们将在后文中进行讨论。一颗地球同步轨道卫星的发射成本可能超过 2.5 亿美元，还不包括可能比这更贵的卫星[5]。但是，颠覆性技术的理论使我们从一个非常不同且十分有用的角度来看待太空和当前太空领域的革命。

对于我们所讨论的主题，人们有许多不同的观点，但一个较为有用的定义是："颠覆性技术是一种从根本上改变竞争性市场空间现状的技术，同时也改变了主流技术的市场地位以及这个市场的控制者。"一项新的颠覆性技术可以简单地取代一个细分市场中现有的主要参与者，但更多情况下，它可以带来从未存在过的全新市场、应用与行业，并能够快速重新定义这些市场由哪些主要参与者构成。

在过去的 100 多年里，显著的事例比比皆是。电报的发展与马可尼（实际上是尼古拉·特斯拉）无线电的发展就是两个早期颠覆性技术的好例子。这两项技术为人们创造了不同以往的沟通方式，创建了全新的企业，如西部联盟电报公司和商业广播电台，同时，也影响了当下市场与主要企业，如世界各地的国家邮政局。技术、企业与市场形成了一个前所未有的全新组合，使现有参与者受到了影响，而这种影响通常是负面的。电子邮件及其对西部联盟电报公司、传统邮局和邮政行业的影响是另一个类似的例子。改革的浪潮已经到来。

证据充分的例子不胜枚举：蒸汽船取代了帆船，喷气式商业飞机又在短短几年内取代了跨越大西洋的蒸汽客轮；个人计算机、联邦快递和隔夜达快递相继发展；数码相机取代了胶片（还有人记得柯达彩色胶卷与 35 毫米单反相机吗?）。这样的例子还有很多。

但太空与绝大多数反映消费大众市场产品的例子有显著的不同。至少从目前来看，太空还没有被视为一种消费产品。但是，我们可以从一些商学院对这一现象的研究中学到很多东西，这对我们理解太空以及我们正在看到的非凡变化有着相关且重要的意义[6]。

通常，削弱现有市场领导者并打破现状的颠覆性创新本身并不是全新的，从纯技术角度来看，也未必十分复杂或困难。比如无线电是一种完全不同的新技术，但联邦快递（FedEx）和优步（Uber）却毫无新技术可言。对于颠覆性创新来说，重要的是如何将现有的各种技术以一种新的创新方式组合在一起，创造出一种新的产品或服务，或者开创一个新的商业市场，从而与现有的企业竞争，如联邦快递和优步与政府经营的邮局及传统的出租车、豪华轿车公司展开竞争。

然而，根据现有商学院文献，人们所研究的几乎所有颠覆性创新都具有两个重要特征。首先，它们总是呈现出一套新的、不同的能力特性。有意思的是，通常情况下，这种新的能力组合在一开始并不那么有用或有趣儿，至少对大多数用户来说是这样。很多时候，它们没有被普通消费者真正认识或重视，更重要的是，该领域的领导者也不认为它们会对其市场地位产生重大威胁，因此，刚开始他们并没有对这种威胁做出反应，但当意识到事情的严重性时，却为时已晚，这就是克里斯滕森的突破性概念。

市场中颠覆性创新的第二个共同特征是，这种能力和特性的新组合进步速度极快。事实上，正是依靠快速进步，新技术才能够迅速获得新客户、压倒市场主导者并接管现有市场，同时，创造出前所未有的全新市场。这些新的创新者还可以很快将小众市场发展成新的大规模大众市场，而原先的市场主导者们沉浸在现有产品和专业知识为他们带来的丰厚回报中，认为小众市场不值得他们花费时间。

这些研究中贯穿了一个非常普遍的现象，即一旦出现可能彻底改变现有市场或行业的新技术，受影响的市场中主要既定参与者通常认为这没什么意思，而且该技术最初并不会被认为能对其主导地位产生威胁。他们是市场领导者，了解他们的市场与客户，并“拥有”他们的市场。传统分析使他们相信，这并不是现有客户群真正想要或需要的东西，也不是市场主导者需要关注的东西。一部分原因是，最初预期的利益差强人意，或者与现有的模式有很大的不同。相对于他们现有的活动，市场和利润率将很小，无法抵消追求这个新机会的成本。

另有部分原因在于傲慢，以及希望成为“肥胖而快乐”的市场领导者。从上面往下看，景色往往很美。同理，作为一种新方法，市场主导者不想承担与之相关的成本。此时此刻，这个新方法需要在一个被认为“不是我们核心任务”的新领域中投入新的生产、营销、分销、制造和管理资源，会带来额外的风险和不确定性，因此是不值得的。毕竟，消费者并没有对这款新产品表达出强烈的需求（至少现在还没有）。同时，这也是一项我们不甚了解的新技术或新应用，我们没有合适的人，也没有对策。它可能只是一种时尚，比起我们提供给消费者的东西，它并没有什么优势，我们知道自己在做什么，忽略它，它就会消失。

因此，鉴于这些非常易于理解的、十分人性化的、完全可以预测的原因，新的、即将带来颠覆性改变的创新与技术往往被轻视、忽略或拒绝，人们继续做着市场领导者们最熟悉以及一直以来都非常成功的事情。

然而很快，另一家公司出现了，它是一家更小、更灵活、对现有模式投资更少的公司。它觉察到了新想法的潜力，或者就是他们自己将这个新想法引入现实。他们将新技术带入市场，或带入一个与现有市场略有不同的市场中，甚至带入由他们创造的、可以通过初创公司的有限资源占领与开发的全新小众市场中。慢慢地，新的业务走向成功，其他新参与者嗅到了正在发生的事情的气息，他们在新想法中加入了自己的点子和不同的创新，以比现有市场领导者所设想的快得多的速度，不断增强和改进这个想法及其能力、市场及对现有客户的价值，并开始引进新的客户。客户开始对此产生兴趣，资金开始流入小型初创企业，这又引起了其他人的注意，包括寻找下一个大事件的投资者和他们的资金。这样做的目的是以主流客户开始认可和重视的方式提高效益和性能。随着新用户的加入，颠覆性技术在一个快速旋转的循环中崛起，超越了现有模式的认知，成为对现状的严峻挑战。

当这种情况发生时，现有模式和市场领导者要有效应对往往为时已晚。造成这种结果的原因是多方面的，环环相扣，极为复杂。它是商业哲学与观念、心理学、个人技能与基础知识、经济现实、风险策略、市场变化等多种因素的混合。这个过程的另一个共同特征是，现有市场领导者开始反击，而不是采用新的想法与方法，这也是最常见的情况。他们通过广告进行反击，对现有产品进行微小的"更新"。

一开始，他们的反应十分轻微，也没有做很大的投资，但随着周期的变化，他们意识到了风险，开始投入更多的资源来维持他们的地位以及旧的模式。他们可能会试图收购或以其他方式扼杀新崛起的竞争对手，或者他们可能会提起法律诉讼或专利侵权诉讼，试图用法律消除威胁，甚至通过政治压迫来解决威胁。他们通过新的规则或立法、贸易关税或其他不太"软"的手段为新想法设限。有时，情况会变得很糟糕，但他们不会轻易放弃，他们选择斗争而不是接受。如果他们试图接受，也经常是基于现有模式，而这往往不会成功。

最终，模式改变了，消费者的需求也改变了，现有公司被取代，工作岗位消失，企业和工厂关闭，而世界继续前进。人们无法想象，没有这个新的东西，人们以前是怎样生活的。有意思的是，这样的情景一遍又一遍上演，人们在相同的模式下一次又一次犯同样的错误。这就提出了一些有趣儿的问题：人们如何思考，组织如何反应，人们应如何看待威胁，以及如何做出决策来应对快速发展的威胁与变化。但最令我们感兴趣的方面是，这种广泛的模式是什么，以及它与当前太空领域的形势之间的关系。

1.5　S形曲线

克里斯滕森还提出了S形曲线的概念，以此形象地描述这一颠覆过程。目前，S形曲线已经成为市场上颠覆性创新过程的一种常用表达，常出现在许多书籍和文章中，用以简单而有效地表示这种循环模式。图1-1为S形曲线的一个例子。它表示了一系列连续、重叠和相交的S形曲线，每条曲线都代表了一个市场或技术的迭代及其自然寿命。红色曲线表示新技术或产品最初被引入时的情况，刚开始，它的有效性或被广泛采纳的程度低于由灰色曲线所代表的现有市场领导者，两者存在初始性能差距，人们对新技术或新产品缺乏兴趣。不久后，红色曲线一跃而起，取代了先前的模式，进入上升期。但是，在图表的顶部出现了蓝色线条，代表又一个新的颠覆性创新被引入市场，就像图中底部所表示的那样，红色与蓝色两者之间也出现了初始差距，但在某个点上，蓝色的新型未来系统又开始超越现有的红色系统，循环再次重复。图中的绿色插入部分代表一再重复的模式。

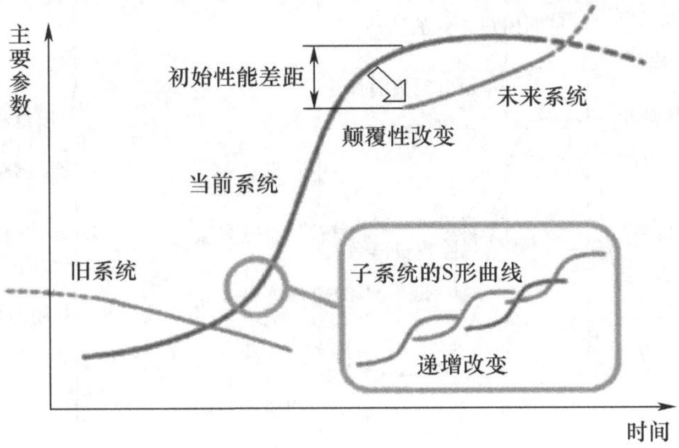

图 1-1　S形曲线（见彩插）

显然，这只是一种对极其复杂的现实情况的简化表述，但S形曲线的重复模式为我们关注现有解决方案、技术的引进与替换过程提供了一个有用的模型。每条曲线、每项新技术都有其自身的诞生、成长、成熟和衰退的自然周期。软驱，还有人用吗？如果你不知道什么是软驱，用你的黑莓手机给我发短信吧。

1.6　高德纳技术成熟度周期、死亡之谷和另一端的重生

另一种将新的创新技术及其引入过程和未来潜力可视化的方法是高德纳技术成熟度周期，它是S形曲线的变体。高德纳技术成熟度周期是一个有商标的专有概念，用来代表一种略微复杂的、表示各个阶段技术如何被引入的方式[8]。可以看到，左边的 Y 轴代表预期，下面的 X 轴则代表时间（图 1-2）。我们看到五个不同的时间“区域”，代表了一项新技术在市场上建立起来的各个阶段。

这一周期始于一个技术触发（technological trigger）和一段可能不太现实的预期上升时期，接下来过高的预期和不切实际的炒作达到高峰。随后不可避免地陷入幻灭的低谷，也被称为“死亡之谷”，在那里会有一次重大的震荡和整合。

此时，只有少数用户采用了新的工具，对于那些试图维持企业生存的人来说，情况非常不稳定。然后，我们看到一个缓慢的爬升过程，第二代和第三代产品开始确立，最后，进入生产力的成熟期，创新及其产品以及由此而生的公司在市场上站稳脚跟，幸存下来的企业获得了成熟和稳定的市场。

高德纳为诸多技术和细分市场（包括太空领域）量身定制其曲线，所有这些都可以通过商业付费获得。但这种方法为人诟病，一些批评人士认为，最近一些颠覆性创新的例子根本没有遵循这种过程，而且这种曲线并不适用于所有情况。但总的来说，这是一个有用

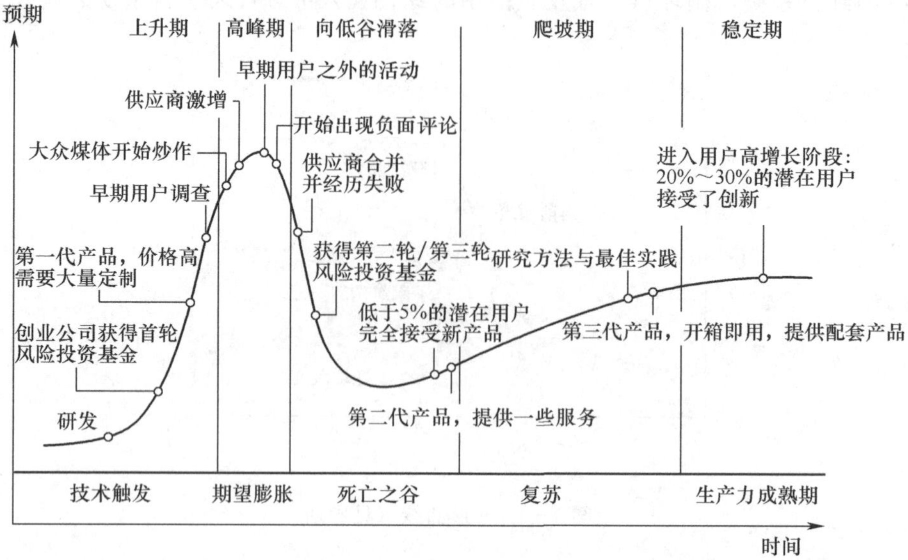

图 1-2 高德纳技术成熟度周期

（图中 Trough of Disillusionment 也被称为“死亡之谷”[9]，图片来自网站 https：//en. wikipedia. org/wiki/Creative _ Commons）

的概念，且与我们看到的当前航天工业的变化相关。

1.7 结论

综上所述，我们能够看到，在过去的几十年中，已经形成了一个用于分析颠覆性技术和创新的学术框架。这种方法最初聚焦于大众消费市场，对我们思考这一切将如何影响太空领域也大有裨益。

我们还能看到，这种模式在过去已经发生过很多次，至少自工业革命以来，这种模式反复出现，但许多市场领导者对此的反应却好像这些事情以前从未发生过一样。从传统商业的角度来看，很多人做了所有正确的事情，但还是被新浪潮淹没了。

在下一章中，我们将详细回顾一些传统颠覆性创新的案例研究，以便更好地理解这一过程以及它在过去是如何运行的。

参考文献

[1] NITECKI，MATTHEW H，NITECKI，et al. Origins of Anatomically Modern Humans. Springer，1994.

[2] LENSKI，GERHARD E. Human Societies：An Introduction to Macrosociology. New York：McGraw-Hill，Inc.，1974.

[3] CHRISTENSEN, CLAYTON M. The Innovator' s Dilemma: When New Technologies Cause Great Firms to Fail. Boston, MA: Harvard Business School Press, 1997.

[4] CHRISTENSEN, CLAYTON M, MICHAEL E, et al. The Innovator' s Solution: Creating and Sustaining Successful Growth. Boston: Harvard Business School Press, 2003.

[5] WERNER, DEBRA. Price swings expected during launch industry shakeout. SpaceNews. Retrieved 20 October 2018.

[6] VAN DE VEEN, E J GIANNOULAS, D GUGLIELMI, et al. Disruptive Space Technologies in International Journal of Space Technology Management and Innovation, 2 (2), 24 - 39, July - December 2012. https://elib.dlr.de/86782/1/IJSTMI%20-%20Disruptive%20Space%20Technologies.pdf

[7] NAHLER, HORST, B GRONAUER. (2015) From a Toolbox to a Way of Thinking - An integrated View on TRIZ. https://www.researchgate.net/publication/287646024

[8] FENN, JACKIE, MARK RASKINO. Mastering the Hype Cycle: How to Choose the Right Innovation at the Right Time. Harvard Business Press, 2008.

[9] https://en.wikipedia.org/wiki/Hype_cycle#/media/File:Hype-Cycle-General.png

第2章　传统颠覆性技术案例研究

如果说我们从发明和发现的历史中学到了什么，那就是，从长远来看，往往在短期内，最大胆的预言都似乎保守得可笑。

——阿瑟·克拉克

本章将介绍几个著名的商业传统颠覆性技术案例，以及它们的起源、过程和影响。

第一个案例主要介绍亨利·福特提出的汽车和大规模工业生产技术，第二个案例主要介绍海运行业中的集装箱运输和多式联运，最后一个案例大家可能更熟悉，它就是苹果公司和史蒂夫·乔布斯开发的智能手机。当然，相似的其他案例不胜枚举，但这三个案例也足够为颠覆性创新的太空时代版本提供参考，这正是本书的目的。

2.1　机械化运输革命的诞生

在几千年的人类历史中，以前没有什么能比马跑得更快。从最古老的时代开始，人们就与驯养的马匹建立了密切的工作关系，依靠它们进行交通运输、货物运输、战争与征服、田间劳动等。马匹被驯化的第一个有力证据来自约4000年前亚洲大草原上的战车墓葬。古代波斯和罗马帝国是迥然不同的文明，但他们都创造了专门的道路和信息传递系统。公元前5世纪时，波斯信使被称为Pirradazis，当时的希腊历史学家希罗多德曾写道："世界上没有什么东西能比波斯信使走得更快。"昂格瑞恩（Angareion）是波斯皇家骑兵系统，从现在土耳其西部的爱奥尼亚海至波斯湾，从古时候的书珊城到撒狄城，在这绵延2700千米的道路上，他们运营了100多个驿站。一队骑手只需7天就能走完这段遥远的路程，这是一个惊人的壮举[1]。希罗多德写道："鹅毛大雪，倾盆大雨，炎炎烈日，昏暗夜色都无法使邮差停止送信。"后来，这句名言还成为美国邮政局的信条。

古罗马人后来采用并改进了波斯信使的概念，创造了古代世界上最完整的铺设道路的道路网，它跨越了整个罗马帝国，一直从中东延伸到英国的苏格兰边境。主干道上每隔30千米就设有一个驿站，为罗马的官方信使提供精力充沛的马匹、干净的床铺和新鲜的食物。其他人都需要花钱住商业旅馆，但所有人都可以免费使用这些道路。这个系统被称为"国家邮驿系统"（Cursus Publicus）或"公共道路"，能够在一天内将信息传输至80千米内的各个驿站之间，这些驿站也被称为"公寓"[2]。"国家邮驿系统"一直保留到公元 6 世纪末的拜占庭帝国时期，在其后的 1200 年里，没有人或消息能比快马和骑手跑得更快。

直到 20 世纪初，即第一次世界大战前后，马匹、轻型两轮或四轮马车一直是西欧大部分地区、北美等地最常见的交通工具。一匹马就可以拉动一辆简单的四轮马车，成本只有 25 美元或 30 美元，而且安装容易，包括老人和大龄儿童在内的任何人都可以驾驶。这些简单的马车（在欧洲也被称为四轮马车），由各个地区成千上万的马车制造商在当地制造和销售，这种只需要一匹马或一匹小马作为动力的模式持续了几十年。只需要最基本的公路和一匹马或一头骡子，简单的机器就能为世界各地的人和轻型货物提供廉价、可靠和高效的运输（图 2 - 1）。

图 2 - 1　美国北卡罗来纳州牛津公司制造的“Chase”牌轻便马车，目前在牛津市政厅展出。19 世纪末，仅在北卡罗来纳州的牛津市就有三家轻便马车制造商，而在全美则有数千家（照片由作者提供）

现在，我们无法想象没有汽油驱动的汽车和卡车以及为它们提供支持的庞大的铺设好的道路网的生活。同样，我们也根本无法理解我们的祖先与马和骡子的亲密关系。如今，我们的整个经济和文化基础设施都与汽车、卡车和高速公路交织在一起。古代罗马人也会对此深表惊讶，现代社会——至少在很大程度上——是建立在汽车及为其建设的道路网和汽车加油站网络之上的，以及使这一切成为可能的、大规模且看不见的全球石油勘探和加工基础设施之上的。区区百年，在地质学上只是一眨眼的时间，而自古代波斯人以来，世界的交通方式已经变为以汽车为主，马车已经成为过去的一段遥远记忆。

自古希腊和罗马时代起，人们就有了发明“无马马车”的想法。达 · 芬奇在 1478 年制造了一辆由两根弹簧驱动的发条马车，成为在盛宴和聚会中展示的一项奇观，而这只是他充满想象的头脑为我们现代世界带来的众多预兆之一。达 · 芬奇的马车是我们所知的首个动力轮式车辆，也是最早的程序化机器之一，因为如果在不同结构的孔中插入小钉子，它就能在特定的时间向左或向右转，因此它也可以被认为是第一个可编程和移动的机器人

（图 2－2）。如果达·芬奇生活在我们的时代，那该多好！

(a)达·芬奇在《大西洋古抄本》中的绘图　　(b)达·芬奇的动力轮式可编程小型机动车

图 2－2　达·芬奇在《大西洋古抄本》中的绘图和他的动力轮式可编程小型机动车

（图片来自 http：//history－computer. com，现代复制品，由法国克洛斯·卢斯提供）

然而，直到 19 世纪初，人们才发明出实用的自动力车辆，并且开始尝试不同的驱动方式，包括蒸汽、电力和新研制的内燃汽油发动机。这些最早的汽车是实验性质的，且性能不稳定，甚至是危险的、破坏性的，至少对于当时的马匹和车夫来说是如此，他们被汽车吓坏了。美国一项早期的地方法律要求每辆无马的车辆必须有一个挥舞着红旗的人在车前奔跑，以警告人们车辆即将驶来。这种方法在今天已经不实用了。

我们所知的第一辆真正的汽车是奔驰·维洛，由著名的奔驰汽车创始人卡尔·奔驰于 1894 年制造。他发明了一种使用新型内燃机的汽车，与当时正在试验的蒸汽锅炉或电动马达相比，这种内燃机提供了一种高效、可靠的动力来源（图 2－3）。

然而，这些汽车以及后来出现的许多内燃机汽车并不适合所有人。它们是手工制作的，非常昂贵，通常是非常富裕的上层阶级的玩物或其地位的象征。每一辆车都是独一无二的，如果需要更换，大多数部件都不能用任何标准部件替换。于是，出现了一个计划改变这种状况的人。

1903 年，亨利·福特贷款 28000 美元（约合现在的 80 万美元），创建了福特汽车公司。他把位于密歇根州底特律市的一座又小又旧的工厂改装成了自己的店铺。这实际上是他第二次尝试创建一家汽车公司，他的第一次尝试后来成了著名的凯迪拉克公司，他因与最初的合作伙伴在公司发展方向产生分歧而离开了这家公司。一开始，福特像所有其他“无马马车”生产商一样，通过手工制作机器，由一小组工匠进行组装，每个人各司其职，从始至终共同完成一辆车的制作。这样每天最多只能生产几辆汽车。尽管福特在 1903—1908 年间，已经生产出了一系列从 A 到 S 型号的汽车，但是，他有更远大的理想，他决

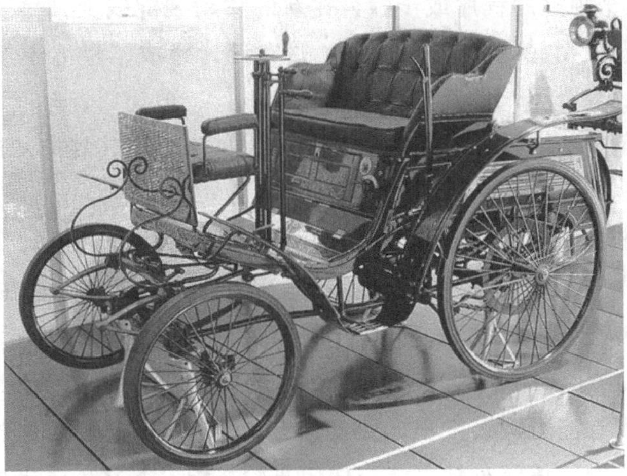

图 2-3　奔驰·维洛，最早的实用汽车之一，共生产 1200 多辆
（图片来自维基百科：https：//commons. wikimedia. org/wiki/File：Benz-velo. jpg）

心在一个巨大的新工厂中为他的新 T 型车创造一个新的生产标准，这个工厂从一开始就是为大规模生产而设计的，其规模也是之前从未尝试过的[3]（图 2-4）。

图 2-4　晚年的亨利·福特和他的妻子一起驾驶第一辆真正的汽车——福特四轮车，注意与图 2-1 中的轻便马车的相似性（图片来自 https：//commons. wikimedia. org/wiki/File：Mr_and_Mrs_Henry_Ford_in_his_first_car. jpg）

亨利·福特通过大规模生产廉价汽车永远地改变了我们的世界。然而，福特并不是第一个设想或实施装配生产线的人，兰塞姆·奥茨才是。1901 年，奥茨开始制造弯曲挡板奥兹莫比尔汽车（Curved Dash Oldsmobile），但生产规模相对较小，因为沿着一条固定的装配线进行移动的是工人而不是汽车。这是朝着正确方向迈出的重要一步。

而亨利·福特是在一个更宏大、更具雄心的层面上展开思考的[4]。他把组装新 T 型车的过程分解成 84 个独立的程序或步骤，在新的移动装配线上训练工人只做其中的一部分工作。福特在密歇根州底特律市外的海兰帕克设计建成了世界上第一条汽车流动生产线，这是一个庞大的综合体，里面有办公室、发电厂、玻璃厂、车间、仓库以及作为核心的一条自动化装配生产线。这并不是福特的第一家工厂，但其规模却远超从前，是一个宏伟的综合性工厂。

福特的装配生产线于 1913 年 10 月 7 日开始运转，从那天开始，装配一辆完整、可上路汽车的时间由原先的 6.5 小时被惊人地缩短至 93 分钟，成品汽车在完成 84 道独立的子部件组装工序后从装配线末端驶出，准备出售。这种规模效益的非凡之处在于，它将一辆新 T 型车的售价从 1910 年装配线生产前的 700 多美元降低至新系统投产后的 350 美元。相较之前，更多的人有能力购买汽车，而且，汽车所有的零部件都是标准化的，任何发动机都能与任何汽车搭配，任何车轴也能与任何车轮搭配。与之前古老的、手工制作的唯一式马车和汽车相比，备用零件可以保证适用于任何车辆。仅仅五年之后，即 1918 年，美国一半以上的汽车都是在密歇根州海兰帕克（图 2－5）的大规模装配线上生产出来的福特 T 型车。

图 2－5　亨利·福特在密歇根州海兰帕克的庞大汽车工厂（图片来自维基百科：https://en.wikipedia.org/wiki/Highland_Park_Ford_Plant#/media/File:Farm_Mechanics_1922_Ford_Highland_Park_cropped.png）

福特突破性创新的一个关键方面是，他希望尽可能地控制生产的各个环节。他坚持采用纵向整合的方式，使其能够完全控制从原材料到成品汽车的生产。他让人运来原始的沙子，在自己的玻璃厂现场将其熔化制成挡风玻璃和其他部件。他曾说过一句名言：不管顾客需要什么颜色的汽车，我卖的汽车就是黑色的。这是因为他找到了一种黑色油漆，比他在旧车型中使用过的彩色油漆干得更快，从而提高了装配速度。福特想要的是一个一体化纵向生产结构，以促进并持续改善 T 型车的生产与销售。

福特提供的工资是底特律地区相似行业标准工资的三倍，并将标准轮班时间从每天 9 小时减少到 8 小时。福特希望他的工人能够买得起自己生产的汽车，并有合理的生活水平，这被称为“福特主义”。虽然，这确实对他的工人有利，但至少在一定程度上也是为福特自己服务，因为它提供了更稳定、技能更优秀的劳动力。福特的工人流动率下降至 1%或更少，巨大的降幅使熟练工能够保持稳定，从而提高了产量和工作的整体质量[5]。

福特不断完善和改进他的装配程序。1927 年 5 月 26 日，亨利·福特亲自驾驶最后一辆，即第 1500 万辆 T 型车从海兰帕克生产线下线。一条生产线在短短 15 年内生产了 1500 万辆汽车，这是创新、组织与商业智慧的惊人壮举。然后，福特搬进了一家更先进的新工厂，开始生产他的下一款车型，A 型车。

直到 1920 年左右，美国的汽车数量才真正超过了马车，这些马车在此后很长一段时间里都在美国的农村地区和世界各地的偏远地区继续使用，甚至现在仍然存在。但在当今世界，汽车和卡车是我们生活和经济不可分割的一部分。我们花费数十亿美元建立了庞大的道路、加油站和车库网络，改变了环境，创造了我们以汽车为中心的现代世界。更不用说全球石油勘探和提炼业务了，它们以每年数十亿美元的成本维持燃料供应和运营。但这也带来了一系列严重的问题，包括空气污染、环境恶化、对化石燃料的严重依赖以及随之而来的一切。每年仅在美国就有 5 万人死于车祸，还有更多的人重伤。

亨利·福特永远地改变了我们的世界，他的大规模生产和装配线结构模式被世界各地采用，从豆类罐头到波音客机，再到 GPS 卫星。今天，福特汽车公司仍然是世界上最大、最成功的公司之一，每年在全球 80 多家工厂生产数百万辆轿车和卡车，每家工厂都有一条流水装配线。此外，福特公司在很大程度上仍由福特家族管理。一个人改变了世界。

2.2　案例二：双耳罐、桶和集装箱革命

自古以来，海上运输一直是一个缓慢、危险和昂贵的过程。自几千年前古腓尼基人和埃及人在地中海装运大量货物以来，一般的混合货物运输（也被称为散货运输）一直是组织、装载和分配货物的传统方式。

在古代，双耳罐是运输谷物、橄榄以及油、酒、醋等液体的标准工具。这些大型陶制容器有一个标准的尺寸，可以由两个人通过两侧的大把手进行搬运；每个容器可以容纳约 50 千克的货物。事实上，这是整个罗马帝国的官方计量单位，1 个双耳罐等于 1 立方英尺㊀，大约相当于现在计量单位中的 26 升[6]。双耳罐的底部为尖头状，这听起来可能很奇怪，但实际上是非常实用的，这使它们可以堆放在船上的木架或建筑内的木制结构或沙子中。世界各地的考古学家已经发现了成千上万的双耳罐，地中海海底有许多古代沉船。它们经常做单程旅行，在古代内陆城市的考古发掘中也发现过大量的双耳罐碎片（图2-6）。

在很长一段时间里，一切都保持不变，直到木桶的出现，这是谷物、液体和小商品长

㊀ 译者注：1 英尺≈0.3048 米。

图 2 - 6　古代的双耳罐，它们被存放在船上的木架上[7]

（图片来自维基百科：https：// wikimedia. org/wiki/ File：Amphorae _ stacking. jpg）

途运输的又一次重大革命。木桶是一个美妙的设计——轻便、结实、不漏水，一个装满的木桶可以在其侧面或底部堆叠好几层，且一个满的或空的桶可以很容易地由一个人在木板上滚动或移动，或由一个简单的木块或滑轮提起来，如图 2 - 7 所示。世界各地的桶商（或称桶匠）生产出各种尺寸的桶，但各种货物，如啤酒、葡萄酒等，依然是用相同尺寸和体积的标准桶进行运输的。

图 2 - 7　码头上的木桶，准备装货（图片来自维基百科：

https：//upload. wikimedia. org/wikipedia/commons/4/47/Makrelsalting _ paa _

Moes _ Brygge _ - _ no - nb _ digi - foto _ 20140407 _ 00034 _ bldsa _ FA0161. jpg）

尽管这为液体、谷物和小商品的储存和运输提供了一种极好的方式，但它仍然需要大量的体力劳动来将成千上万的单个桶运往世界各地。

在那个时代，货物被装在麻袋里，或作为单个物品堆放，每个物品都被编目，存放在码头附近的仓库里，在码头上进行装货、卸货，再装货，并由装卸工人或码头工人的体力劳动者安全地捆绑到船上，这份工作既危险又辛苦。每一件货品都能够被追踪与核实，这套系统的成本和效率问题显而易见。还有一个重要问题是偷窃，在运输过程中的每一步都会有一定数量的货物被盗，因为工人们很容易就能获取这些货物。这是全球贸易中的一个普遍现象，高价值的货物，如威士忌或新鲜水果，在抵达时总是有很大一部分丢失。损坏也是一个常见问题，因为这个过程步骤繁多，每件物品都被单独移动过多次，可能会造成损坏。

效率低下、速度慢、手工劳动过多、损坏和盗窃都导致散装货物运输的成本非常高，这是国际贸易中的一个重要限制因素，它减缓了进程，增加了货物的成本，超出了大多数市场的承受力。大部分的运输成本，甚至是运输一件物品所需的大部分时间，都用在往返于船舶、码头和仓库之间的几百米范围内搬运物品。船只在每一站都要停靠数周，并在途中进行多次停靠。除了价值最高的货物外，其他任何货物的国际运输都需要花费太多的时间和成本。

然而，这一体系也有积极的方面。一个明显的优势是，散货可以在没有任何岸上基础设施的情况下使用当地非熟练劳动力进行装卸。在 19 世纪的世界各地，一个种族群体往往主导着某个港口的工作，为经济链上通常收入最低的工人提供了重要的经济利益。在美国西北太平洋地区，货物装卸工作由美国原住民控制，在纽约，则是爱尔兰和意大利移民从事这项工作，而黑人工人为整个美国南部及其他地区提供劳动力，他们独立于白人工人，有自己的独立工会。工会是个强大的实体，必要时他们可以通过罢工来停止贸易。这项工作既危险又困难，而且从来没有固定的时间表，可能今天有工作，明天就没有了。几个世纪以来，国际海上贸易都没有什么改观，只是帆船越来越大，而蒸汽动力船取代帆船也是一个缓慢的变化过程。从古代到 20 世纪 50 年代，装卸货物的方式几乎没有变化。

这张 20 世纪 20 年代在澳大利亚阿德莱德装载散装货物的图片（图 2 - 8）清楚地说明了这个问题。我们可以看到，画面右侧有两艘蒸汽船（从其烟囱的不同外观可以看出，这两艘船来自两家不同的航运公司），码头上有各种独件散货，包括大小不同的木桶、可能装有谷物或咖啡的袋子、各种木箱和盒子、成堆的石头以及其他货物，这些货物被放置在船和左面仓库之间的露天位置，旁边还有马、骡子和四轮马车，仓库旁边的铁轨也清晰可见。同时，我们还能看到一群工人正在高温下进行艰苦、繁重的装船和卸货工作。他们站在许多吊臂，或者说是船上起重机的下面，使用蒸汽或人力将货物吊入和吊出船舱深处。

每艘船都必须有自己独立的货物装卸和吊装能力，因为码头只是仓库和船只之间的开放区域。你能看到两艘轮船上的所有船吊，它们都伸向码头。在图片背景中可以看到大量

图 2-8　20 世纪 20 年代，人们在澳大利亚阿德莱德装载和卸载各类混装货物（图片来自 https：//upload. wikimedia. org/wikipedia/commons/6/67/Queens _ Wharf%2C _ Port _ Adelaide%2C _ before _ 1927. jpeg)

帆船，每一艘船都必须能够单独装卸正确的货物。在船舱深处，还有一组工人在一名船员的指导下将货物放置在船舱周围。工会要求每个码头都要有一定数量的工人，并规定工作时间和工作速度，这在与航运公司的合同中都有所约定。

装船是一门艺术，通常由三副或其他下级官员负责正确和安全地装载货物，这是一项非常重要的工作。不仅需要把正确的货物运上船，还必须按照重量分布的方式安全地装船，所有货物都必须牢牢地捆绑在一起。在海上风暴中，货物的晃动可能是一场灾难。到了下一个停靠港，还需要在船的各个角落中准确识别出正确的货物，进行一次性拆包、卸载，抬出货舱，再次清点，最后搬进仓库，以便继续运输。

海关官员对每批货物都要进行检查，然后新的货物可以被带上船或送往最终目的地。这一过程每天要在世界各地的港口重复成千上万次。货物在港口的流动是一个缓慢而复杂的过程，可能需要数周的时间，船只才能再次离开码头，驶向大海和下一个目的地。但船舶只有在出海时才能赚钱，因此，在港口的漫长等待是一种资金消耗，这也就是该系统效率低下、成本高昂的主要原因。

这个系统是有效的，但由于速度慢、具有危险性、人工劳动量大、货物因损坏或偷盗而造成的损失率高，以及整体的总成本较高，国际航运没有规律可循。许多经常向国外发货的制造商会聚集在主要港口周围，以减少将货物运上船或接收原材料的时间和成本。

然而，一项颠覆性的创新——标准化集装箱改变了这一切。它彻底改变了国际贸易与航运，也是我们对大规模颠覆性创新的第二个案例研究。

在航运中使用集装箱的早期尝试可以追溯到 19 世纪初，在一些英国铁路上使用标准化的运输箱来运输煤炭和其他货物的一些设想。后来，人们又产生了一些别的想法，但没有一个真正取得重大成功或被广泛采纳。直到 20 世纪 50 年代，一个叫马尔科姆·珀塞尔·麦克莱恩的人出现了。马克·莱文森在其 2006 年由普林斯顿大学出版社[8]出版的著作《箱子：海运集装箱如何让世界变得更小、让世界经济变得更强大》中，精彩讲述了“箱子”、现代海运集装箱及其对我们现代世界的影响，这也是马尔科姆·麦克莱恩的故事。

马尔科姆·麦克莱恩出生于美国北卡罗来纳州的马克斯顿（Maxton，原名为 Shoe Heel)。马克斯顿是罗布森县一个非常小的农业小镇，靠近南卡罗来纳边境，一条铁路从中穿过。麦克莱恩成长于大萧条时期，高中毕业后他的父母没有钱送他上大学，他的父亲给他买了一辆二手卡车，让他和他的兄弟姐妹从事卡车运输生意。一开始，麦克莱恩为当地政府资助的工程项目搬运泥土，后来将北卡罗来纳州的烟草运往该州各地。再后来，麦克莱恩卡车运输公司将烟草和纺织品（当时是北卡罗来纳州的主要产品）运往纽约，在整个东北地区甚至国外进行分销。麦克莱恩深谙生意之道，到 20 世纪 60 年代，他的麦克莱恩卡车运输公司已成为美国最大的卡车运输企业之一，拥有 5000 多辆卡车和遍布美国东部的 60 多个卡车货运站，包括位于北卡罗来纳州温斯顿·塞勒姆的美国最大卡车货运站——他将总部迁到了那里。麦克莱恩是一个白手起家的典范，聪明、勇敢，对自己的能力充满信心。

根据一些消息来源，在麦克莱恩职业生涯的早期，他曾在纽约港看着码头工人们慢慢地卸下他的一辆卡车，然后同样缓慢地把纺织品装载到一艘等待着的轮船上。他对这一过程的效率感到沮丧，并纳闷为什么装载货物的整辆货车不能简单地装上船，运到目的地，再卸下货物，最终开往目的地。这似乎可以解决当时运输方式中的几乎所有问题。

这个故事的真假已无从考证。但很显然，麦克莱恩的心中有了一个想法，要把载货卡车与船舶的便利性结合起来，以提高运输系统的速度和成本效率。麦克莱恩的生意非常成功，但他相信，他可以通过运输整个卡车箱或集装箱，而不是单个批次的货物，来彻底改变国际贸易。在第二次世界大战后的几年里，人们可以用较低的价格买到多余的船只，因此麦克莱恩决定迈出这一步。他在 1955 年以 600 万美元（在当时是一笔相当可观的数目）出售了他的麦克莱恩卡车运输公司，然后，购买了两艘战争剩余的小型油轮和一家名为泛大西洋航运公司的小型油轮公司，后来他将其更名为海陆联运公司，以象征航运和卡车运输的结合。这家公司拥有政府管制权，可以在纽约港和得克萨斯州的休斯敦之间航行，因此，麦克莱恩可以利用他的新想法开始提供这两个港口之间的航运服务。

麦克莱恩不得不卖掉他的卡车运输公司，购买在纽约和休斯敦之间的航运权利，因为当时的美国联邦反垄断法（Antitrust Laws）禁止人们同时拥有一家卡车运输公司和一家航运公司。而且，美国州际贸易委员会（ICC）掌控着由谁在美国的哪些港口之间用船运输货物。

在颠覆性创新的故事中，政府政策和法规的作用不可低估，ICC 对州际和国际卡车运输、航运和铁路运输的各个方面进行严格监管，牢牢控制着费率、路线和规章制度，成为任何可能破坏现有结构者的重要阻碍，这是颠覆性创新过程中的一个共同特征。那些控制者需要做必要的事情维持控制权，而控制法律和监管过程是其中一个关键组成部分。

然而，麦克莱恩对自己的想法很有信心，于是他迈出一步，放弃了已经非常成功的生意——那个他在大萧条时期用一辆二手卡车所创建的生意。因为他相信他有能力改变货物在世界各地运输的方式。他有一个更好的主意，愿意赌上一切来验证自己是否正确。他本可能会失败，但是，在我们的故事中，1969 年，麦克莱恩以 1.6 亿美元的总价出售了他在海陆航运公司的股份，并在此过程中彻底改变了全球航运。

通过收购泛大西洋航运公司，麦克莱恩便拥有了在得克萨斯休斯敦和纽约之间航行的权利。这次购买也使他拥有了两艘军用油轮，但他对用油轮运输石油并不感兴趣。很快，他将一艘船改名为"理想-X"号（Ideal－X），并对其进行了改装，用来尝试他的集装箱运输新概念。他最初的想法是，从得克萨斯州的休斯敦出发，装载石油前往纽约港，卸载完石油后，先让油舱空着，然后再装载预先装满货物的货车箱，这些货车箱将被迅速装载到特制甲板层上，这些甲板层上可以放置一层预先包装好的卡车拖车。这些集装箱事先装好了货物，然后被吊上船，用链条固定在位于油轮原甲板管道和阀门上方的新甲板上。然后他给油舱装满油，再返回纽约港。他原本想把货车直接开上船，然后到达目的地后再把它们开走，也就是今天所说的滚装船（roll－on－roll off），但这很快被证明是不切实际的，因为处理卡车驾驶室、发动机和燃料重量的难度较大，这使他决定只装卡车箱。正如前文所指出的，在麦克莱恩之前，也有其他人曾尝试过各种运输集装箱的概念，其中一些也取得了有限的成功，但只有麦克莱恩下定决心不管付出什么代价，都要让它发挥实效。

1956 年 4 月 26 日，"理想-X"号从新泽西州纽瓦克港出发，在新的集装箱甲板上装载了 58 个集装箱，驶往得克萨斯州休斯敦，国际航运集装箱业由此诞生，尽管当时世界对这一行业知之甚少。当时有一些记者在场，船一开航，麦克莱恩就飞到休斯敦，船抵达目的地时，他也在场。后来，在休斯敦的码头，他看着在码头上等待的 58 辆卡车迅速拖走箱子，运往它们的最终目的地。他以为他只会把石油运回纽约，但惊讶地发现，很快就有客户也想把卡车集装箱运回纽约，他的生意显然是一个成功的概念。

当时，通过工会码头工人手工卸船的成本约为每吨 6 美元，但如果只使用集装箱，成本为每吨 0.16 美元，这是一个巨幅的成本下降。同时，装货和卸货的时间也大大缩减，从一周或更长的时间减少到一天或两天。如今，大型集装箱船停泊港口不到 24 小时就可以装卸数千个密封集装箱，所有这些集装箱都由集成系统中的计算机控制。如前所述，船只只有在海上才能赚钱，所以，减少在港口的时间也是一个关键创新（图 2－9 和图 2－10）。

麦克莱恩不得不从大纽约港的一个偏僻地方，即新泽西州的纽瓦克港，来装载他的船。纽瓦克在纽约外港的远端，与曼哈顿岛相距甚远，而曼哈顿岛当时与布鲁克林都是该市巨大港口综合体的主要所在地。曼哈顿岛上排列着历史悠久的木制码头和仓库，其历史

图 2 - 9　1956 年，在“理想- X”号从纽瓦克到休斯敦的首次航行中，一个集装箱正在被装载。每个集装箱都是预先装好的，装货和卸货都很快，只需几个人就能完成

（图片来自 https：// www. aseanlines. com/ Show. aspx？ id＝2907）

图 2 - 10　“理想- X”号，增加了集装箱甲板，集装箱在船尾可见

（图片来自 https：//www. aseanlines. com/Show. aspx？ id＝2907）

可以追溯到很多年以前，但所有的铁路线都终止在新泽西这一侧，几乎所有的货物都必须使用驳船穿过哈德逊河，再卸到码头上，最后装船。码头工人工会是一股强大的政治力量，工会合同要求每个舱口都要有一定数量的码头工人，不管是在码头上还是在船舱里，这个过程缓慢而昂贵，但工会和他们的成员根本不关心这一点。

麦克莱恩无法在密集的曼哈顿市区为实现他想法所需的大量卡车和集装箱找到空间，因为拥挤的曼哈顿码头是为散装货物设计的，几乎没有多余的空间。麦克莱恩采用了另外一种操作，他不需要传统的港口基础设施，如仓库、大批昂贵的码头工人，以及所有旧式的航运方式。他选择了一个比较偏僻的港口，那里有大片的开阔空间，方便他的卡车进入高速公路。

如今的新泽西州纽瓦克港是世界上最大的集装箱多式联运港口之一，曾经遍布曼哈顿的老式木制码头和成排的仓库早已不复存在，同时消失的还有成千上万个码头工人的工作机会。一种新的模式已经到来，有趣的是，同样的模式也发生在了大陆的另一边。旧金山曾经是西海岸传统的航运中心，但它几乎完全输给了海湾另一边的奥克兰。旧金山通过铁路与其他地区隔离开，除了南部地区，铁路货物必须通过驳船穿梭于海湾之间，就像纽约港一样。码头老旧破烂，人们认为这是一种权利，缺乏对潜在竞争的担忧，也没有对未来的远见。事情只会一如既往地继续下去。随着新的集装箱船的到来和政府批准通过巴拿马运河在两岸之间航行，麦克莱恩同意将他的新集装箱码头设在奥克兰，那里有大量的空地和直接通往铁路和公路的通道，与东海岸的纽瓦克非常相似。10 年间，旧金山已然失去了其卓越的港口地位，而奥克兰现在是加州北部的大型集装箱中心，每年运送的集装箱数量多达上百万个（图 2－11)。

图 2－11　马尔科姆·麦克莱恩站在新泽西州纽瓦克的集装箱港口上方，他面前是一排排的运输集装箱、巨大的起重机和集装箱船，这一切在多年前都不存在（图片来自 https：//upload. wikimedia. org/wikipedia/commons/3/3f/ Malcolm _ McLean _ at _ railing%2C _ Port _ Newark%2C _ 1957 _ %287312751706%29. jpg)

这不是一个快速或简单的转变，但这是颠覆性创新的一个常见方面，它永远不会快速而简单。许多强大的团体做出了巨大的努力，包括装船和卸船的强大工会、不想花钱调整现有商业模式和购买新船与集装箱的航运公司现有领导人、现有港口设施的所有者，甚至铁路公司，他们都想方设法阻止这个危险的新想法获得成功。每个人都有自己的理由，都有自己的利益需要保护，许多罢工、诉讼、政治干预和其他不太合法的手段被用来试图破坏这个概念和麦克莱恩的生意。强大的政治压力也随之而来，因为巨大的经济利益总是与政治权力交织在一起，而现有的主要参与者在其经济利益受到威胁时从不轻易让步。

工会进行了一场绝望而坚定的防卫战，要求在合同中加入新的条款，规定他们必须在码头上卸下每个集装箱，然后再重新装上（这是很可笑的工作），而且卸货小组的规模不能减少，尽管他们没有什么可做的，但这一切都无济于事。最后，全球航运业和运输货物的生产者没花多长时间就意识到集装箱化在规模和经济方面的巨大优势。

事实上，在最初的10年时间里，人们提出了许多相互竞争的想法，因为每个参与者都希望其他参与者能采用由自己设立的容器类型与大小标准，以及保护它们的办法。但最终，在经历了一个漫长而艰难的过程后，通过国际标准委员会和会议，该行业确定了20英尺和40英尺长，8英尺高、8英尺宽的集装箱大小标准，明确了可以确保集装箱轻松堆放在船上并在货车或铁路上使用的通过扭锁固定和堆放的方式。集装箱时代已经来临。

这种扭锁系统的好处是，它能够让任何已锁住的标准化集装箱，直接由生产商使用可靠和坚固的锁定系统和起重机，通过货车、轨道车或船舶进行移动。有趣的是，采用的标准集装箱并不是麦克莱恩最初使用的集装箱尺寸，因为他将集装箱的尺寸调整到最适合他的第一艘船的尺寸，33英尺长。但为了能与其他集装箱联运时获益，他承担了购买所有新集装箱的损失，集装箱和锁的标准系统也随之建立。

麦克莱恩也明白标准化在这一领域的重要性，为了使联运成为可能，他超越了自己的商业利益，迈出了非常重要的一步，将他的几个集装箱相关专利以免税的方式提供给业界，以促进他的系统被整个国际航运业所采用。

扭锁的采用是促成该系统成功的另一项关键性发明。当麦克莱恩第一次装载“理想-X”号时，他用铁镣和链条把货车箱捆在甲板上，但这本身并不是一个有效的解决方案。但另一项发明将成为集装箱系统的固有部分，它使集装箱能够快速装卸，并安全地堆放在高处。扭锁和角配件形成了在船舶、卡车和轨道车上连接和固定集装箱的全球标准手段，它是由一位名叫凯瑟·坦特林格的运输工程师在20世纪50年代发明的。它由一个简单而可靠的旋转装置组成，该装置与一个相匹配的配件配合，能够快速而安全地固定或释放一个装载的集装箱。麦克莱恩聘请了坦特林格，让他设计该系统并为其中几个关键部分申请了专利。今天的自动扭锁可以让起重机把装满的集装箱放到轮船、火车或卡车上，然后自动锁定。反向也可以实现同样的操作（图2-12）。

由麦克莱恩构想并付诸实践的现代航运世界的规模使第一次运往休斯敦的58个集装箱相形见绌。历史悠久的丹麦马士基航运公司于1969年收购了海陆联运公司，成为该领域最大但不是唯一的全球参与者，拥有500多艘集装箱船舶，50个集装箱码头和约200万个在全球各地不断穿梭的集装箱。丹麦马士基集团目前在全球拥有超过89000名员工，2017年总收入约355亿美元，每年仅燃料费用就高达70亿美元。

2014年，全球集装箱船队包含超过5000艘各种尺寸的专用集装箱船，能够同时装载1730万个20英尺当量集装箱，业界内称为TEU（Twenty-feet Equivalent Unit）或20英尺当量单位，是当今全球航运业的标准计量单位。这些巨大的船舶在世界主要港口之间

图 2-12　一艘集装箱船上的扭锁。右下角的扭锁处于打开状态，里面的扭锁将一个集装箱紧紧固定在甲板上［拍摄者 Hervé Cozanet (http：// creativecommons. org/licenses/by - sa/3. 0/)］

不断地流动，就像一支由数百万个箱子组成的舞蹈，所有这些箱子都被计算机跟踪，并不断运动。当你读到这篇文章的时候，它们正在移动，当你下次去购物中心时，你买的大部分物品将在这些集装箱中的一个或几个中完成它的部分旅程。

船舶继续变得越来越大，所有的驱动都是为了提高效率和降低成本。马士基最近订购并接收了 20 艘新船，每艘船的成本为 1.9 亿美元。这些巨大的船有 400 多米长，可以装 20000 个 TEU 集装箱；其操作人员非常少，只有 15～20 人。这些船太大了，美国的港口都无法承受，因为它们吃水太深，但主要港口又都不得不接受疏浚的成本，因为没有哪个港口愿意与之擦肩而过。这些巨大的船舶由世界上最大的柴油机和螺旋桨驱动。这些船的最终尺寸不断被推高，一些最新的被称为“PanaMax”的船舶甚至无法装入最近扩建的巴拿马运河船闸。而且，在不断提高效率和降低成本的过程中，这些船舶还将继续变大（图 2-13和图 2-14）。

该系统不仅包括这些大型船舶，还包括世界各地的全新一代集装箱港口设施。今天，世界上最大的集装箱港口——中国上海附近的洋山深水港，每年运输超过 8 亿吨货物。欧洲最大的集装箱港口——鹿特丹港每年处理超过 3.5 亿吨货物，美国港口，如洛杉矶和纽瓦克，每年处理超过 200 万个单独的集装箱，并且数量还在不断增长。

这个一体化全球体系的效率令人震惊。现在，仅需几千美元就能在两周多的时间里将一个满载 2 万千克货物的集装箱从中国上海运到洛杉矶。所有这些都由计算机管理和跟踪。由于新型的最大船舶每趟可装载 2 万个集装箱，而每艘船只需一台大型柴油发动机和约 15 个船员，因此该系统的效率是显而易见的。人们在美国沃尔玛或好市多（Costco）购买到的中国或越南商品，一件毛衣或一条裤子，其运费只有几美分。

现在，制造商们按目的地的 TEU 来生产货物，他们可以在地球上的任何地方设立工

图 2 - 13　一艘全空的集装箱船，能看到甲板下面的深舱。可以堆积 15 个或更多的集装箱（图片来自维基共享资源 https：// commons. wikimedia. org/ wiki/ File：Containerladeräume _ Schiff _ retouched. jpg）

图 2 - 14　一艘马士基 Triple - E 集装箱船，能够装载超过 18000 个标准箱（图片由马士基航运公司提供）

厂，总是寻求最低的工资和最少的监管。其规模是惊人的，而在永无止境地追求效率和降低成本的过程中，自动化的规模也在扩大。计算机决定着船舶、卡车、火车的抵达日期、货物的装卸过程和订单事宜，甚至控制着现在已经完全自动化的集装箱搬运车如何在大型场区运送集装箱。鹿特丹和上海的小型卡车现在是完全自动化的，无需司机驾驶，利用GPS和计算机将集装箱从船上移到正确的储存区域，然后再返回。

想象一下，将集装箱数据库、GPS、人工智能和计算机融合在一起，除了距离较远的控制室里的一小群人外，码头边上没有一个人在操作。甚至在上海和鹿特丹，装载和卸载集装箱的大型起重机也是由计算机控制的，无人操作，而世界各地的许多港口仍然有操作员坐在码头的高处。这些集装箱港口需要价值数百万美元的巨额基础设施投资，巨大的起重机排列在码头上，高高耸立在船舶之上，但这些成本被整个全球系统的非凡效率所平衡。此外，主要港口也越来越少，因为只需为少数几个大型港口服务，然后通过铁路和卡车在一个庞大的、多式联运的综合运输系统中配送集装箱，效率更高。

多式联运的触角远远伸出了海洋，而集装箱的真正好处远不限于船只及其庞大的港口。麦克莱恩最初的想法是卡车和轮船的结合，这是全球多式联运系统效率真正的价值所在。它无缝连接了船舶、铁路、卡车和航空。新泽西州纽瓦克市的现代多式联运港口，与世界各地的其他港口一样，将一个巨大的集装箱港口、多条铁路、州际高速公路网络和一个主要的国际机场连接在一起。成千上万的集装箱在这些枢纽点无缝移动的能力创造了现代运输和分销系统，这是效率和经济力量的奇迹。

有趣的是，美国铁路公司最初强烈反对集装箱化的概念，担心集装箱化导致货物装卸费用和新设备、新工艺的成本增加。世界各地的铁路系统是多式联运系统的一个无缝组成部分，它将双层集装箱从各大港口运送到内陆深处，并获得了非常可观的利润，总体来看，集装箱化也使铁路系统恢复了活力（图 2－15)。

正是全球性、点对点的特征使集装箱化如此引人注目。如前所述，现在制造商可以位于任何地方，而不是像以前那样必须直接毗邻港口。他们将生产出的货物装入大量集装箱，运往目的地。同样的集装箱可以装满货物并上锁，然后在原产地用卡车取货，开到国际港口，运过广阔的海洋，装上火车，穿过半个大陆，再装上卡车，送到最终目的地的门口，不需要打开箱子追踪每一个环节。这可以在短短几周内完成，而且成本低得惊人。托运人可以从地球上的任何地方进行全程点对点物流，低廉的成本使任何运输都成为可能。现代的、及时的货物和部件交付也成为可能，其规模在几十年前难以想象。集装箱化还将世界上几乎所有的制造业工作都挪到了监管最少、工资最低的地方。

在发达国家，数以千计的制造业工作岗位现在已经永久地消失了，而且不可能再恢复。这是因为，利用全球多式联运的集装箱基础设施，从成本最低的制造商那里把货物运到世界的另一端，费用很低。世界各地发展中经济体积极的社会转型被发达国家制造业和码头工人的大量失业所抵消。

图 2-15　在纽瓦克自由机场的多式联运综合机场降落之前。注意 I-95 州际公路，多条铁路线，以及纽瓦克巨大的集装箱港口，包括船舶、起重机和集装箱，所有这些都在一个综合的、相互连接的系统中（照片由作者提供）

因此，今天 90％的世界贸易是通过海运进行的，每年有 7 亿个集装箱在全球流动。这是国际商业和社会变革异常强大的引擎，它以一种前所未有的方式将世界上的生产者和购买者联系在一起，这是马尔科姆·麦克莱恩冒险将他的想法付诸实践之前从未想过的。每周都有数以百万吨计的货物在世界各大港之间按照近乎自动化的时间表进行流通，它们将廉价的商品送入全球各地的商店，从而形成了大规模的综合国际商业体系。

然而，今天的多式联运领域也存在着实际的挑战。这些挑战包括由于船舶尺寸与港口容量的不匹配而加剧的高成本港口延误，以及远洋运输公司在不断降低成本的竞争中无法实现持续盈利。然而，集装箱化已经改变了世界，它为全球贸易的显著增长提供了方法，并通过降低运输成本而使全球采购有利可图，而运输成本在以前是一个事实上的贸易壁垒。除了在世界上最小和最偏僻的港口外，那些繁忙的码头和港口，由装卸工人和码头工人装卸散货的日子已经成为过去。马尔科姆·麦克莱恩的思想和他敢于冒险、勇于尝试新事物的勇气改变了我们的世界。他的箱子出现了，而后一切随之改变[9]。

2.3　史蒂夫·乔布斯和他的苹果公司

颠覆性创新的第三个也是最后一个案例将研究史蒂夫·乔布斯和苹果公司推出的 iPhone 智能手机，以及传统手机的灭亡。

如今，大多数人都有一部智能手机，它时刻陪伴着我们，是我们日常生活中不可或缺的一部分。你有多久没用智能手机查看邮件和短信了？读到这里时，你现在想做这件事吗？

当然，情况并非总是如此。手机出现已经有些时日了，这段时间说长也不长。第一批手机是又大又重的砖头手机，续航能力和电池电量都有限，但它们很快就变得越来越小。然而它们也只是没有电线的电话。

智能手机是如何成为我们生活中不可或缺的一部分的？到目前为止，苹果已经售出了超过 23 亿部 iPhone 手机，数量还在不断增加。iPhone 手机已经占据了苹果公司总收入的 50%以上。苹果公司和它富有魅力的创始人史蒂夫·乔布斯改变了我们生活的世界，这是一个迷人而又复杂的有关颠覆性创新的故事，它移动的是信息和数据，而不是装满货物的集装箱或汽车里的人[10]。

诺基亚是芬兰的一家大公司，涉足许多科技业务，从电视到汽车轮胎再到计算机，甚至在其创立初期，还涉猎过卫生纸行业。诺基亚公司成立于 19 世纪 60 年代，参与过各种各样的技术活动。1981 年，他们收购了芬兰移动电话公司 Mobira，并在芬兰推出了第一个国家移动电话系统，系统非常成功，显示出了人们对这种系统的渴望。它还开发了第一个商用汽车电话，并成为全球移动电话的领导者。

有趣儿的是，最初诺基亚高层对手机市场几乎没有兴趣，他们认为手机市场是一个缝隙市场，不是他们的核心市场（听起来很熟悉吧）。随着管理层的重组，情况发生了变化，新的领导层开始专注于移动通信，向外出售了他们其他的业务。他们非常成功，到了 1998 年，诺基亚取代微软成为全球最大的手机销售商；那年年底，他们制造出了第 1 亿部手机[11]。

苹果并不是第一个考虑开发智能手机的公司。早期的 PDA（个人数字助理——苹果创造的一个术语）是由黑莓公司（BlackBerry）及其他公司开发的，而苹果公司自己的早期 Newton PDA 却相当失败，该 PDA 于 1987 年首次开发，并在 1993—1997 年间销售。黑莓手机、掌上电脑和其他产品都取得了一定程度的成功，但这些早期产品都依靠触控笔、小按键和滚轮。许多人起初根本没有手机，因此，这绝对是一个商业专业人士的缝隙市场，而不是一个大众消费市场。

到了 1998 年，诺基亚已经是手机之王，生产出越来越多的小型手持手机，如图 2-16（a）所示。该公司在 2007 年的市值约为 2500 亿美元，显然已是全球市场的领导者。

就之前讨论的颠覆性技术而言，诺基亚是一个典型的市场主导者。他们资金雄厚，非常快乐，拥有世界上最大的市场份额和利润，是手机市场之王。但这一切都处于毁灭的边缘。

2007 年，苹果推出了第一代 iPhone 手机，尽管没有得到普遍好评。但仅仅 7 年后，苹果成为新霸主，而诺基亚将处于破产状态的手机部门，以其市值峰值 3%的价格卖给了微软公司，竞争对手微软公司的收购成本在 2014 年也被计入整体业务亏损。巨大而迅速的财富变化，都是由颠覆性创新和同样具有颠覆性的创新者带来的。

苹果 iPhone 项目始于 2004 年，当时的项目代号为“紫色”（Purple）。当时，计算机、手机和音乐播放器都是独立的业务领域，使用独立的设备，由独立的业务管理团队在

(a)1987—2000年不断缩小的诺基亚手机设计　　(b)2007年苹果创始人史蒂夫·乔布斯在iDay上向世界介绍iPhone手机

图 2－16　1987—2000 年不断缩小的诺基亚手机设计，以及 2007 年苹果创始人史蒂夫·乔布斯在 iDay 上向世界介绍 iPhone 手机（图片由维基共享资源提供。https：//en. wikipedia. org/wiki/Mobile_phone#/media/File：Mobile_phone_evolution. jpg and https：//commons. wikimedia. org/w/index. php? search＝iPhone＋Jobs&title＝Special%3ASearch&go＝Go&ns0＝1&ns6＝1&ns12＝1&ns14＝1&ns100＝1&ns106＝1#/media/File：Steve_Jobs_and_iPhone. jpeg)

不同的市场销售。最初的 iPod 音乐播放器在 2001 年 10 月发布，很快就获得了巨大的成功，因为生产成本很低。计算机、电话和音乐播放器就像不久以前复印机、打印机、扫描仪和传真机也都是分开的业务领域一样，人们必须有三种不同的设备来实现这些功能。

今天，我们都喜欢集成的、小型的打印机/扫描仪（现在已经没有那么多人使用传真了），它们功能齐全，能够完成各种任务，尽管情况也并不总是这样。计算机、手机和音乐播放器也是如此。史蒂夫·乔布斯最初对苹果制造手机的想法非常冷静，他担心这将是一个有限的市场，可能不适合苹果创新和精巧的设计范式。他也不喜欢手机运营商在产品外观和性能方面拥有太多话语权，因为他喜欢纵向整合并完全控制他的市场。此外，他还担心苹果公司在削减了其他几个项目之后，会在新的产品领域开展业务。他根本不认为手机是苹果公司未来的关键部分，苹果公司专注于台式计算机、iPod 音乐，以及新的计算机接口[12]。

苹果在最新的摩托罗拉手机上推出了 iPod Music 功能，与他们的长期竞争对手进行了非比寻常的合作，而乔布斯并不看好这一做法。他认为这是一个糟糕的产品，如果苹果要做智能手机，那他们就要用苹果的方式来做，要有创新和精致的苹果用户界面。但他和大多数苹果公司高管都认为，当前这一代手机在设计和用户界面上都很糟糕。他们确信，目前的手机状态简直糟透了。苹果在当时市场领先的摩托罗拉 Rockr 手机上添加了 iPod 音乐功能，但乔布斯认为成品还是很差劲，与苹果专注于高雅设计和市场创新的风格不匹配。于是，他成立了两个秘密的、相互竞争的团队来研发苹果手机，一个只是用 iPad 现有的点击轮把手机功能添加到 iPad 上，另一个则是采用一种全新的方法。这个团队使用的是一款非常新颖的基于触屏的迷你电脑，同时也是一款手机。是的，它将是一个手机，但它实际上是一个微型电脑，拥有革命性的、全新的、精致的用户触摸界面。它是一部手机，但远不止于手机，同时，还是音乐播放器、日历、网页浏览器，还有很多功能。它还有应用程序和一个市场，用户可以从苹果公司购买廉价的小程序来定制他们的系统。

至此，多点触屏革命开始了。

iPhone 下一步即将开发的关键领域是多点触屏界面的可靠性及其进一步发展。这不是苹果公司的技术，最早是由世界各地的研究人员在 20 世纪 60 年代提出的。但苹果公司在其 iPhone 和 iPad 的产品线中推广了这种新的计算机用户界面。

这些设备使用了可以同时辨别多点触控的触摸屏，从而实现了无键盘或无触笔的用户界面。用户只需触摸、滑动或按住屏幕即可。没有旋钮，没有表盘，没有按钮，只有简洁优雅的用户界面，这正是史蒂夫·乔布斯所喜欢的。这让苹果公司创造了一款小巧但功能强大的口袋计算机，可以通过简单的滑动或触摸屏幕来进行交互。顺便说一下，这是一款手机。它很酷，很干净，很精致，而且是全新的。尽管诺基亚和黑莓等公司已经在手机上安装了小文本屏幕和按键用于发短信，一些更高端的手机还配备了摄像头，但乔布斯的想法与当时的手机截然不同。

史蒂夫·乔布斯是一位颠覆大师，同时也是宣传大师[13]。iPhone 的营销做得很出色，这是这个故事很重要的一个方面。在产品发布之前，苹果公司一直对新产品的内容保密，甚至在万众瞩目的发布会上，乔布斯也只宣布他们将在当天发布三款新产品：一款改进的 iPod，一款苹果手机，以及一款新的互联网设备。当然，这三款产品都是 iPhone。这是一种聪明的市场营销，让全世界的人都想立刻拥有一台。炒作的作用是巨大的。突然之间，其他所有的设备都显得落后了好几代，而苹果在上市后的第一周就卖出了 70 多万台。世界上最好的推销员推出了一款创新产品，其他所有产品看起来都像老旧的 T 型车。

最初，与现有的手机相比，新款 iPhone 非常昂贵。在 2007 年的一次采访中，时任微软首席执行官的史蒂夫·鲍尔默曾说过："你用 99 美元就能买到摩托罗拉 Q 系列手机。目前，苹果手机是市场上最昂贵的手机，iPhone 不可能获得任何重要的市场份额，毫无机会可言。"唉，可惜的是，鲍尔默的话被录了下来，所有人都能在 YouTube 上找到。犯错很糟糕，更糟糕的是，错误被记录下来，让全世界都听到了。

诺基亚并不是 iPhone 唯一的受害者。加拿大新兴企业动态研究公司（Research in Motion，RIM）的黑莓手机曾非常流行，但现在，它的小按钮界面立刻被认为是过时的、不精巧的，且不是最先进的。事实上，尽管 RIM 拥有成熟的市场和非常忠诚的用户，但苹果在 2007 年年底的销售额超过了它。在 2010—2013 年期间，受 iPhone（以及许多即时推出的亚洲仿品）的影响，RIM 的股价下跌了 87%。截至 2016 年年初，在美国近 2 亿智能手机用户中，只有 150 万人使用黑莓手机，而 iPhone 用户占智能手机用户的近 50%。截至 2008 年年底，诺基亚和黑莓，以及安装安卓（Android）操作系统的新进入者谷歌都采用了触屏手机，以应对 iPhone，但在很大程度上，变化已经到来。iPhone 在全球市场上一炮打响。这是革命性的，虽然竞争对手都不愿承认，但他们都开始创造自己带有细微差异的版本，希望能让他们在新的市场中脱颖而出。微软依然认为这真的很愚蠢，但它也没有选择。技术革新成为全球商业的推动力，世界已经不一样了。

到 2013 年，全球使用智能手机的数量超过了传统的固定电话，到 2017 年，全球智能手机的销量超过 25 亿部，现在地球上有超过 1/3 的人拥有某种版本的现代智能手机。苹果公司每季度售出约 7500 万部 iPhone 手机，且市场还在持续增长。谷歌和他们的安卓操作系统仍然是市场领导者。埃信华迈（IHS Markit）最近的一项研究显示，目前全球智能手机市场规模约为 3350 亿美元，销量约为 60 亿部。事实上，智能手机上的应用程序提供了另外一个 700 亿美元的市场。智能手机已经在发达国家站稳了脚跟，现在在拉丁美洲、中东和非洲的增长速度最快，在这些地方，老款诺基亚手机还继续在手机短信市场中求生存[14]。

这是一个全新的、规模超过 4000 亿美元的全球市场，也是一个从未存在过的市场。苹果应用程序商店于 2008 年开业，当时有 500 个应用程序可供选择，现在已经能够提供超过 200 万个应用程序，其中很多都是免费的，其余的每款只需支付几美元。到目前为止，苹果应用商店的下载量已经超过 1300 亿次，开发者也获得了超过 5000 万美元的收益。谷歌安卓操作系统允许其他制造商，如三星、谷歌、华为，甚至新的诺基亚，加入苹果这个巨大的新市场中。新一代的开发者正在创造另一种全新的格局，这一切都与应用程序有关。

有趣的是，成千上万的老式诺基亚和摩托罗拉手机在非洲找到了新生命，在那里，简单的手机短信服务仍然是常态。这又在非洲催生了一整套新的短信业务应用程序，但这还必须等到下一个版本再说。

因此，让我们从最初讨论的传统颠覆性创新的角度来看 iPhone。诺基亚（以及微软和 RIM 等公司）拥有价值数十亿美元、利润丰厚的手机业务。其现有模式是一个小型便携式电话，而且不断变小，但它确实只是一个电话，即使可能携带一些文本或一个小分辨率相机。

苹果本可以简单地在其大受欢迎的 iPod 上增加一部手机，这也是阻力最小的途径，它也研究了这个想法，但是，史蒂夫·乔布斯决定采用一种革命性的方式，制造出全新的 iPhone，它只是稍微大一点，更加昂贵，而且有各种额外的功能，超出了现有手机的范围。

苹果提出了一种全新的模式，而现有的市场领导者都认为这是不可行的。它更昂贵，有很多手机用户都认为是无关紧要的功能，新功能和增加的成本使诺基亚和其他公司认为，这是不值得竞争的产品。相反，他们在已经运行良好的主要市场上加倍下注，制造出整体设计相同但体积更小，带有小屏幕和小按钮，可能还添加了摄像头和彩色屏幕的手机。他们在市场营销上投入了资金，并确信他们的方法是正确的，而 iPhone 将是一个失败的产品，或者充其量会占据一个小小的高端缝隙市场。然而，他们大错特错了。

苹果公司新方法的优点很快就凸显出来了，新的用途、市场和新的想法迅速兴起。其中，一个奇怪的方面是，最初，史蒂夫·乔布斯完全反对为 iPhone 应用程序建立“开放”市场的想法，他坚持认为只有苹果开发的应用程序才可以购买并添加到 iPhone 中。当这个决定被推翻后，苹果向外部开发者开放了 App Store，这款产品便开始真正腾飞，大获成功。现在，你可以下载大量免费或 1～5 美元的应用程序，来做各种各样的事情，从吉他调音器到口袋天文馆。iPhone，以及所有其他紧随其后的智能手机模仿品，实际上都是可以用作手机的袖珍计算机而不是具备一些其他功能的手机。这是革命性的模式转变，摧毁了诺基亚、黑莓和其他传统手机制造商。

智能手机革命最卓越的一个方面是，它可以随时帮助我们做令人惊叹的事情。今天，我们简直无法想象没有智能手机的生活。智能手机已经成为我们日常生活中不可缺少的一部分，占据了我们生活中的太多太多。互联网上有一张图片：大约有超过 50 项办公室中或书桌上的传统工具已经被这件我们经常随身携带的小玻璃物件所取代，因为我们的智能手机现在有短信、互联网、音乐播放器、扫描仪、日历和计划、记事本、GPS 导航工具、闹钟、手电筒、相机等多种功能。当然，你也可以打电话。这是颠覆性创新的一个经典案例。

我们无法将 iPhone 的故事与著名且备受争议的苹果联合创始人史蒂夫·乔布斯的故事分开。关于他、他的生活以及他对计算机的影响，人们写了很多书。史蒂夫·乔布斯是一个充满活力和魅力的人，也是一个出了名的难打交道的人，设计精巧复杂的计算机一直是他工作的动力。有一个为人津津乐道的有关乔布斯何时向苹果董事会提交 iPhone 最终生产审批的故事，但这个故事也许是杜撰的。在演示了具有非凡触摸屏界面的 iPhone 原型机之后，一位董事会成员说了类似这样的话：“但这会让我们的 iPod 破产，它可是我们最赚钱、最受欢迎的产品之一。你会用这个杀了它的。”乔布斯对那些无法对他的愿景表示认同的人大发雷霆，他这样回答他们：“是的，我们就是要扼杀我们最赚钱的产品！如果我们不这么做，别人也会这么做，摩托罗拉、微软，或者是帕洛阿尔托市某个 15 岁的孩子都有可能这么做。我们要消灭我们的每一款产品！我们要在别人动手之前，用更新、更好的苹果产品取代它们！这就是我们的工作！”于是，他得到了人们的认可，剩下的，如大家所言，就都成了历史。假如这个故事是真的，那这真是一个有趣又富有教育意义的故事。乔布斯认识到，他的工作就是赶在别人之前淘汰自己最好的产品，高科技计算机产业发展周期快、技术不断更新，只有持续的、驱动性的创新才是它的基础。他意识到，这与过去的工作方式有本质上的不同。车轮加速了，他深知这意味着什么。

公平地说，诺基亚和 RIM 公司已经重整旗鼓，而且仍然都是非常成功的公司——他们雇用了很多国际员工，是众多科技市场的主要参与者。但在手机市场方面，他们已经失去了地位。历史又一次重现，他们在保护现有市场和业务方面做了所有正确的事情，却被一个非常具有颠覆性的创新者所推动的颠覆性创新击垮。他们无法感知到这个创新所带来的危险，也没能及时做出反应。

这三个例子告诉我们什么呢？正如克里斯滕森教授所指出的那样，它们向我们展示了这样一个过程：优秀的公司和市场领导者可以做所有正确的事情，但仍然会被从根本上打破现状的革命性创新所超越。这一现象可以追溯到计算机和高科技出现之前。还有许多其他例子——尼古拉·特斯拉和交流电动机、马可尼（以及他的无线广播）和电报、帆船与蒸汽船、喷气式商业航空的发展和跨大西洋远洋航线的消失、联邦快递与隔夜达快递的概念、数码相机和化学胶片等，这样的例子不胜枚举。你当然也可以自己想出其他的事例。回顾和观察这些模式既好玩又有趣，看到同样的过程一次又一次地上演也是十分有意思的。

然而，更为有趣和重要的是，我们要尝试向前看，看看下一次海啸可能来自哪里。在我们的生活和太空领域中，下一个巨大的颠覆性创新将是什么？今天的市场领导者如何才能学会及时看到这些情况并做出反应？这有可能吗？市场领导者是否能够通过一种可行的策略来识别和击败颠覆性创新？这一切是否已经发生？我们将在本书的结尾进一步思考这个问题，但这是一个非常复杂的问题，也是颠覆性创新和新太空的核心问题。

在我们把重点放在航天工业之前，让我们想一想这些案例（以及其他许多例子），它们之间有哪些共同点，我们又能从中学到什么。

这些案例有几处共同点，非常具有参考价值。首先，大规模生产、效率和规模经济是这三个案例的共同特征。其次，案例都通过新工艺和标准化降低成本，扩大现有市场并创造了新的市场。最后，大规模生产以及由此带来的成本降低和效率提升推动了新的市场和新的应用，从而通过增加使用机会、降低成本和标准化，使终端用户真正受益。

然而，从本质上讲，这些案例都不仅是关于“物”的故事，而是关于“人”的故事。他们都是大胆而充满活力的人，是具有个人勇气和卓越领导力的人，是敢于挑战现状、创造新世界的人，是愿意承担巨大风险、意志坚定的人，是勇于同复杂的困难、强大的政治与经济力量做斗争，从而创造一种行事新理念并为个人带来巨大财富的人。这些都是关于个性驱使、关于自信、关于愿意跳出条条框框进行思考、愿意逆流而上、愿意冒险、愿意与强大利益集团对抗的故事，同时，也是关于一些富人自我实现的故事。

可预见的市场领导者的反应与此形成了鲜明对比，他们没有能力看到并应对威胁。因为所有这些都需要钱，时机也非常重要。在技术和市场准备就绪之前，一些想法会反复出现。我们经常看到一些想法失败，这是因为技术还不成熟，就像 Apple Newton 和其他早期的 PDA 产品一样。同时，政策和监管环境必须是有利的，或者至少不要过于严苛，不能禁止新市场的出现。

这也是关于失败与坚韧的故事，其实，这三位颠覆性创新者在很多方面都失败过。马尔科姆·麦克莱恩曾将海陆联运公司逼到破产的境地，当时，他打赌油价会持续走低，结果油价涨至新高。史蒂夫·乔布斯在重返苹果公司、创造 iPhone 手机之前曾被解雇，而他的“下一代”计算机公司（NEXT Computer）在他两届任职期间遭遇了巨大的财务困境。但这些失败都为后来的成功奠定了基础。所有这些人都有冒险的勇气，也有在失去一切后寻求帮助、重新开始的勇气。颠覆性创新不适合胆小的人，也不适合那些被狠狠踢倒后就再也爬不起来的人，我们大多数人都无法做到这一点。到底有多少伟大的思想和发明家是因为早期的失败放弃而最终未能走向成功？我们永远不会知道。

总之，颠覆性创新有着漫长而迷人的历史，我们在本章中探讨的例子为下一章奠定了基础，下一章将探讨太空，它是什么，在哪里，传统的太空商业领域是什么样子，以及太空如何融入颠覆性创新的大环境。

参考文献

[1] KIA，MEHRDAD. The Persian Empire：A Historical Encyclopedia. Santa Barbara：ABCCLIO，2016，p. 127.

[2] A M RAMSEY. The Speed of the Roman Imperial Post. Journal of Roman Studies 1925，15，60－74.

[3] BRINKLEY，DOUGLAS G. Wheels for the World：Henry Ford，His Company，and a Century of Progress (2003).

[4] JARDIM，ANNE. The First Henry Ford：A Study in Personality and Business Leadership Massachusetts Inst. of Technology Press，1970.

[5] NEVINS，ALLAN，FRANK ERNEST HILL. Ford：The Times，The Man，The Company. New York：Charles Scribners’ Sons，1954.

[6] PANELLA，CLEMENTINA. “Le Anfore di età Imperiale del Mediterraneo Occidentale”，in Lévêque，Pierre；Morel，Jean Paul Maurice，Céramiques Hellénistiques et Romaines III（in French），Paris：Belles Lettres，2001：177－275.

[7] https：//commons. wikimedia. org/wiki/File：Amphorae _ stacking. jpg Ad Meskens [CC BY－SA 3. 0（https：//creativecommons. org/licenses/by－sa/3. 0）]

[8] LEVINSON，MARK，THE BOX. How the Shipping Container Made the World Smaller and the World Economy Bigger (Princeton Univ. Press，2006）.

[9] CUDAHY，BRIAN J. Box Boats：How Container Ships Changed the World. New York：Fordham University Press，2006.

[10] MERCHANT，BRIAN. The One Device：The Secret History of the iPhone. Transworld Publishers，Limited，London，2017.

[11] CORD，DAVID J. The Decline and Fall of Nokia. Schildts & Söderströms. 2014：217.

[12] VOGELSTEIN，FRED. “The Untold Story：How the iPhone Blew Up the Wireless Industry”.

Wired，2008.

［13］BLUMENTHAL，KAREN. Steve Jobs：the man who thought different：a biography New York：Feiwel and Friends，2012.

［14］（https：//www. cnbc. com/2017/01/17/6 - billion - smartphones - will - be - in - circulation - in - 2020 - ihsreport. html）

第 3 章　太空颠覆性创新的舞台已经成熟

《2001 太空漫游》写于人类历史的分水岭还未出现之时。当尼尔·阿姆斯特朗和巴兹·奥尔德林踏入月球静海的那一刻，我们就永远地与那个时代分离了。现在，历史和小说已经不可避免地交织在了一起。

——阿瑟·克拉克

距离 1969 年 6 月那次意义重大的登月活动已经过去了 50 余年。本章我们将把注意力转向太空、太空技术和太空商业领域，它们与汽车、集装箱和智能手机大不相同。

太空究竟是什么？我们如何到达那里？到达之后我们又能做些什么？太空商业环境在某些方面与传统商业及商业模式相似，但又有很大的区别。我们将介绍有关不同监管、政策、经济和国家安全问题，以及当前和未来太空商业领域的其他特殊因素。我们还将讨论“新太空”或“太空 2.0”概念，以及这种环境下的创新如何迅速改变太空域。同时，思考航天业务的现状和可能的方向，与传统政府与大公司参与太空活动的方式相比。这是一个令人兴奋的、能够参与太空竞技的时代。

3.1　太空域

太空很大，非常非常大，以至于我们很难到达并操控它。在太空中活动，成本高昂又充满风险[1]，对于我们称为卫星的太空设备来说是如此，对于进入太空并在其中工作的人类来说更是如此。太空环境既陌生又危险，与我们熟悉的地球环境截然不同。我们都知道，太空很无情，开发太空技术项目是十分困难的。通常在火箭爆炸或发射卫星失利后，召开的新闻发布会上说的一句话是“太空是艰难的”。虽然太空很大，但太空的某些地方实际上并没有那么遥远。太空的“官方”边界被称为“卡门线”（Karman line），距离地面只有 100 千米，或者说，距离你的头顶上方约 60 英里㊀。国际宇航员通过首次飞越那条线，就可以赢得“宇航员之翼”徽章。美国国家航空航天局（NASA）和美国联邦航空局（FAA）认为，50 英里（距地面约 80 千米）就已经是太空的分界线了。如果你在地图上寻找一个距你此刻所在之处 100 千米的城镇，你会发现，这个距离并不算太远。

㊀　译者注：1 英里≈1609.344 米。

大气层和外层空间之间没有明显的界线，大气层的消失是一个缓慢而渐进的变化过程。我们只是随意地将太空的“边界”设为距我们100千米高的位置。在这个高度以下，由于大气阻力很大，卫星无法保持在轨道上，而在这个高度以上，又没有足够的空气为飞机提供向上的升力，因此，100千米被国际航空联合会（FAI）认定为官方的太空分界线。

太空从哪里开始的具体定义不仅关系到你从哪里开始能获得宇航员称号，还具有非常重要的国际监管意义。外层空间官方起点之下的空间领域和所有在其中飞行的东西，都处于国家监管之下。而在这个起点之上，卫星可以且确实不受国家领空管制的限制而飞行。我们将在第7章中讨论太空的管理问题，但太空究竟从哪里开始仍是一个非常重要的问题。太空并不存在真正的物理“边界”。考虑到太空的广阔性以及地球这片被稀薄气体覆盖的微小区域，实际上认为这是地球大气层的终点（或起点）更加准确。

能够把人和卫星送到边界线以上，并使其进入稳定的绕地球轨道为我们带来了很多好处。事实上，我们的现代数字世界与太空有着深刻的联系，如果太空没有人类资产，那么地球上的生活将会非常糟糕。我们的卫星已经与我们的世界错综复杂地交织在一起了，尽管它们大多隐藏在幕后。我们需要保护并巩固这一至关重要的关系。

卫星可以在地球轨道上进行许多有益的活动，按照区域范围，这些轨道通常分为三类：近地球轨道（LEO）、中地球轨道（MEO）和地球静止轨道（GEO，又称地球同步轨道），这是当前普遍使用的三种主要轨道。还有一些其他轨道，比如穿过以上三种轨道某些区域的大椭圆轨道（HEO）等。

LEO区域是许多新型小卫星栖居和运行的地方，距我们的头顶只有几百千米远。我们驾驶汽车去400千米以外的地方度假或拜访朋友，不会赢得任何奖项，也不会成为民族英雄，但轨道高度为400千米（约250英里）的国际空间站则是一个造价昂贵又充满风险的项目，需要花费数百万美元，以及需要进行多年规划与训练。只有少数幸运的人才能去到那里成为终身英雄，但从直线距离上讲，那里其实真的并不遥远。它是直线上升，而不是环绕地球表面（图3-1）。

图3-2展示了LEO、MEO和GEO三个主要卫星轨道的相对位置，以及在轨道上所需的轨道速度、海拔、轨道半径（以地球质心为圆心）和轨道周期。图中还标注出了内、外范艾伦辐射带的位置。很明显，LEO实际上非常接近地球，并且位于内范艾伦辐射带之下，范艾伦辐射带为它的上限。LEO包括卡门线以上至2000千米的区域范围。它是许多极轨遥感卫星、“铱星”（Iridium）通信星座的领域，也是几乎所有载人太空飞行，包括高度约400千米的国际空间站的主要活动区域（除50年前的12次月球任务外）。同时，LEO也是微小卫星的发射区域，它正在迅速成为一个非常拥挤的地方。

LEO和内范艾伦辐射带之上是MEO的区域，这里是导航卫星，如美国GPS、中国北斗导航系统（BDS）、俄罗斯格洛纳斯系统（GLONASS）和欧洲伽利略系统（Galileo）的领地，这里的轨道高度约为20000千米。虽然这个轨道高度当前使用得相对较少，但这

图 3-1　太空的边缘，云层之上的月球（图片由 NASA 提供）

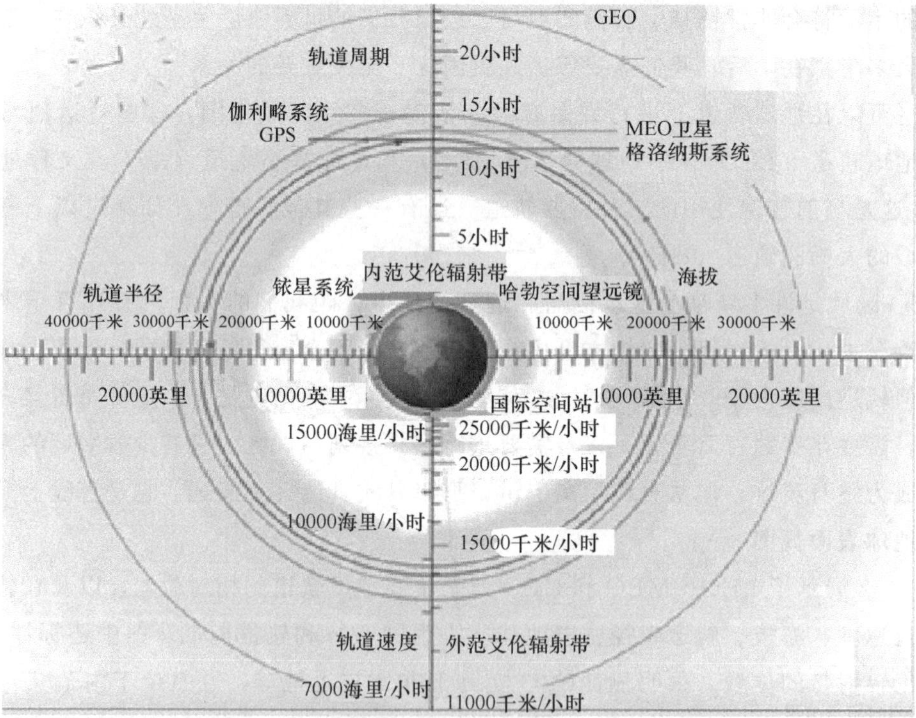

图 3-2　卫星轨道、轨道速度及其轨道高度与轨道周期

（图片由维基共享资源提供。https：//upload. wikimedia. org/wikipedia/commons/b/b4/ Comparison _ satellite _ navigation _ orbits. svg）

个区域中的 GPS 导航与授时卫星在我们的现代世界中发挥着关键作用。正如前文所述，没有 GPS 的一天将是非常糟糕的一天，因为无论是对地面生活还是商业航空导航，抑或对互联网和股票交易计时来说，它都至关重要。

最后，在更远的地方，即距月球 1/10 距离远的地方，是重要的 GEO，这是一个非常特殊的位置。在精确的 35786 千米高度上，卫星绕赤道的旋转周期正好等于地球的自转周期，这使卫星看起来像是固定悬挂在天空中一样。三颗平均分布在不同地方的 GEO 通信卫星，几乎可以向全世界进行广播。地面上的一副小天线可以通过指向某颗地球同步卫星所在的固定位置，持续不断地接收电视、电影、互联网或其他数据服务。

任何其他轨道高度的卫星，其接收天线都必须能够跟踪卫星的移动。而 GEO 上的一颗通信卫星可以绕过山脉等崎岖的地形，轻松地向全球区域提供可扩展的广播，或在没有电缆的情况下为数百个岛屿提供信号覆盖。它还有一个重要的国家声望因素，许多国家发射自己的卫星不仅是出于商业目的，更是出于民族自豪感。

GEO 通信卫星的概念并不是最近才提出的。早在 1929 年，富有远见的太空先驱赫尔曼·奥伯特（Herman Oberth）就首次提出了一个使用镜子的卫星系统，利用太阳做摩尔斯电码。到了 1945 年，阿瑟·克拉克又以其卓越的思维在一个名不见经传的英国杂志《无线世界》上首次发表了一篇名为《地外中继技术》的短文[2]。在这篇文章中，他提出由三颗人造卫星组成一组卫星，在特殊的 GEO 上绕地球赤道等距飞行，可以向几乎整个地球广播无线电信息（不包括北极和南极）。有趣的是，他的卫星是载人的，因为它们必须使用真空管，而真空管需要宇航员不断更换（图 3-3）。

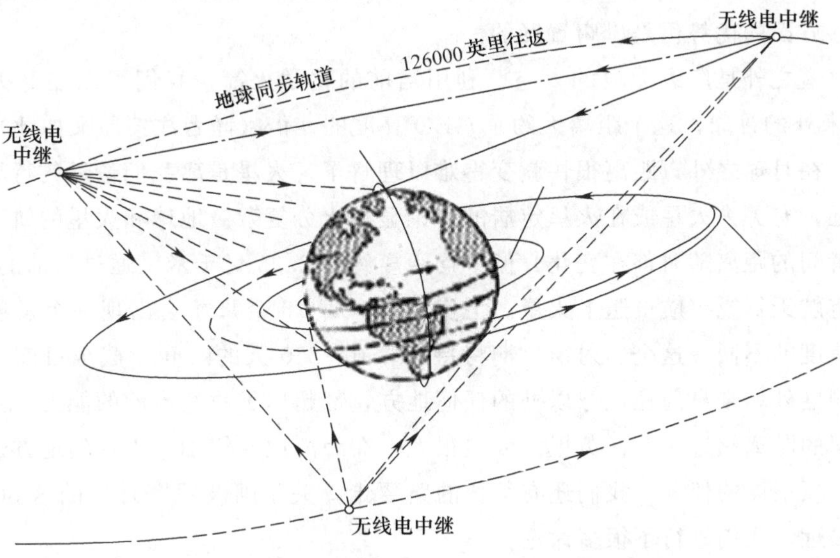

图 3-3　阿瑟·克拉克于 1945 年在《无线世界》杂志上发表的文章中描绘了三颗 GEO 电信卫星

（图片由阿瑟·克拉克基金会提供）

没过多久，阿瑟·克拉克就发表言论称："通信卫星将结束与世隔绝的状态，使我们成为一个大家庭中的成员，教会我们使用同一种语言阅读和讲话，尽管这种语言并不完美。"我们的全球地球同步卫星不断地播送电视、数据和音乐，在很大程度上使这一预言成为现实，并从根本上改变了我们的世界。

当然，我们都知道，1957 年 10 月，苏联发射了第一颗人造卫星斯普特尼克 1 号，卫星通信的潜力立即显现出来。仅一年之后，美国总统德怀特 · 艾森豪威尔便在 1958 年 12 月用斯科尔卫星向全世界广播了圣诞问候。斯科尔卫星由“宇宙神”火箭（Atlas）发射，携带一台无线电发射器，用于转播它所录制的信息。1962 年 7 月，Telstar 公司进行了第一次商业性跨大西洋广播，东京奥运会也通过 GEO 上的 Syncom 3 卫星进行了转播。这一切正如阿瑟 · 克拉克在 1945 年 8 月⊖所设想的那样。

没过多久，人们就意识到了 GEO 通信卫星的巨大潜力。国际通信卫星组织（INTELSAT）成立于 1964 年，目的是促进对 GEO 国际卫星远程通信的利用。今天，我们已在 GEO 上部署了数百颗外形巨大、价值不菲的通信卫星，用以提供广泛的数据、视频和电话服务。它们是唯一真正的太空业务，不仅能带来数百万美元的收入，还能为发射装置、地面基础设施、保险和其他主要的太空商业市场提供支持。没有商业的地球同步通信卫星，就不会有太空业务。

但是，也必须正视 GEO 通信的缺点：一个负面因素是发射与接收信号会有约 0.5 秒的延迟，另外，在 GEO 距离条件下，数据传输过程中会产生噪声或误码率，同时，带宽和可用功率都受到了限制；另一个负面因素是采购、发射和运行一颗 GEO 卫星的总成本非常高昂，发射失败的潜在损失巨大，可能会超过 7 亿美元；此外，一些国家想要对信息流进行监控，导致发生了几起故意干扰卫星广播的事件。即便如此，太空在通信、导航、授时和遥感方面的优势仍是毋庸置疑的。

地球轨道之外是广袤无垠的太空。利用当前的化学火箭，我们可以在 3 天内到达约 38.5 万千米外的月球，这个距离大约是 GEO 高度的 9 倍（译者注：原文如此），近 30 个地球直径。在月球之外，距离很快就变得难以理解了。火星是离我们最近的行星之一，由于距离遥远，有关去火星或在火星定居的讨论显得十分复杂。地球和火星的轨道都是椭圆形的，两者间的距离随时都在变化，但平均距离约为 2.25 亿千米。通过目前的化学火箭，我们能够将航天器或宇航员送上火星。但实际上，每 26 个月才会出现一个发射窗口，根据距离和速度的不同，这个发射窗口期将持续 150～250 天的时间。截至目前，除了少数的行星探测器外，亲身前往地球以外的任何地方，都超出了我们当前的能力。土星及其卫星与地球间的距离超过 8.5 亿英里。太空很大，在距离地球仅 400 千米的地方建立一个空间站就是一项艰巨的任务。我们还有很长的路要走，关于阿波罗登月后的这 50 年里我们到底走了多远，人们进行了很多讨论。

3.2 太空系统的三个部分

每个太空系统都由三个相互联系的部分组成。根据系统目标，这些部分在成本和复杂

⊖ 译者注：原文为 1964 年，可能有误，似乎应为 1945 年。

性上有很大的不同。这三个部分分别为空间段、地面段和用户。空间段由实际的在轨卫星组成，每个卫星都有自己的电力、通信、制导和导航子系统，以及至关重要的有效载荷，这是卫星的目的。地面段包括建造、测试、发射和操作空间段卫星所需的基础设施，包括发射场、任务控制中心、测试和操作中心、地面站和从空间段发送和接收数据的通信网络，以及所有的数据处理、分发和归档设施、训练设施、业务机构等。最后，用户部分由来自空间段的数据或有用信息组成。它可能是家庭电视上的广播电视节目，也可能是遥感卫星图像或其衍生产品，如火灾地图、汽车上的 GPS 定位或移动地图显示，甚至是用于基础或应用研究的科学数据等（图 3 - 4）。

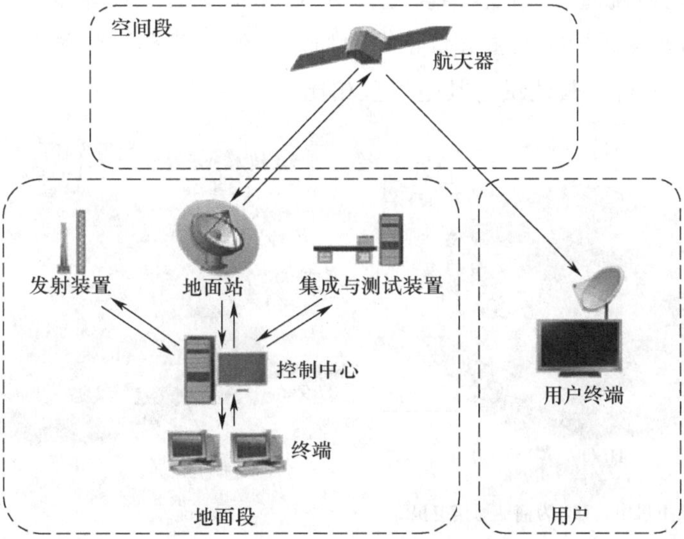

图 3 - 4　太空系统的三个部分（图片来自 https：//commons. wikimedia. org/wiki/File：Ground _ segment. png）

3.2.1　空间段：卫星

绕地球运行的卫星是太空中唯一真正具有商业价值的部分。目前，成熟的商业太空模式是发射卫星并提供相应的卫星服务，未来可能会出现太空旅游或地外资源开采等新商业模式。有趣的是，卫星这个词来自古拉丁语 *satellus*，在古罗马，这个词表示一个强大主人的仆人或奴隶。在大街上行走的时候，他会跑到主人前面，为主人扫清道路，并听候吩咐。1610 年，伽利略发现木星的卫星时，用这个词来描述它们。行星是以古罗马诸神命名的，卫星围着它们运行，所以“仆人”这个名字似乎再合适不过了。

1957 年 10 月 4 日，苏联发射了斯普特尼克 1 号，它很快被称为“人造卫星”，这是一个非常恰当的名字。卫星是人类在太空中的仆人，放置在太空轨道上，为我们提供各种能力、服务和数据。

自从斯普特尼克 1 号发射以来，人类已经把大量的卫星（以及大量太空垃圾）送入地球轨道和外层空间。截至目前，人类已向地球轨道上发射了超过 33000 个物体，但随着时间的推移，其中绝大多数物体的轨道自然衰减，已重新进入大气层烧毁，对人类无害。现在（2020 年 12 月），我们拥有约 13000 颗在轨卫星，但只有 1400 多颗卫星在正常运行。其中，400 多颗是商业通信卫星，大部分都分布在 GEO 上，GEO 是地球最昂贵的“地皮”，为其所有者带来了巨大利润。剩下的大部分卫星多用于国防通信。

图 3－5 显示了 2012 年卫星的轨道和功能分布，虽然现在（2020 年 12 月）的卫星数量有所增加，但相对分布和应用大体保持不变，约 50％的卫星分布在 LEO 上，40％的卫星分布在 GEO 上。目前，发射数千颗小型卫星的 LEO 星座计划将会改变卫星轨道分布，同时引发人们对轨道碰撞的担忧。事实上，MEO 中的导航卫星非常少，但随着所有新的国家 GPS 系统的开发，导航卫星数量正在增加。此外，还有一些科学卫星或其他卫星在不常用的 HEO 上运行，其数量与其他卫星相比非常少。

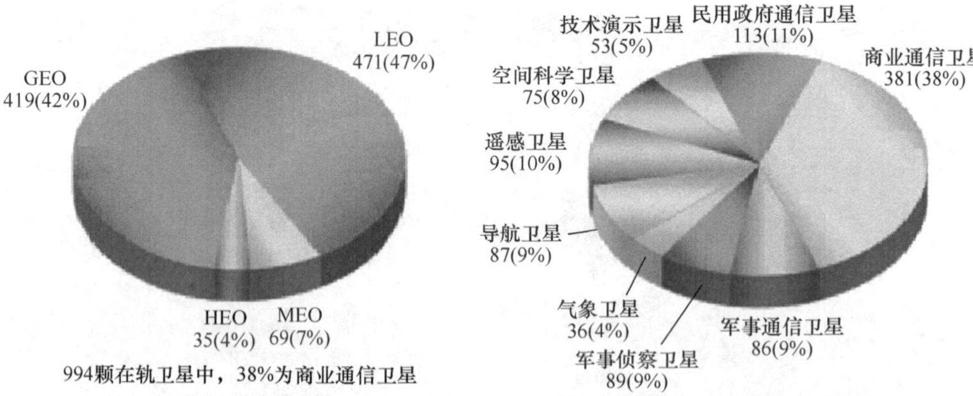

(a)2012年5月在轨运行卫星分类（按照轨道划分）

(b)2012年5月在轨运行卫星分类（按照功能划分）

图 3－5　2012 年地球轨道上卫星的位置和类型

图 3－5 右侧部分显示了这些卫星的用途，其中，超过一半是商业、军事和民用政府通信卫星。商业通信卫星占比 38％，是真正成熟的太空商业，也是投入资金最集中的地方。还有一些民用和军用遥感卫星（占比 19％）、导航卫星（占比 9％）、气象卫星（占比 4％）以及一些其他功能的卫星。值得注意的是，在这些卫星中，只有一个可供人类生存的空间站——国际空间站，而且，在大部分时间里，只能提供 6 个人的生存空间。

地球轨道卫星支撑起了当今的商业太空产业，但我们很快就会看到，这一局面可能会逐步改变。卫星产业提供的工作机会和应用服务，让我们觉得进入外层空间对地球上的所有人来说，都是有利可图的。自从斯普特尼克 1 号发射以来，我们已经掌握了地球轨道运行规律、制造卫星的关键技术，以及提供卫星应用服务的商业模式。但我们也在地球轨道上留下了大量的太空垃圾，导致卫星运行环境逐渐恶化。

图 3－6 显示了当前环绕地球的所有卫星和太空碎片。目前，超过 75％的在轨卫星都

是无用垃圾，包括成千上万的火箭残骸、电池板和其他碎片，而且数量还在不断增加，问题非常严重。可以清楚地看到，地球外部 GEO 和周边 LEO 上环绕着密集的碎片云，而形成上下延伸光环的主要是 MEO 上的导航卫星，如美国的 GPS。

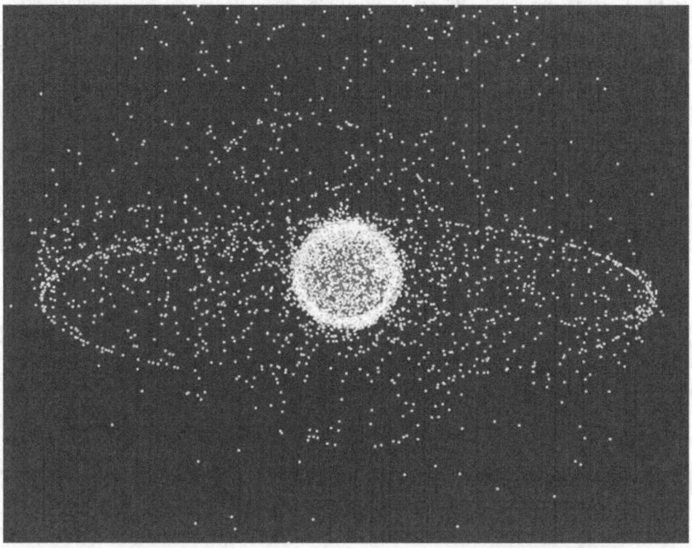

图 3－6　显示太空物体数量的综合图像。GEO 环、地球上方低地球轨道上的大量物体都清晰可见（图片由 NASA 轨道碎片项目办公室提供）

空间碎片问题显然已经非常严重，必须尽快处理。目前，可探测到的直径在 1～10 厘米范围内的物体总数量超过 60 万个，此外，已发生过 5 次已知的卫星和碎片或卫星与卫星之间的碰撞。为避免太空碎片撞击，国际空间站必须定期进行轨道机动。美国、中国和俄罗斯等主要太空国家正在进行反卫星试验和发展反卫星能力，以便在冲突期间摧毁军事卫星。我们正在迅速污染我们的近地太空环境，这是一个必须要解决的严重问题，或许这也是一个新的商业机会。

凯斯勒效应（Kessler Syndrome）是近年来出现的一个新概念，指一次失控的空间碰撞会产生大量空间碎片，这些碎片进而会引起更多的碰撞，最终使近地轨道不再适合人类使用。这将是一场灾难，因为我们在日常生活中已经非常依赖空间通信、GPS 导航和定时系统。凯斯勒效应曾被认为是一个不现实的概念，但现在科学界已经对此产生共识，如果这种情况真的发生，后果将非常可怕。

根据轨道动力学，要使国际空间站这样的航天器保持在轨运行，它必须以相对于地球表面 27000 千米/小时或大约 8 千米/秒的速度飞行。早在很久以前，艾萨克·牛顿就提出了一个想法，即想要摆脱地球引力，前往月球、小行星或火星，将需要比绕地球轨道运行多得多的能量，逃逸速度将超过 40000 千米/小时，也就是 24855 英里/每小时（即第二宇宙速度，11.2 千米/秒）。

将载荷、卫星或者一个人从地面发射到一定的地球轨道上，并以 8 千米/秒的速度运行，所面临的最基本问题是需要消耗大量的能量，登陆火星就更加困难了。今天，我们知道的唯一可靠的方法就是使用化学火箭，但是化学火箭非常复杂、危险和昂贵。太空专家表示，如果有什么地方出了问题，那么其他很多地方也都可能出现问题，最终你将“度过糟糕的一天”。征服太空是很难的。这也就是为什么当代太空企业家正在努力开发新的、更可靠、更廉价的方法把卫星和人送入地球轨道或更远的地方。

3.2.2 地面段：太空发射器、发射与测控设备

目前，所有现代火箭几乎都是几位伟大的太空技术先驱早期工作的后代。其中的关键人物是将人造物体送入外太空的第一人——德国的冯·布劳恩。他研制出了质量为 2 吨、使用液体燃料的 A-4 火箭（A 代表 Agregat）。1944 年 6 月 20 日，在德国波罗的海海岸的佩内明德岛测试基地，该火箭发射至距离地球 170 多千米的高空，这个高度超出了人们所认为的太空边界。这是人类历史上第一次将人造物体送入外层空间[3]（图 3-7）。

A-4 火箭具备了现代液体燃料火箭的所有基本要素。它由液态氧和酒精提供动力，有四个控制翼，一个陀螺仪制导系统，以及一个威力巨大的可爆弹头。在第二次世界大战中制造了 3000 多枚这样的火箭并作为武器发射。

第二次世界大战以后，冯·布劳恩和他的大部分团队被带到美国，成为美国战后火箭研究计划的核心。冯·布劳恩的团队有带翼的飞行员驾驶型 A-4 火箭的图纸和计划，以及更大的 A-10 火箭，这个火箭可以向美国发射弹头，事实上是一种真正的洲际弹道导弹。苏联带走了德国的生产设施和没有去西方的其他工程师。

战争一结束，美国和苏联这两个超级大国立刻利用这个非常成功的模板开始认真研究太空火箭。在形势紧张而危险的冷战时期，为了能够将核弹头发射到世界各地，美国和苏联都投入了巨大的资源来开发更大、更强的洲际导弹。在美苏太空竞赛期间，这些导弹成为第一代将卫星和人类送入轨道的发射器，这只是我们称为冷战的更大的战后主导权之争的一个方面。

今天，我们有大量非常成功的火箭，但是它们的结构都几乎相同——箭身呈长管状，装满了由液体燃料和氧化剂组成的化学推进剂，由火箭发动机进行驱动，通过控制翼和电子设备实现控制，能够将有效载荷送入轨道。

火箭发射入轨的一般模式如图 3-8 所示。

图 3-8 是一个典型的轨道发射剖面。图中显示的是德尔它-2 火箭在 NASA 佛罗里达州卡纳维拉尔角发射场发射卫星的场景。发射时，火箭垂直升空，然后迅速调整至正确的发射方向，越过海洋，进入预定轨道。如果它使用的是固体捆绑式助推器，就像在这个例子中一样，助推器会很快燃烧殆尽，然后被抛弃，落入安全区域。这些装置（发射时主要是推进剂）有助于使重型火箭离开地面并继续上升。主发动机在燃料耗尽时烧毁，火箭

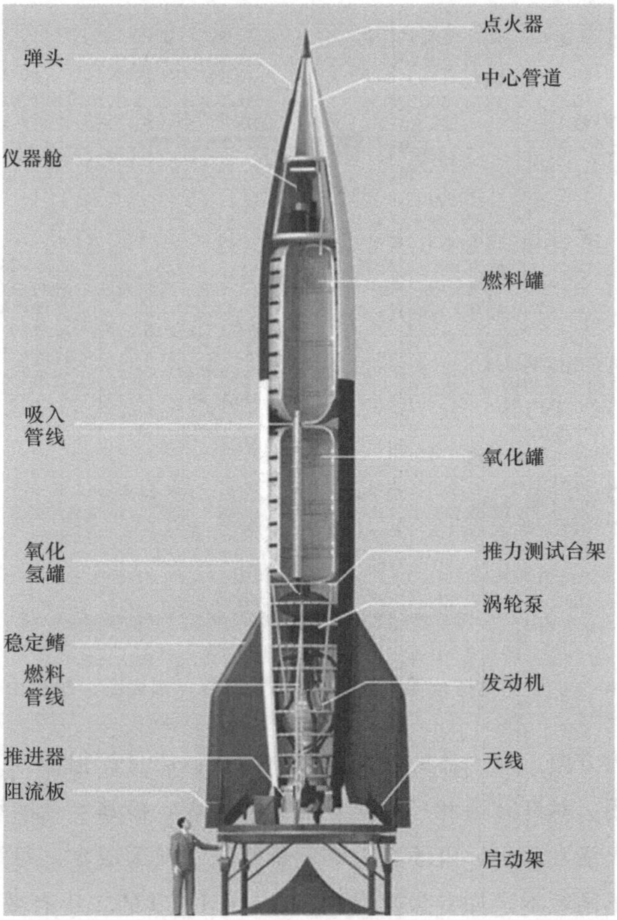

图 3-7　冯·布劳恩的 A-4 火箭的内部构造（图片来自维基百科：https：// commons. wikimedia. org/ wiki/File：Aggregat4Schnitt-engl. jpg）

第一级也被抛弃，这个抛弃过程是为了减小飞行器的质量。根据发动机产生的能量与飞行器剩余质量的比例尽可能提高发射效率。

接下来，为适应太空环境而设计的二级火箭点火，继续推动系统飞得更高更快。一旦火箭离开大气层，为了减小质量，保护卫星的整流罩就会脱落，有效载荷以所需的正确速度被推入正确高度，在那里有效载荷与火箭分离。此时，发射被认为已经完成。将一个重达数吨的载荷从海面发射平台送至轨道高度只需要 8～15 分钟。这就是化学火箭发动机的力量。这一过程的传统成本约为 2 亿美元或者更多，而且每个发射装置都是一次性使用的消耗品。如今的太空发射产业价值 45 亿美元，将 1 千克载荷送入轨道的成本约为 2 万美元，而许多大型 GEO 通信卫星则重达数吨。当然，很多事情都可能出错，所以人们是在用 3.5 亿美元巨资赌一次完美的飞行。但我们很快就会看到，这种情况正在迅速改变。

进入轨道成本过高是当前航天事业的重大限制因素之一，正如我们看到的，这也是许

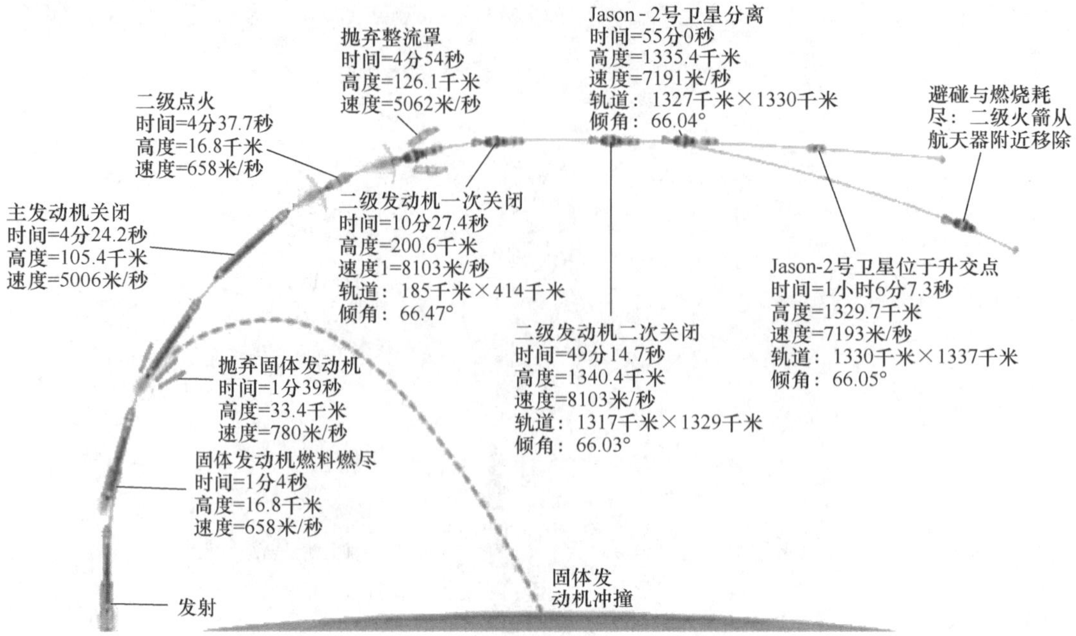

图 3 - 8　Jason - 2 号卫星搭载德尔它- 2 火箭发射流程剖面图（图片由 NASA 提供）

多太空企业家致力的方向。航天器的开发成本很高，但产量却很低。先进材料，如钛和碳复合材料的大量使用、对高冗余和广泛质量控制的需求，极其复杂的设计要求和昂贵的部件造价（如一次性火箭发动机、电子产品等）都提高了航天成本。每种运载工具都为特定用途开发出了许多不同版本，如专为发射到 GEO 或 LEO 的较小有效载荷使用的运载器。SpaceX 猎鹰 9 号运载火箭的燃料，使用液氧和火箭级煤油，每次发射的实际成本仅为 20 万美元左右（推进剂成本），因此，实现运载火箭可重复使用对降低进入太空的成本产生了重大影响。

火箭并不是将物体送入轨道的唯一工具。每一枚火箭都只是一个庞大系统中最明显的部分，这个系统包括发射设施和更大的发射场。发射设施提供了组装、准备、测试和发射运载器及其有效载荷所需的基础设施。它需要燃料箱场地、办公室、工业区、测控站、危险化学品和爆炸物储存区，以及发射场运行所需的基础设施，通常还包括铁路和机场。显然，安全也是一个重要的条件，因此还对特警和消防/救援提出要求，要求具备特殊危险材料管理和灾害的反应能力。政治抗议或恐怖袭击的威胁是一个更为现代的担忧，这使世界各大重要发射设施加强了安全网。

发射场从发射点位一直延伸到轨道方向，并为跟踪火箭坠落提供了安全的环境。它需要通过所有通信、跟踪和遥测技术来控制火箭，并跟踪它进入预定轨道。发射场需要许多安全功能，包括设施安全、靶场安全和发射限制，避免在人口稠密地区进行发射或产生碎片风险。天气是另一个重要因素，包括测量高空风，这种风可以使火箭在离地球数英里的高空发生撕裂。每一枚火箭还必须具备自毁功能，这样，如果火箭偏向有人居住的地区或对生命财产构成威胁，发射场的安全人员能够摧毁该火箭。所有这些都造价不菲，而且一个发射场每年只能接纳一定数量的发射。天气、设备问题，或船只、飞机进入发射区都会经常造成发射延误，从而导致发射活动不断积压推迟（图 3 - 9）。

图 3 - 9　20 世纪 60 年代卡纳维拉尔角发射场的洲际弹道导弹阵列。这是美国测试洲际弹道导弹的全盛时期，NASA 也在这里进行发射（图片由 NASA 提供）

最初的发射设施是巨大的，早期的佛罗里达州卡纳维拉尔角发射场和俄罗斯在哈萨克斯坦的拜科努尔发射场都非常庞大。这些设施的成本和需求是进入太空成本过高的主要因素，同时还需要大量人力。而今天的重大创新之一就是减少所需发射设施和发射场的规模及成本。

发射台是发射设施的核心。这是发射前放置火箭和有效载荷的地方，包括发射平台、改变热排气方向的火焰管道、防雷装置、计算机和电源、测试设备等，还有装载推进剂的服务塔，以及支持发射的其他基础设施。每个发射台都必须为特定类型的运载火箭定制，这又增加了总成本。如果不进行重大改动，一个发射台只能用于一类航天器发射，而且在两次发射之间可能需要数周的整修（图 3 - 10）。

这就是当前太空 1.0 的发射模式。造价极高、不可重复使用的运载火箭，体型巨大、花费高昂的卫星、发射设施、发射场与控制中心，价格昂贵又充满危险的不稳定低温燃料，大批需要深度训练的工作人员——这些汇集在一起，使我们向太空发射物品成为一个造价高、危险又复杂的活动。目前的 LEO 发射价格为每磅 2000 美元左右（1 磅约 0.454 千克），而且每年从每个发射台发射的火箭为数不多。预订火箭发射所需的时间长达数年，一旦出现一个问题或事故，整个发射系统和有效载荷就会爆炸，成为一个巨大的火球。在

图 3-10　20 世纪 70 年代肯尼迪航天中心的 39-A 号发射台正在为航天飞机发射做准备。这里是阿波罗 11 号机组人员登月的发射台，现在是 SpaceX、猎鹰 9 号及猎鹰重型火箭的发射地（图片由 NASA 提供）

确定原因并进行修复的过程中，这种发射装置可能会在很多年内都不能使用。能够以我们可以承担得起的成本进入太空，是现在必须要突破的关键瓶颈。以传统方式进行太空开发，与我们之前讨论过的颠覆性技术创新的传统商业案例完全不同……但这种情况会在不久的将来出现吗？我们很快就会看到，答案是肯定的。

地面部分还包括控制和接收在轨卫星数据的通信能力，以及集成和测试设施、任务控制中心和操作能力，同时，包括所有的数据处理、分发和核心数据存储能力。这些将在后文进行讨论。此外，各种用户段功能还包括终端用户将接收到的数据用于某些实际用途，如一个国家的安全目标、科学探索，或一个商业或公益目标，如环境监测等。

3.3　太空环境

一旦你将自己或卫星送入太空，在这短暂但令人兴奋的 8～12 分钟飞行中，你还要面对许多非常特殊的问题。对于习惯地球引力和大气层保护的人类和机器来说，太空环境非常恶劣。太空接近真空，在地球轨道和更远的地方只存在非常少量的原子粒子和等离子体。

太空的基准温度为－270℃（－454℉）。但如果卫星直接暴露在太阳辐射下，其温度可能会迅速上升至 116℃（241℉）以上。卫星在太阳下的温度与在轨道阴影区域的巨大温度差，为设计增加了许多限制，带来了很多困难。例如，卫星在 LEO 上运行一圈的时长为 90 分钟，其中，在太阳高温环境中和在寒冷的阴影区域中的时间都是 45 分钟，两者交替轮回。对于常年在轨运行来说，这是一个非常艰难的环境。卫星的设计必须能够承受这种非常极端和不寻常的环境。当你在地球阴影区域运行时，也就是每 90 分钟中的一半时间里，你会失去太阳能电池板产生的能量。太空中的辐射十分严重，特别是在进入内、外范艾伦辐射带的轨道上，纷乱的宇宙射线很容易使重要的计算机硬盘失效，所以通常需要进行辐射加固，这再次增加了成本。

太空碎片，无论是自然的还是人造的，都是持续存在的威胁。即使是一粒沙子或一块油漆，在轨道速度下也可能会致命。不仅如此，材料的静电电荷也能轻易地破坏电子设备和计算机。由于太空中有少量的氧分子和氢分子，最终会因为摩擦和地球引力致使卫星偏离轨道，所以需要额外的能量来定期将卫星提升回预定轨道。电力通常来自太阳能电池板，而与地球的通信则需要天线和无线电。需要传感器来确定和校正卫星方向，最后，还需要用有效载荷，如遥感相机或通信系统，来完成有用的工作。

因此，卫星是非常复杂和昂贵的设备，使用最精细的“宇航级”零件手工制造。它们需要大量的冗余设备，因为太空中没有维修车间，如果一个主要部件失灵，任务很可能就到此结束，并损失大量资金。把人类放在这样的环境中是一件更难的事情，需要配备加压、加热的舱室，有合适的大气、液体、固体和气体废物清除、食物和水、睡眠和厕所设施、工作区域等。将人类送入太空是非常困难的，而且成本高昂，到目前为止，只有美国、俄罗斯和中国研制并实现了载人火箭与航天器飞行，可以说载人航天是非常复杂和艰难的。

3.4　双重用途与军事悖论

无论过去还是现在，太空都与许多军事、国家安全行动和需求密切相关。太空为卫星通信、遥感和卫星导航提供了一个独特的有利位置，而这些活动在很大程度上都是因为具有军事潜力而被资助与推动的。卫星的两用是指既有军事或国家安全用途，又有商业或“和平”用途。从发射装置到各种通信、遥感和导航应用，几乎所有太空活动涉及的都是双重用途技术，这使太空的国际政策、法律和商业用途更加复杂。每个国家都希望创造、维持和增强其国家安全能力，同时也都在寻求建立支撑国防和国际商业竞争力的技术基础。

经过几十年的发展，美国和苏联之间的早期两极太空竞赛已经延伸到了国际太空的更广泛领域，太空的双重用途性质仍然存在。今天，许多国家都有空间机构，发射各种各样的卫星，经营与太空有关的业务，但太空活动的双重用途和军事性质也影响着所有太空活动，特别是国家间的合作与竞争。出于国家安全和国际商业竞争的原因，在太空技术分享方面，各国都十分谨慎。在太空领域有很多国际间谍活动，各国（以及一些私人公司）正在积极寻求获取其他国家所开发的机密太空技术。

3.5 传统的太空域：太空 1.0

自 1956 年人造地球卫星发射以来，太空探索的传统模式或多或少都大同小异。让我们来看看当前的太空模式。

根据 FAA 商业空间运输办公室的《2018 年商业航天运输年度汇编》[4]，目前全球空间商业业务约为每年 3450 亿美元，并以每年 5%～7%的速度增长。

卫星通信是发源最早的空间业务部门。截至目前（2020 年年底），它仍然且将一直会是最大的空间业务种类。其中，直播卫星电视是最大的商业太空部门，每年约有 1000 亿美元的商业收入。图 3－11 展示了直播电视、音乐和互联网服务的 GEO 卫星的位置。

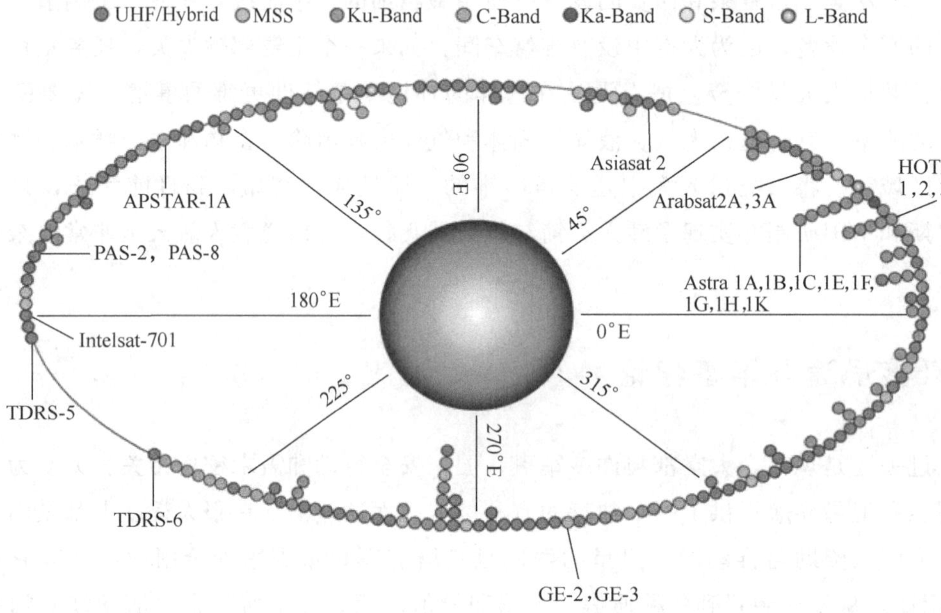

图 3－11　GEO 和不同频率的通信卫星的位置。左下方大片空白区域位于空旷的太平洋上空，大量卫星聚集在一起的区域为北美东部、欧洲西部和亚洲东部（图片由史密森尼航空航天博物馆提供，见彩插）

第二大市场是全球导航卫星系统（GNSS）相关服务，价值约为 850 亿美元，占空间业务总额的 25%。这个数字不仅包括 GNSS 服务，如汽车、船舶、航空和铁路设备，还包括交通系统、海事跟踪系统和快速增长的自动驾驶汽车市场。如果我们把智能手机中所有的 GPS 芯片都算上，这个市场的规模可能超过 1000 亿美元。GNSS 市场也是最新且增长最快的空间市场，在过去五年中以每年超过 60%的速度增长。GPS 高度精确的原子计时信号用途广泛，被用来对互联网电子邮件数据包、股票交易、配电网络管理等各类事物进行时间标记[5]（图 3－12）。

紧随其后的是其他卫星服务，包括固定和移动电信服务以及宽带（互联网）服务，也

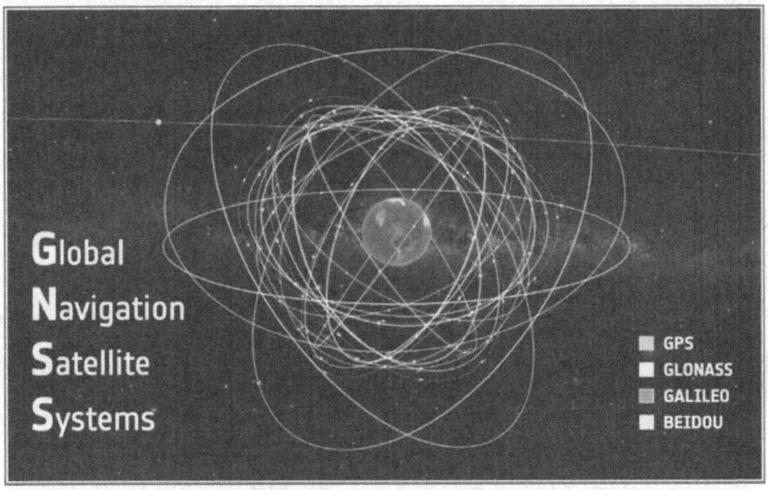

图 3 - 12　GNSS 中地球轨道（图片由联合国外空事务办公室提供，见彩插）

包括对海上船只和飞机的广播。地面基础设施业务每年约为 290 亿美元。必须有人来操作所有的这些系统，而太空提供了高薪的工作。卫星制造在全世界是一个价值 140 亿美元的产业，每年的波动主要基于对大型地球同步轨道卫星的需求。同样，在近地轨道发射数千颗小型卫星的转变将使重点发生转移，但卫星制造的全球收入可能不会有很大改变。

虽然卫星发射对于公众来说是太空部门中最显眼的部分，显然也是最引人注目的部分，但它只是整个太空部门中相对较小的一部分，每年只有 55 亿美元。尽管这是一个正在成长扩大的领域，特别是对于快速发展的小型卫星和立方星来说，但目前，只有 12 个国家拥有卫星发射能力。过去，从事卫星发射的主要是大型发射集团，如阿里安航天公司、波音公司（主营德尔它火箭）、洛克希德·马丁公司（主营“宇宙神”火箭）、联合发射联盟（ULA）等，还包括将大量卫星送入轨道的俄罗斯与中国。卫星遥感是最小的商业太空部门，但它依然是一项主要业务，价值约 50 亿美元，在新的、更高分辨率的系统和图像数据新应用的加持下，该部门价值继续增长。

较小的空间活动包括发射和卫星的保险、咨询和培训服务、数据分析以及政府和纯学术性质的科学研究等。总而言之，太空部门是一个成熟、多样化、全球性、相互关联的业务，而且它正在稳步、强劲地增长。正如我们不久将看到的那样，它也正处于被颠覆的过程中。

从图 3 - 13 中可以看出，大部分太空商业业务都在卫星通信领域。卫星通信服务主要包括地球同步轨道卫星服务，其本身又分为固定通信、移动通信、直接广播和中继通信等领域。今天的卫星承载着大量的全球语音、视频和数据，包括农村电话、互联网集群和私人公司网络。几乎所有的有线电视系统都结合卫星系统来分发它们的信号，即使你的电视是连接到电缆上的。

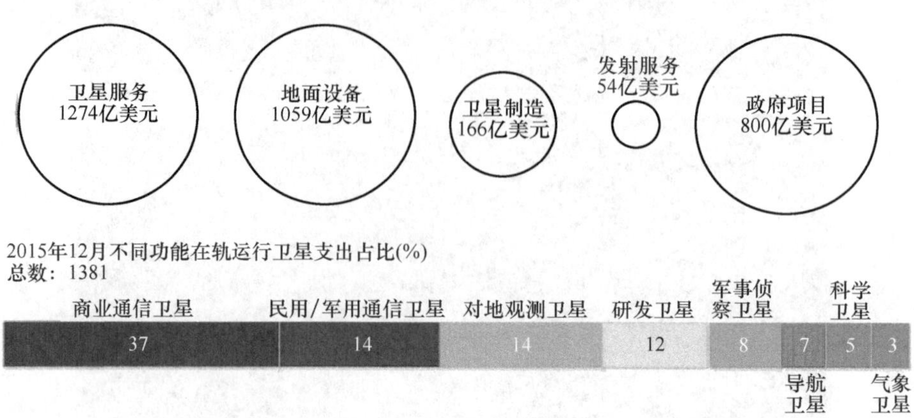

图 3-13　按市场划分的航天工业支出图（图片由 Tauri Group 提供）

卫星提供的服务范围十分广泛，包括远程学习、远程医疗和远程呈现应用以及海上和空中通信等。现在，全球大部分的电话流量都是通过网络电话（VOIP）传送的，而其中很大一部分是通过卫星传送的。直接面向客户的卫星市场在全球范围内提供宽带互联网、数据、电视、广播和视频。还包括不断增长的 LEO 通信星座，如铱星、全球星和轨道通信卫星等，以及所有我们即将讨论的新提出的星座。卫星广播已经成为美国的一个主要市场，但还没有普及到全球。还有一些令人兴奋的新应用也将应运而生。

虽然光纤在全球范围内提供了大部分的服务，但在偏远地区，如太平洋上的岛屿以及地球上人烟稀少的地区，卫星通信是极具竞争力的，因为它们能在广大没有昂贵地面基础设施的地方进行广播。这些都是商业电信市场，每年都有数十亿美元的收入。各国政府，包括但不限于其军队，也是卫星通信网络的主要用户。

最近兴起的卫星定位、导航和授时（PNT）市场是第二大商业空间应用，最初是由 1979 年美国发射的导航星全球定位系统（GPS）而创造的。GNSS 现在是一个价值 1000 亿美元的商业市场，提供的产品和服务范围日益扩大。其中，包括汽车、船舶和航空导航、定位、商业船队管理、应急服务、搜索和救援、地图绘制、基于时间的系统以及新兴的基于位置的服务（LBS）。此外，还包括数以百万计的手机和其他系统中的 GPS 芯片。GNSS，包括美国的 GPS、中国的北斗导航系统、俄罗斯的格洛纳斯、尚未完成的欧洲伽利略系统以及印度的 IRNSS 等，构成了至关重要的全球基础设施。

授时逐渐成为一个越来越重要的应用。GNSS 的核心是一个基于原子钟的非常精确的计时系统，能够为电网、互联网数据包、金融交易等提供广泛的精确计时服务。这更不用说在所有基于 GPS 的业务，如优步（Uber）和来福车（Lyft），以及新兴的自动驾驶汽车与卡车行业中的应用了。所有这些都依赖于免费的 GPS 信号，它是由美国政府在全球范围内免费提供的。

第三大商业空间市场是空间遥感和数字图像处理的衍生、增值产品。遥感与太空时代的起源一样古老，因为这项业务起始于美国和苏联的间谍卫星，它们在太空时代早期的发射中占比很大。现代空间遥感是一个规模不大但不断发展的商业业务，为各种市场提供地球空间高分辨率图像，包括城市和区域规划、农业、林业、管道监测、灾害管理和响应、水质、海洋监测等。国际商业市场总额约为 55 亿美元，并以每年 11%的速度稳定增长。

空间遥感领域的一个重要组成部分是它所提供的重要的环境数据能力。所涉范围从非常小的局部地区一直到全球的陆地、水文和大气分析。这些都是科学和公益活动，而不是商业活动，但它们是太空利益的重要组成部分。当然，国家安全空间遥感（间谍卫星）构成了太空活动和预算中一个巨大、隐蔽的部分，所有这一切的军民两用性质不可低估（图 3 - 14）。

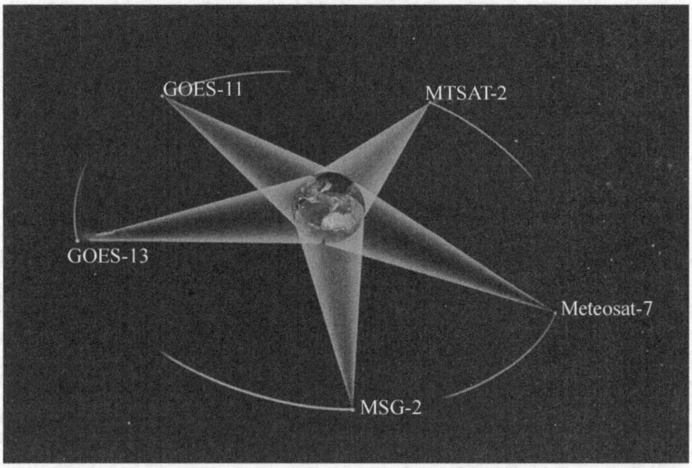

图 3 - 14　GEO 上的全球气象卫星为我们的星球提供持续的、全球性的图像

（图片由美国国家海洋和大气局提供）

与所有商业和政府通信卫星一起，在地球同步轨道上还有一批由政府运营的气象卫星，向全球提供持续的天气监测，包括旋风、飓风和严重风暴等恶劣天气事件。这些政府卫星目前由美国、中国、欧洲、俄罗斯、印度和日本运营，它们将全球天气和气候数据输入一个庞大的国家气象服务网络，为世界各地的商业气象公司和服务提供原始数据。全球天气数据预测服务及其产品为灾害规划、农业和海洋运输的各个方面提供支持。这个部门通常被认为是一个公共服务部门，而不是一个商业市场，但它驱动着依赖这些地球同步轨道卫星的各种商业气象服务（图 3 - 15）。

要想更多地了解所有这些不同的空间应用，可以参阅《卫星应用手册》（第二版），这是由我及我的同事约瑟夫 · 派尔顿教授和塞尔吉奥 · 卡姆乔 · 拉柔教授合著的参考书[6]。

图 3-15 从地球静止轨道看到的地球，从地球静止轨道上的地球监测卫星可以清楚地看到全球天气情况（图片由美国国家海洋和大气局提供）

3.6 谁在进行太空活动？

从太空时代开始，太空活动多由世界主要经济体和军事大国的政府指导和资助。在20世纪50—60年代冷战时期的“太空竞赛”中，苏联与美国展开对抗，欧洲和日本等其他主要经济大国在稍晚的时候也加入了竞争。在西方，美国发展了早期太空计划，大部分的工作实际上都外包给了主要的航空航天公司，由政府机构，比如NASA、国防部，以及后来的NOAA和FAA等提供资金和项目管理。在过去的10年里，太空领域有了明显的拓展，中国、巴西、尼日利亚、阿拉伯联合酋长国和其他国家都建立了重要的政府太空计划。

最近，小卫星的发展令人振奋。小至10厘米×10厘米×10厘米的立方星，几乎向所有人开放了太空。世界各地的发展中国家正在积极参与太空工作，包括政府、大学、小型创业公司和其他企业。稍后你会读到更多关于小卫星的内容。

以国家安全、载人航天研究和科学发展为目的的政府太空计划，仍然是太空总开支的重要组成部分，约为700亿～800亿美元，占据所有太空活动的1/4。最近，这方面的支出总额有所增加，但现在占总空间支出的比例比10年前要小得多。随着更多商业太空计划的发展与成熟，以及它们逐渐取代政府计划，政府太空活动在所有太空活动中所占的比例将继续下降。

欧洲咨询公司[7]最近的一项研究显示，2016年全球各国政府的太空预算总额约为

622 亿美元，约有 70 个国家在使用这些资金。而仅在 10 年前，进行太空预算的国家还只有 47 个，因此，太空领域的国家数量正在不断增加。同一份研究报告还预测，到 2026 年，超过 80 个国家将在太空领域投入约 790 亿美元。无论是从参与国家的数量还是从支出总额来看，这都是一个非常显著的增长。美国、中国和俄罗斯的载人航天构成了最大的政府太空支出总额，仅这三个国家每年用于国际空间站的运行和其他载人航天业务的支出就超过 110 亿美元，还有欧洲空间局、加拿大和日本的小型宇航员计划。印度和阿联酋最近建立了自己的宇航员队伍，随着进入轨道的成本降低，更多国家可能会效仿。但是载人航天仍然是价格高昂的，并且将来仍是如此，这很大程度上是由于涉及人类生命问题所需要的保守性和冗余。失去一颗昂贵的卫星是一回事，而失去一艘飞船和机组人员就是另一回事了。

美国是世界上最大的民用航天国家，在民用航天上花费了约 390 亿美元。其中，NASA 只获得了美国政府预算的 0.5%，2019 年的预算提案约为 199 亿美元，这远远超过了其他任何国家的民用航天预算，而它只是美国航天预算总额中相对较小的一部分。根据 2018 年联邦预算，美国的非机密国家安全航天预算约为 125 亿美元，其中大部分（超过 114 亿美元）将用于美国空军的军事航天活动[8]。

当然，美国的“黑色”或机密太空预算是不会公开的。美国国家侦查局（NRO）管理着国家间谍卫星项目，每年仅这一个机构的预算计划就超过了 150 亿美元。每个军种、国家安全局和其他部门都有大量的黑色太空预算。这将使美国每年的太空预算总额超过 460 亿美元，成为迄今为止世界上最庞大的国家太空预算。其他国家甚至都无法接近这一数字。

图 3 - 16 显示了截至 2016 年的国家太空支出图，由 Euroconsult 集团（euroconsult - ec.com）编撰。其他国家的太空预算也很可观，但远远低于美国。中国是当今第二大太空支出国，公共预算约为 50 亿美元。如果加上其他的计划，这一数字更有可能是 110 亿美元。欧洲航天局的预算约为 70 亿美元，由其 22 个成员国出资构成。其次是欧洲各个国家的太空预算，总和为 45 亿美元，然后是俄罗斯，略高于 30 亿美元。印度和日本的太空预算也超过了 20 亿美元。

有很多新进入太空世界的国家，如巴西、南非、尼日利亚、澳大利亚、新西兰、阿拉伯联合酋长国、韩国等国家都有新航天机构和项目，这些国家的太空预算都很少，至少与美国或欧洲航天局相比是这样，但却在不断增长。

太空基金会最近发布的另一份报告估计，2016 年全球商业和政府的太空预算总额约为 3290 亿美元。商业企业活动有 2530 亿美元，占其中的 76%，其余则是政府太空项目。

在 GEO 上运营商业通信卫星只是一小批国际发射服务公司，这实在令人惊讶。这些公司包括欧洲通信卫星组织（Eutelsat）、国际海事卫星组织（INMARSAT）、国际通信卫星组织（INTELSA）、工程科学学会（SES）和卫星通信公司（Telesat）等。有趣的

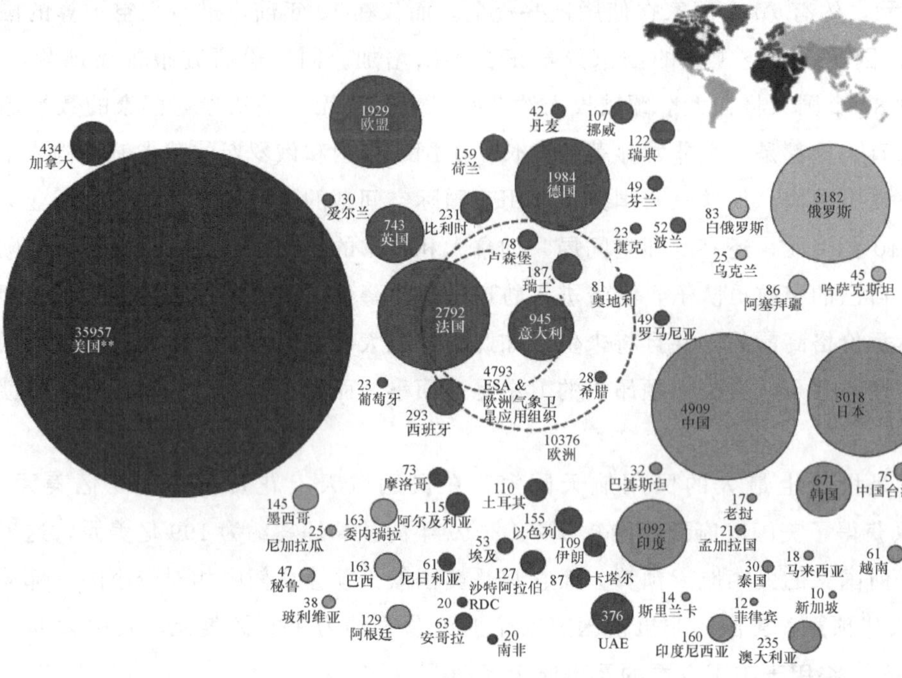

图 3-16　2016 年的国家太空支出（图片由 Euroconsult 集团提供[9]，见彩插）

是，国际通信卫星组织和 SES 的总部都在卢森堡，卢森堡本身有一个很小的新航天机构，并象征性地参与欧洲航天局的总体预算。但它确实有非常好的税法，而且在政府的支持下，形成了一支强大的、不断增长的新太空领导队伍，我们将看到这一点。世界上还有 50 多家小型商业卫星运营商，包括一些发展中国家的运营商，以及许多国家电信机构。但是大部分的 GEO 业务是由这五家大公司管理和运营的。直接到户（DTH）服务是由诸如 DirectTV 和世界各地的其他电视服务等增值公司运营的。DTH 市场产生非常有效的收入，使用更少的卫星来覆盖更大的区域，这与其他卫星通信服务不同，例如对船舶和飞机的移动通信服务。GEO 上的 DTH 卫星就是远在太空的赚钱机器。

传统上，通信卫星的设计和制造一直由美国、欧洲和日本的几家主要航空航天公司主导。这些公司包括法国的空中客车防务航天公司、泰雷兹阿莱尼亚航天公司、美国的波音公司和劳拉空间系统服务公司（SSL）以及日本的 MELCO 公司。他们专门设计和建造了这些巨大而昂贵的地球通信卫星，每颗卫星的设计和建造都要花费数亿美元，发射也要花费同样多的钱。它们是全球卫星电信基础设施的基础，每一颗都可以在 15 年左右的使用期内赚取到数亿美元的利润。此外，还有一些大型的二线集团负责制造较小的卫星，包括美国的鲍尔航空航天（Ball Aerospace）和轨道 ATK 公司（Orbital ATK），后者现在由格鲁曼（Grumman）公司所有，以及英国的萨里卫星技术公司（Surrey Satellite Technologie），现在完全由空中客车防务航天公司（Airbus Defense and Space）所有。这些公司研究设计和制造较小的应用型卫星，其中，许多卫星被发射到 LEO。此外，还有许多更小的团体，包括越来越多的大学，在建造小型卫星和新的立方星，这些将在后面进行更深入的讨论。总体来说，美国拥有全球 60% 以上的卫星制造市场，其次是欧洲。其他公司都是小公司，但这种情况在不久的将来可能会发生改变。这场革命已经开始了（图 3-17）。

图 3-17　一颗最先进的波音 GEO 卫星，正在进行发射和轨道配置。这颗巨大的卫星在发射时重达 6000 多千克，能在轨道上延伸至约 8 米×48 米，携带 36 个单独的转发器，加上几个备用的，全部用于直接电视广播（图片由波音公司提供）

然而，正如我们将在下一章看到的，随着更小、更简单的小型卫星和尺寸只有 10 厘米×10 厘米×10 厘米，甚至更小的立方星的出现，情况正在发生改变。

地面段包括所有卫星电视天线、上行链路站、计算机和其他卫星操作系统所需的设施，以及为卫星电视和移动无线电服务的小型汽车系统购买的数百万个“披萨碟式天线”。它还包括全球卫星业务的培训和项目管理、测试、模拟和研发。地面段的传统参与者包括科学亚特兰大、哈里斯、休斯网络系统和 ViaSat 公司等。俄罗斯、中国和巴西也都有自己的地面细分市场制造商，对于新进入者来说，这是一个相对简单的领域。

GNSS 设备和单独的 GPS 芯片组是这个地面细分市场的一个主要和不断增长的部分。现在，数以百万计的 GPS 芯片组被添加到智能手机、跟踪设备、汽车导航系统。GNSS 汽车、船舶和航空设备是一个非常大且不断增长的商业市场，由美国的 Garmin 和 Trimble、欧洲的 TomTom 和徕卡 Geosystems 以及中国的华为主导。许多公司为 OEM 销售制造 GNSS 芯片组，这些芯片组被内置到各种各样的产品中。俄罗斯和中国还保持着自己的制造能力，而这些能力通常是西方不具备的。

值得注意的是，在我们当前的太空颠覆性活动中占突出地位的卫星发射产业，实际上只是整个太空产业中相对较小的一部分，大约只有 55 亿美元[11]。这在传统上由主要的发射供应商主导，如欧洲的阿里安航天公司、美国的联合发射联盟（由波音公司和洛克希德·马丁公司组成）、俄罗斯的国际发射服务公司（在国际上销售俄罗斯的联盟号和质子号火箭），以及中国的长征运载火箭。阿里安航天公司近年来占据了商业发射市场 40%以上的份额，但由于成本结构的降低，SpaceX 公司获得了大量的全球发射服务。迄今为止，只有 12 个国家发射过自己的卫星，印度也有 GEO 和 LEO 的国内发射能力。目前，人们正在开发一组全新的太空发射方案，其中许多是为即将到来的小卫星星座设计的，这些小卫星星座正在开发中。高昂的成本、将有效载荷送入轨道的危险以及向太空发射的选择不足，一直是制约整个航天领域的关键限制因素。

卫星发射保险供应商也是太空发射业务的一个重要组成部分，因为所有大型通信卫星的发射都是一场不成功便成仁的赌博，发射失败可能会损失 5 亿美元，更不用说商业通信卫星 15 年寿命中的收入损失。发射保险是非常昂贵的，但在遭遇损失时肯定能得到回报。有些人选择赌博，不购买发射保险，许多国家在发射时为其卫星“自我保险”。但随着越来越多的企业、小公司和更多的国际参与者不断加入，保险和法律问题将变得越来越重要。

最后，我们有大量且不断增加的政府和非商业太空计划，包括载人航天、空间科学、军事和国家安全活动。这方面的大部分工作仍由大型航空航天承包商完成。因此，总的来说，航天是当今的主要业务，并将继续增长。

值得注意的是，这些应用程序（通信、PNT 和遥感）都基于基础物理科学、工程、技术、商业实践、规则等共同元素。它们也被卷入太空政策、法律、商业、贸易以及国家和国际监管环境的网络中。

所有太空活动的双重用途性质是不可避免的，并在参与太空领域的所有国家和国际监管和政治方面发挥作用。传统的太空研究一直集中在大型机构和大型航空航天公司的低风险、低容量且非常昂贵的项目上。当政府是唯一的客户，特别是在军事和国家安全项目中，价格并不是重点。当你在设计和发射每颗价值 10 亿美元的间谍卫星时，无论是政府客户还是对股东负责以获得健康的投资回报的公司经理，对于他们来说削减一点成本是没有意义的。政府的大型太空计划并不利于削减成本、提高效率或产生颠覆性的新想法。

这就是太空 1.0 世界，一个现存且普遍的太空模式，它正在被一场技术和思维方式的革命所撼动。太空 2.0，即新太空时代已经到来，太空将不再是原来的样子，我们将在下一章中看到，颠覆性创新已经进入太空领域。

参考文献

[1] PELTON, JOSEPH, A BUCKLEY, et al. The Farthest Shore: A 21st Century Guide to Space, Apogee Press 2010.

[2] CLARKE, ARTHUR C. “Extra - Terrestrial Relays: Can Rocket Stations Give World - Wide Radio Coverage?,” Wireless World, October 1945, pp. 305 - 308.

[3] NEUFELD, MICHAEL J. The Rocket and the Reich: Peenemünde and the Coming of the Ballistic Missile Era. New York: The Free Press, 1995.

[4] www.faa.gov/about/office+org/headquarters_offices/ast/reports_studies/

[5] Madry. Scott Global Navigation Satellite Systems and Their Applications. New York: Springer Press, 2015.

[6] PELTON, JOSEPH, MADRY, et al. Handbook of Satellite Applications. New York: Springer Press, 2017.

[7] http://www.euroconsult-ec.com/shop/index.php?id_product=94&controller=product

[8] https://spacenews.com/some-fresh-tidbits-on-the-u-s-military-space-budget

[9] http://euroconsult-ec.com/30_May_2017

[10] https://www.spacefoundation.org/news/space-foundation-report-reveals-global-space-economy-329-billion-2016

[11] https://www.faa.gov/about/office_org/headquarters_offices/ast/media/2018_AST_Compendium.pdf

第4章　颠覆性空间领导者、技术和企业的案例研究

当前，“新太空”“太空 2.0”等新词用来描述航天公司和私营部门太空参与者的一场新革命，这些术语通常描述一种全新的太空活动模式和方法，它一方面由这个时代的人所决定，另一方面则由新的技术、文化和经济现实所驱动。

“新太空”体现了一种全新的太空方式。它由与以往不同的年轻一代所推动，是关于私营部门和企业家如何开展太空活动的故事。相对于和华盛顿特区、政府机构、法规以及主要航空航天公司之间的关系，“新太空”与“西海岸”硅谷企业家所驱动的世界的关系要更为紧密。

“新太空”是关于千禧一代人的故事，与传统的思想、方法和目标都不一样。在过去的几年里，它彻底颠覆了太空领域。如果这算是一种趋势，那么它正在加速。“新太空”革命最吸引人的面孔是一群互联网或科技行业的亿万富翁，他们以自己数百万美元的身家、超凡的个性和创新的商业专长推动了这场革命。还有一个更大的年轻创新者群体，他们利用太空和信息技术的结合，创造了一系列新的业务和服务。当前，世界上所有主要航天公司都在努力对此做出反应，并取得了不同程度的成功。

大多数（如果不是全部）“新太空”创新者，几乎没有在传统的太空组织或机构工作的经验。新的创新者、投资者和从业者正以新的思想、新的方法和新的资金进入这个领域。我们正处在这场革命的开端，这是一个能亲身参与其中的动人时刻。

“新太空”最初被认为是一种时尚，一个幻想，一场疯狂的加州梦，不值得认真对待。有人说，“这是一群不了解事情规则的孩子而已，他们将彻底失败”。然而现在，“新太空”则被认为是对由政府资助的、大型航空航天公司或国防承包商推动的太空活动的一个非常现实的威胁，对于现有的主要参与者来说，要想做出成功的反应可能为时已晚，正如我们在本书第 2 章所讨论的那样。颠覆性创新已经进入太空领域，事情将会发生变化。在本章中，我们将回顾“新太空”的现状和未来，并对大量更好、更不为人所知的参与者与应用开展研究，如前所述，我们将通过颠覆性创新的视角来看待这一切。

“新太空”到底是什么？不同的人会有不同的定义，但也会有以下几个共同点：

1）硅谷的创业心态，没有关于如何进行太空活动的限制或旧思想的束缚。

2）企业家的冒险精神与官僚主义不良文化的对抗。

3）通过规模经济和生产效率，打破进入太空、使用太空的技术成本壁垒。

4）通过商业驱动决策，而不是政府机构和官僚机构。

5）一种年轻且与众不同的观点，与同时代的人和文化存在一定差异。

6）一种开放的 IT 方法，而不是谨慎和冗余的航空航天工程。

7）及时和频繁的公开发布，不断创新与升级，快速原型开发并发射。

8）期待快速变革与创新，迅速推进周期运转，及时行动。

9）开放源代码和商用现货（COTS）软件。

10）关注终端用户需求，而不是技术。

11）应用程序对抗计算机程序，或智能手机对抗大型主机。常常被总结为："一切都与应用程序有关。"

12）利用医学和其他技术领域开发的新的非太空系统进行机载预处理并快速传递有用的信息，而不是原始数据。

13）新的、突破性的颠覆性方法正在产生（如 SpaceX、Planet 等），还有更多即将出现的新方法。

14）颠覆性太空技术，强调颠覆性突破，而不是 5%的改进。

15）科技投资、初创企业众筹、太空天使投资人、全民科学与数据众包。

"新太空"的一个关键特征和驱动力之一是天使投资者为新创业公司提供资金。根据美国联邦航空局的数据，对太空创业公司的风险投资和其他投资在 2016 年创下历史最高纪录，2017 年和 2018 年可能还会再次突破新高。这些指标基于 100 多名个人和团体，仅在 2016 年就向 40 多家新太空企业投资了超过 28 亿美元。新投资包括启动融资、债务融资以及现有的业务收购，商业交易的平均规模也比上年增加了 50%。2017 年和 2018 年的趋势大大超过 2016 年[1]，这也是太空领域的一个巨大变化。

最近的另一项研究表明，超过 75%的太空风险投资来自美国。世界各地的其他资金来源在任何其他国家的总额中都不到 10%。"新太空"在起源、视角、实践和资金方面都是一个非常美国化的概念。但它也正在向新西兰和阿拉伯联合酋长国等其他国家蔓延。

迄今为止，它还只是主要由加利福尼亚硅谷及其周边一小群太空爱好者所推动的一个太空界的边缘运动，在已建立的太空世界中，还有许多人没有认清它的严肃性。人们往往有一种局外人的心态。"新太空"的狂热者认为自己与太空机构和大型企业格格不入。他们是弱者，但他们非常喜欢这个角色。

"新太空"运动不仅是在美国没有被认真对待。在欧洲，人们也同样经历了一段非常困难的时期，来适应和回应"新太空"概念及其构成的威胁。欧洲的太空计划深深植根于政府机构、公共资金和主要航空航天公司之间的合作。推动欧洲太空探索的因素包括民族自豪感、摆脱美国钳制的渴望、对高薪和稳定的高科技工作的需求、稳定的工业制造政策，以及为欧洲带来的总体经济与更广泛的政治利益。这些是欧洲传统太空计划的关键方面，无论是对欧盟、欧洲航天局，还是对欧洲国家，即主要的太空参与者，如法国、德国和意大利等。

硅谷将太空视为另一种类型的风险投资技术业务，这种狂野的西部方式与欧洲传统的世界观和经验截然相反。高科技商业初创企业需要承担巨大风险，而欧洲企业对新业务失败可能带来的潜在影响持有截然不同的看法，这一点非常真实。在硅谷，过去的失败是意料之中的，甚至会受到投资者的赞赏。没有人指望一开始就把所有这些都做好，而且有一种理论是，创业成功需要很长的学习曲线。但在许多欧洲国家，破产或创业失败都会带来很大的污名，可能会对未来获得合同或融资产生阻碍。因此，需要采取更加规避风险的方法。你最好不要失败，你需要在这个体系及其既定规则下行事。

总体来说，一开始，欧洲也对“新太空”不屑一顾，认为它只是美国的一种时尚，而且欧洲没有意识到正在发生的变化具有革命性的性质。欧洲重视稳定，重视在更大的欧洲共同体内建立稳定的、以国家为基础的能力，这一切都经过良好的规划和适当的协调。在欧洲航天局和欧盟的大背景下，个人、国家空间机构和商业实体众多，应对这一新威胁的难度大大增加，一旦认识到这是一种威胁，甚至欧洲航天局也在硅谷设立了一个小机构，试图了解这头奇怪而危险的野兽是如何工作的。

一个生动的例子是阿里安集团首席执行官阿兰·查莫的一系列言论，他是非常成功的阿里安-5火箭的运营者和新的阿里安-6火箭的开发者。在2018年接受《明镜周刊》采访时，查莫明确表达了他对SpaceX公司的保留意见。他在指责美国政府补贴SpaceX公司的同时，也在同一次采访中承认，如果没有欧洲政府为其发射服务提供大量补贴，阿里安将无法生存。

查莫还就猎鹰9号等可重复使用的发射装置发表了强硬的声明。当被问及阿里安是否会采用可重复使用发射装置时，他说这是不可能的，因为需要很多岗位和可靠的计划。每年发射33次才划算，他预计在近期，欧洲每年保证发射的次数只有5～8次。他说，“如果我们每年在欧洲保障10次发射，而我们有一个可以发射10次的运载工具，那每年只需建造一枚火箭。这完全没有意义。我不能对我的团队说‘再见，我们将在建造一枚火箭后，明年再会’[2]。”

这是欧洲现有太空机构和太空参与者面临的根本问题。他们在一个以强稳定、低风险和高薪酬工作为主要政治动力和首要现实的环境中运行。欧洲航天系统生产商面临着严峻的经济挑战。SpaceX公司发射猎鹰9号火箭的成本约为6000万美元，远低于目前阿里安-5火箭的成本。因此，阿里安现在正在开发全新的固体燃料火箭阿里安-6，以增强竞争力，但它的成本仍将比猎鹰9号高出约20%～25%，而且甚至要到2023年以后才能上市。可见，太空事业是十分艰难的。

显然，俄罗斯和中国有关航天创业活动的环境也非常不同。两国虽然保持了强大的太空能力和政治支持，但在商业太空开发方面没有相同的创业环境。

然而，许多新玩家正在利用这一变化，进入太空游戏。阿联酋决定迅速成为太空领域的重要参与者，这是阿拉伯世界第一个这样做的国家。它已经投入了大量的政府资金，来投资各种各样的项目，并得到了政府最高级别的支持。阿联酋成立了一个太空机构，并向几所大学提供资金，以加强和创建太空课程和研究中心。同时，一个宇航员团队已经诞生，第一位阿联酋宇航员已在 2019 年乘坐俄罗斯联盟号飞船飞往国际空间站。阿联酋还设立了一个新的基金，以支持私营部门开展太空活动，并正在考虑建立太空旅游业；肯定有很多阿联酋人想要通过成为太空活动参与者来获得利益。

澳大利亚是另一个有趣的例子，证明了一些国家是如何因为“新太空”革命而从根本上改变了他们对太空和他们在未来太空活动中角色的看法。澳大利亚过去对太空采取了非常冷淡的态度，甚至直到最近才决定建立一个太空机构。它的方法是让美国、欧洲和其他国家研制和发射太空系统，它自己只是作为遥感、导航和电信系统等太空应用的用户。它不付出任何费用，却获得了巨大的利益。此外，澳大利亚对建立本国太空能力、建立国家太空机构有非常强烈的偏见，甚至是独特的偏见。但在过去的几年中，这种情况发生了变化。现在，澳大利亚的太空能力虽弱，但正在蓬勃发展。他们的新太空机构（澳大利亚航天局）已于 2020 年在南澳大利亚州的阿德莱德开始运行，那里是澳大利亚大部分新太空活动的大本营。国际空间大学（International Space University）现在在阿德莱德开展一个夏季太空项目，而澳大利亚也是太空时代开始时最早拥有发射场的国家之一，它已经重新找到了太空对其未来的意义。

澳大利亚的近邻新西兰，正齐心协力地发展包括太空在内的新的创新型经济。新西兰航天局成立于 2016 年，它一直积极采取主动方式，通过许可和商业激励措施吸引新的航天部门参与。火箭实验室实际上是一家美国公司，但它在新西兰有一家子公司，在玛希亚半岛建立了一个私人发射设施，使用的是它自己内部开发和制造的液体燃料发动机。该发动机名为卢瑟福（Rutherford），主要使用 3D 打印技术制造，其大小适合小型有效载荷，如立方星。该发动机已完成首次商业发射，搭载包括 NASA 卫星在内的 24 颗小卫星成功进入轨道。它们还有一些其他太空活动，包括一个由政府提供资金的空间科学技术中心，该中心致力于太空卫星数据的研发创新，以促进经济增长。

新西兰也是使用开源软件为公共和私人提供遥感和地理信息系统（GIS）数据和分析的领导者。政府积极支持太空和其他高科技领域工作的企业家，并努力将新西兰打造成为全球知识商业发展中心。在这个全球化和互联互通的世界里，商业现在可以在任何地方进行，新西兰打算利用这一点，创建一个高科技生态系统，吸引新的、清洁的、信息时代的企业和就业机会。最有趣的是，新西兰设立了埃德蒙·希拉里爵士奖学金项目（Sir Edmund Hillary Fellowship program），旨在吸引世界各地的创新和创意人才，建立新的数字经济。被该计划录取的人最终有可能获得新西兰永久居住权。

新西兰可能比其他任何地方都更能体现"新太空"带来的根本性变化。过去，甚至没有人承认它是太空活动参与者之一，但在当今世界，地球上任何有高速互联网的地方都和传统的太空中心一样好，小型参与者可以更快、更多地进行创新。新西兰距离美国西海岸超过 1 万千米，已经非常迅速地采取了一个先进的监管视角和商业举措，这在一个更大、更成熟的国家是不可能的。它正在非常努力地将全球各地的创新者带到那里。这一切将会非常有趣，新西兰正在掀起波澜，并表明竞争环境现在是公平的，小而灵活的国家可以在太空中实现伟大的事业，如果他们愿意大胆地做出承诺。

这只是几个例子。在非洲等其他欠发达地区创建太空创业公司会面临着一系列经济、文化和监管方面的挑战。如何将这些概念扩展到其他文化和地区将在后面的章节中进行讨论。

这一切又回到了本书开头提出的"颠覆性"概念。已有的参与者一开始并没有意识到威胁，这超出了他们的经验和舒适区。他们认为威胁并不严重，他们清楚自己的业务，因此，美国和欧洲政府、太空机构和大型航空航天公司在应对新太空带来的真正威胁方面一直反应迟缓，无所作为。所有这些参与者，出于各自的原因，从各自的角度来看，都很难制定出应对这一切的策略。这一切如何发展将是一件有趣的事情，但更严格的欧洲商业文化和监管环境显然在一定程度上导致它们在应对"新太空"时更加困难。与此同时，其他新参与者却看到了这个机会，并在意想不到的地方掀起了巨浪。

4.1　技术推动与用户拉动

在所有的技术发展中，由技术推动还是用户拉动的问题，是其面临的关键问题之一，在太空领域尤其如此。计算机世界和所有高科技都倾向于将他们最新的、最好的工具推向终端用户社区，而很少对实际应用表达关切或兴趣。他们只是把工具扔在那里，认为越快越好、越新越好、越多越好，总会有人给他们机会，使用他们的工具。

技术推动模式假定一项新技术将被使用，如果你提供这项技术，新的应用将被开发。它还假设，几乎任何新技术都值得开发，而对潜在的消极因素或不利因素几乎不关心。科技界认为，开发新技术本身就值得去做，而且从长远来看，将是有益的，或者至少是中性的。可以做什么的问题比可能产生的影响要有趣得多。在发现重大问题之前，往往不会考虑成本问题。

另一方面，终端用户拉动方法，由技术的终端用户，如政府航天机构，来驱动所需的要求。这个过程确定了一个具体的需求，然后分配资金和研究能力来开发所确定的能力。承包商根据订单进行开发，并交付所要求的东西；这是一个更加结构化的方法，而且本质上缺乏在技术推动模式中看到的激进创新的爆发。因此，尽管太空是一项非常复杂、困难和昂贵的行业，但一种全新的方法出现了，就是所谓的新太空，它有非常不同的视角、目标和实现方法。

然后，我们将看看新太空颠覆性创新者和创新的几个例子，它们正在震撼太空世界，并正在改变我们在地球上生活的各个方面。过去，许多国家都没有参与到太空领域中来，但现在，太空已成为他们国家未来计划的重要组成部分。到 2040 年，太空经济可能从目前的 3850 亿美元增长到超过 1 万亿美元。这一增长的绝大部分将发生在私营企业，而且相比过去将遍布全球[3]。

接下来，我们将研究太空领域几个颠覆性创新的案例，类似于第 2 章中介绍的例子。我们将研究颠覆性创新是如何打破当前的太空活动模式，以及它将如何改变我们未来进行太空活动的方式。

4.2　案例研究

现在，我们将介绍几个有关颠覆性领导者、技术和商业方法的案例，它们正在改变国际太空格局。我们已经在前一章讨论了为什么从事太空探索与开发会如此困难，而且成本高昂，以及我们传统上是如何进行太空活动的。现在我们将考虑新一代太空企业家，比如埃隆·马斯克和 SpaceX 公司、杰夫·贝索斯和蓝色起源公司、理查德·布兰森和维珍银河公司及维珍轨道公司、罗伯特·毕格罗和毕格罗航天公司的充气式太空舱概念，以及彼得·戴曼迪斯和 X 奖基金会。他们都在可重复使用的火箭、发动机、太空舱等方面进行了创新[4]。然后，我们还将简要讨论一些不太知名但资金充足的年轻创新者，他们的太空创业公司正在重塑商业太空格局。我们将回顾和分析微小卫星、纳米卫星、小型星座和大型星座的新兴世界，以及遥感和电信应用中从大型、昂贵、复杂的卫星到越来越小的立方星的重大转变。这将包括行星公司（即原来的行星实验室）和其他创新的遥感星座开发商，以及类似的通信系统，这些系统将依赖近地球轨道上的小型低成本卫星组成的大型星座。最后，我们还将考虑新材料的使用、太空增材制造的发展，以及其他在地平线上即将出现的创新。

4.2.1　埃隆·马斯克和 SpaceX 公司

今天，从可用于发射立方星的小型火箭到能够抵达地球轨道以外的最强大的火箭，总共有约 90 种运载工具可供使用。到目前为止，选择最多的三个商业发射装置是美国 SpaceX 公司的猎鹰 9 号、法国的阿里安和俄罗斯的联盟号。中国和印度的其他发射装置也有能力到达所有轨道范围，包括 GEO，并保持繁忙的发射日程。

2017 年，只有 8 个国家进行了总共 90 次太空发射，其中，美国进行了 21 次，其他国家包括法国（欧洲航天局）、俄罗斯、中国、印度、日本、新西兰和朝鲜。2017 年还有 5 次发射失败，所以发射仍然是一项风险很大的任务。2017 年 1 月，印度发射机构一次发射了 83 颗小卫星，创下了新纪录。

一份来自联邦航空局的文件全面回顾了目前正在使用以及计划开发的发射装置[5]。令人惊讶的是，当前有超过 50 种新的运载火箭正在研发中，包括非常小的发射器以及专为进入火星设计的巨型火箭。随着小卫星和大型 LEO 星座的出现，有很多新型小发射系统正在开发中，以服务于这个新的市场。其中，有许多项目可能将永远不会成为现实，但我们必须看看哪些能经得起时间的考验。在新太空的颠覆性创新模式中，有人认为有一些努力不会成功，而这正是革命性的一部分。

4.2.2 埃隆·马斯克和可重复使用的火箭、飞船以及火星任务

埃隆·马斯克显然是一位非常成功的连续创业者，他的个人天赋既能使他开始大胆的新冒险，又能让他在活动中保持很高的知名度。他来自南非，拥有南非、美国和加拿大国籍，2016 年在福布斯全球最具影响力人物榜单上排名第 21 位。据估计，他的净资产约为 228 亿美元，使他成为全球（或任何星球上的）第五大富豪[6]（译者注：2022 年 6 月最新的排行榜显示，埃隆·马斯克净资产约 2900 亿美元，已成为世界首富）。

马斯克的创业活动始于创建一家名为 Zip2 的网络软件公司，该公司在 1999 年被康柏电脑公司（Compaq）以 3.4 亿美元的价格收购。1999 年，他创办了 X. com，这是世界上最早的网上银行之一，最初由马斯克和他的商业导师格雷格·库里共同出资，格雷格·库里后来也在创办 SpaceX 公司和特斯拉电动汽车公司中发挥了重要作用。马斯克后来将他的 X. com 与彼得·泰尔等人创办的电子银行公司 Confinity 合并，创建了 PayPal。这两个团队曾经是在线支付的主要竞争对手，但在共同目标的驱使下，最终选择了联手。

位于加利福尼亚州圣何塞的 PayPal 非常成功，并在 2002 年上市，为创始人创造了约 6100 万美元的收入。随后，它很快被 eBay 以 15 亿美元的价格收购，目的是为 eBay 平台打造一个简单可靠的电子银行和转账机制。2015 年，PayPal 从 eBay 分离出来，成为一家私人公司，但 PayPal 的成功是巨大的，它的创始人也获得了巨大的回报，这为未来的发展奠定了基础。

将 PayPal 出售给 eBay，为马斯克提供了能够追求其他风险投资利益的资源，他创办了数量惊人的极度创新、甚至大胆的公司。按照时间顺序，这些公司包括：2002 年的太空探索技术公司，也就是大家熟知的 SpaceX 公司，2003 年的特斯拉电动汽车公司，2006 年的 SolarCity 太阳能公司，2015 年的 OpenAI 公司（专注于人工智能的潜在益处），2016 年的“无聊”公司（Boring）及其地下超回路（hyperloop）运输概念，2016 年的美国神经科技和脑机接口公司 Neuralink（专注于人脑和机器接口），以及其他几个正在开发实践中的新想法。

在所有这些方面，马斯克的主要关注点和热情似乎表现在两个方面：一个是改变人类与我们这个星球的互动方式，例如，用以太阳能或其他可持续能源为主的全球经济取代化

石燃料经济；另一个关注点显然是太空，他希望人类能够成为太空和多星球物种。为了实现这一目标，他的重点是开发垂直集成发射装置，从根本上降低进入轨道的成本，并最终在不久的将来殖民火星。他曾多次表示，他希望使我们成为一个多星球物种，因为这提供了安全和冗余，以应对譬如地球被小行星或其他灾难击中这样的全球威胁。许多人都考虑过这个问题，但马斯克实际上正在采取措施来实现这一点。许多人都对他实现这一目标的能力表示怀疑，但有人也指出了他已经取得的成就。

2002 年，埃隆·马斯克创办了 Space X 公司，他通过非常成功的 PayPal 公司获得了约 1 亿美元的资金，该公司后来卖给了 eBay。据说，马斯克飞到俄罗斯购买商业卫星发射，但却对当时世界上最便宜的发射方案的成本感到惊讶。在回家的长途飞行中，他决定设计并建造自己的发射装置，使系统可重复使用，并控制生产的各个方面，包括建造自己的火箭发动机，从而彻底改变进入太空的途径。埃隆·马斯克身上有亨利·福特和马尔科姆·麦克莱恩的影子。

许多人，包括所有主要的发射运营商和太空机构，都认为马斯克和 SpaceX 是玩大玩具的孩子，对建造和发射火箭这一困难而危险的业务一无所知。但是，即使经历了最初的几次失败，SpaceX 还是实现了马斯克的承诺，并彻底改变了商业太空发射业务。他开发了第一个可重复使用的运载火箭，飞行了第一个载人商业太空舱，回收并重复使用火箭第一级，进行了第一次前往国际空间站的商业飞行，使同一个补给舱飞往国际空间站三次，并将发射成本降低了二分之一。让我们聊一聊颠覆性。

马斯克的第一款运载火箭是猎鹰 1 号，在连续三次发射失败后，它于 2008 年从太平洋夸贾林环礁的里根发射中心发射升空，成为第一枚进入地球轨道的私人火箭。但是猎鹰 1 号的有效载荷受到了单发动机的限制，所以马斯克转而开发了 SpaceX 公司的猎鹰 9 号运载火箭，与猎鹰 1 号的单发动机相比，它将由 9 个梅林（Merlin）发动机提供动力。

猎鹰 9 号现在是 SpaceX 公司的标准运载火箭。它采用一种全新的内部设计，是一个两级火箭，也是第一个能够完全重复使用的轨道空间飞行器。运载火箭的核心由 9 个梅林火箭发动机组成，它们是在洛杉矶的 SpaceX 公司内部开发和建造的。SpaceX 公司现在是世界上最大的火箭发动机生产商，主要生产使用液氧和低温 RP-1 煤油燃料的梅林火箭发动机。8 个梅林发动机围绕着一个中央发动机，即使其中一个发动机完全失效，也能够完成猎鹰 9 号任务。

梅林火箭发动机被用于为猎鹰 9 号和猎鹰重型运载火箭提供动力，它是在加利福尼亚州霍桑的 SpaceX 工厂生产的，截至 2017 年，每周能生产四台发动机。

今天，猎鹰 9 号的发射成本约为 5600 万～6000 万美元，而猎鹰重型火箭的发射成本约为 9000 万美元，加上多次发射的大量购买，还会额外减少成本。由于需要额外的文书工作和安全要求，美国政府的有效载荷更为昂贵，高达 1 亿美元。但这些价格仍然远远低于阿里安空间公司、波音联合发射联盟和洛克希德·马丁公司的竞争价格。迄今为止，猎鹰 9 号已成功发射 66 次，截至 2019 年年初，预订的发射客户有近 40 家。没有人能比得过它的市场价格。

2018 年，SpaceX 公司在佛罗里达州卡纳维拉尔角和加利福尼亚州范登堡的发射场共成功发射了 21 次猎鹰 9 号火箭，分别射向 LEO、MEO 和 GEO，无一失败。它在发射场和海上的两个移动着陆点成功回收了几个第一级火箭（有 1 次失败），命名为“只需阅读说明”和“当然我仍然爱你”。这打破了 2017 年 18 次成功发射的记录。它继续努力实现完全可重复使用，并继续试验碳纤维有效载荷整流罩的回收。猎鹰 9 号是目前市面上最便宜的发射装置，而且 SpaceX 公司打算随着可重复使用的火箭级和发动机继续提供额外的效率而降低这一成本。猎鹰 9 号以经典的颠覆性技术方式证明了马斯克的许多批评者和怀疑者是错误的。阿里安航天公司与美国联合发射联盟（波音公司和洛克希德·马丁公司）等现有竞争者已经看到他们的商业模式面临非常严重的压力，他们争相做出反应。与前面章节中介绍的案例研究类似，他们都满足于现状，确保政府的有效载荷和高价格，并相信他们的地位是不可动摇的。正如我们所看到的，这是一个非常危险的处境。

SpaceX 公司的轨道舱被命名为“龙”飞船，于 2004 年开始研发，自 2012 年以来已多次发射到国际空间站，根据 NASA 的商业供应合同，价值可能高达 31 亿美元。在第一次测试“龙”飞船的发射中，马斯克在太空舱内放置了一盘巨大的奶酪，而不是传统的铅砣。由于美国在航天飞机退役后没有能力向国际空间站发射宇航员或物资，因此开始征集商业合同，其中，SpaceX 公司的“龙”飞船和轨道 ATK 公司的“天鹅”号获得了合同。

“龙”飞船既提供了加压舱，又在支持舱的后备箱中提供了一个大型非加压舱，其中，包含太阳能电池组。尽管还有多种选择可以将物资运送到国际空间站，但“龙”飞船是目前可为国际空间站提供大量“下行质量”的唯一途径，能够将样本、机械和设备带回地球，每次飞行能够带回多达 3500 千克的物资，并在南加州海岸的太平洋上进行水上降落。2017 年，利用以前飞往国际空间站的“龙”飞船和猎鹰 9 号运载火箭，人们向国际空间站进行了一次再补给任务。到目前为止，已经有六架“龙”飞船使用返回舱进行了重复飞行，还有更多的飞行任务正在进行中。运载货物和人员的可重复使用的太空系统的时代已经来临（图 4 - 1）。

“龙”飞船 2 号是刚刚完成开发的载人太空舱。根据 NASA 于 2011 年授予的合同，SpaceX 公司研发了一个“龙”飞船的新版本，用于向国际空间站发射宇航员。自从航天飞机退役后，美国一直无法发射自己的宇航员，因此不得不向俄罗斯支付巨额费用，以每个座位约 8100 万美元、每年超过 4 亿美元的价格，乘坐俄罗斯联盟号飞船。这一直是俄罗斯航天局的一个重要资金来源。

NASA 已经授予波音公司和 SpaceX 公司合同，在 NASA 商业载人航天方案下开发和运营前往国际空间站的载人发射，该计划由商业载人和货物方案办公室管理。该计划于 2010 年开始，向五家公司提供研发资金，并在 2011 年又向四家公司提供了 2.7 亿美元。2014 年，SpaceX 公司和波音公司被选中开发能够将宇航员送往国际空间站的商业载人飞

图 4-1　2018 年夏天，由一枚使用过的猎鹰 9 号火箭发射的第二次飞行的“龙”补给飞船，在埃及的尼罗河三角洲上空接近国际空间站（图片由 NASA 提供）

行器。“龙”飞船 2 号的设计是为了携带六名宇航员往返空间站，当然也可以用于其他轨道飞行，包括太空旅游。

“龙”飞船 2 号在 2019 年春天完成了首次不载人飞行。它按计划进行了完美的发射并与国际空间站自动对接，五天后在卡纳维拉尔角附近的大西洋上完美着陆，结束了这次任务。这次飞行的所有方面都很成功，这是载人航天一个非常重大的成就。鉴于取得的这一阶段性成果，将对同样的“龙”飞船 2 号进行一次飞行中应急脱离试验，预计在 2019 年夏天，NASA 宇航员鲍勃·贝肯和道格拉斯·赫利将乘坐“龙”飞船 2 号进入轨道进行历史性的首次试飞（译者注：实际首飞时间为 2020 年 5 月 30 日）。NASA 宇航员迈克·霍普金斯和维克多·格洛弗随后将根据 NASA 的合同向国际空间站进行首次发射。

“龙”飞船 2 号与“龙”飞船明显不同。当然，包括宇航员的生命支持系统、自动对接系统、取代传统太阳能电池阵列的非加压货舱上的折叠式太阳能板以及一个内置的火箭中止系统。这个中止系统，可以通过在“发射台”上操作配置文件进行使用。尽管 SpaceX 公司完全专注于满足其 NASA 的合同要求，但埃隆·马斯克也表示，一旦飞船投入使用，该公司肯定会寻找太空旅游客户（图 4-2）。

猎鹰 9 号火箭的下一步发展是增加一个强化的中央核心和两个相同的侧面助推器，以创造猎鹰重型运载火箭。中央核心部分在发射时短暂地以全功率发射，但随后会减速。一旦外部两个助推器的燃料耗尽，这两个侧面助推器就会分离并飞回发射场重新使用，而中央核心助推器通过一个几乎满载的油箱达到最大推力，这是一种非常有效的推力和燃料利用。当它被耗尽时，它就会关闭并分离，它也可以返回到位于射程下方的着陆船上。第二级点火进行最后的燃烧并将有效载荷送入轨道。所有三个核心一级火箭和它们的 27 个发动机，以及碳纤维有效载荷整流罩，都被设计为完全可重复使用（图 4 - 3）。

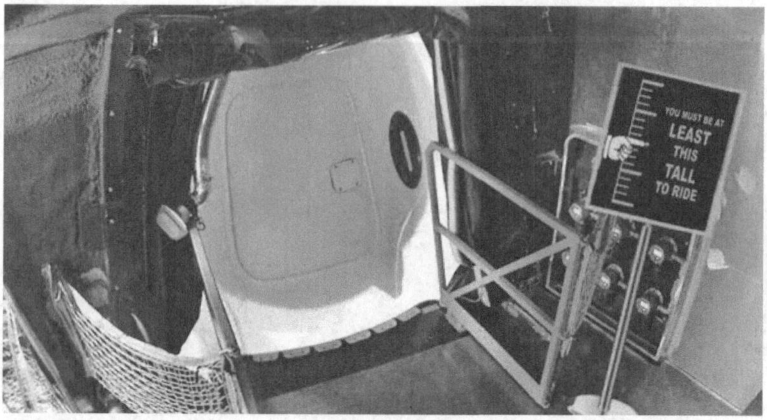

图 4 - 2 SpaceX 公司“龙”飞船 2 号的机组人员进入了著名的 39 - A 发射台上方的“洁净室”，这里还有一个迪士尼游乐场风格的指示牌的标志。这绝对不是传统 NASA 式的人类太空飞行方法（图片由 SpaceX 公司提供）

图 4 - 3 第一次发射后，两个猎鹰重型运载火箭助推器返回佛罗里达州的发射场（图片由 SpaceX 公司提供）

猎鹰重型火箭是目前最强大的现役发射装置，也是历史上第四强大的火箭。它可以将 64 吨重的有效载荷送入 LEO，大约是排名紧随它之后的 ULA 德尔它- 4 重型运载火箭发射能力的两倍。它还可以将 16.8 吨的质量运送到火星。2018 年的第一次发射是一次非同寻常的事件，在卡纳维拉尔角具有历史意义的 39 - A 发射台进行了完美的发射。两侧的助推器完美地一前一后返回到两个着陆点，距离只有几百米，尽管中央的核心级没有在着陆船的下行射程上成功着陆。这次发射的有效载荷不是通常的压舱水箱或铅砣，而是埃隆·马斯克的原型红色特斯拉跑车，驾驶车辆的是一个穿着 SpaceX 太空服的人体模型。汽车和它的“星光侠”（StarMan）驾驶人现在正处于地球-火星的永久日心轨道上，跑车内部的电路板上印着“由地球上的人类制造”。这已经不是你父母那代人的太空计划了（图 4-4）。

图 4-4　埃隆·马斯克的个人特斯拉跑车，与“星光侠”驾驶人一起，在 2018 年的第一次猎鹰重型运载火箭飞行中离开地球（图片由 SpaceX 公司提供）

SpaceX 公司与 NASA 签订了合同，使用“龙”飞船向国际空间站提供商业再补给任务。他们已经成功完成了 11 次补给任务，包括多次使用同一艘“龙”飞船。“龙”飞船是目前唯一能够从国际空间站返回大量“下行质量”的途径。SpaceX 公司的下一步是与 NASA 签订另一份合同，使用经机组人员认证的“龙”飞船 2 号太空舱向国际空间站提供宇航员发射服务，该太空舱能够携带多达六名宇航员往返于空间站。载人“龙”飞船 2 号已于 2019 年 2 月首飞成功，同年可能会进行首次载人飞行（译者注：推迟至 2020 年），届时首批宇航员将乘坐私人开发的飞船飞往国际空间站。

SpaceX 公司一直不愿停留在猎鹰 9 号和猎鹰重型运载火箭的成就上。为了实现在火星上建立人类殖民地的目标，马斯克需要一枚威力巨大的火箭，以便带着足够的物资和人员长途跋涉到火星，建立殖民地并留下来，为此，马斯克启动了大“猎鹰”火箭。这个项目已经经历了许多版本，终于进行了大型发动机和纵向耦合振动的首次低空测试。它被设计成像猎鹰 9 号火箭一样垂直发射和降落，但机身巨大，直径 9 米，配有不锈钢两级火箭，外观有明显的 20 世纪 50 年代的“复古”风格。它将能够向近地轨道发射约 150 吨的货物，运载能力远远超过任何现有或计划中的火箭。

它将由一种名为“猛禽”（Raptor）的新发动机提供动力，SpaceX 公司目前正在研发这种发动机。“猛禽”是一个可重复使用的、由液态甲烷和液态氧驱动的发动机，其功率是现有“梅林”的两倍。火箭助推级共有 31 个发动机，第二级有 6 个。图 4－5 是发动机正在进行点火试验。

图 4－5　SpaceX 公司的星际飞船和它的超级重型助推火箭正在分离，能够携带 100 名乘客前往火星（图片由 SpaceX 公司提供）

2018 年，马斯克宣布了这艘星际飞船的首次付费飞行，当时马斯克介绍了日本亿万富翁企业家前泽安香。2018 年 9 月，前泽安香邀请 SpaceX 公司和一群尚未对外公布的艺术家进行一次月球之旅，这些艺术家包括音乐家、作家、设计师和电影艺术家。这次飞行将不会早于 2023 年，如果成功，他们将成为继 50 年前阿波罗宇航员之后第一批离开地球重力井（gravity well）的人类。时候到了。

马斯克计划用这些巨大的火箭把人类送上火星，并在那里建立一个永久的人类殖民地。SpaceX 正在制定如何实现这一目标的详细计划，尽管许多人怀疑其可行性，但其他人指出了他们的过往成就，并没有否定这一努力。但是登上月球和火星并不是星舰（starship）的唯一目标，马斯克宣布，SpaceX 公司也在考虑使用星舰系统在地球上主要人口中心之间进行几分钟内的洲际商业旅行。按照点对点的估计，从纽约到巴黎，或者从火奴鲁鲁到东京，只需 30 分钟。这又将是一次颠覆。

然而，星舰的真正目标是采用合理有效的运输方式，使人类和货物有规律地去往火星成为可能，并在火星上建立永久的人类殖民地。在一次公开演讲中，马斯克曾说过：“我想死在火星上……只要不是在着陆的时候。”他似乎决心在有生之年实现这一点。大量的技术问题是必须克服的，但开发和使用巨大的星舰是关键的第一步，鉴于他截至目前的成就，谁敢说马斯克不能实现这一切呢？他的愿景是让人类成为一个真正的多星球物种，而且不需要政府资助或控制。他有足够的财力、意志和过往成就来完成大事业。他有可能失败，但他也有可能成功。

埃隆·马斯克在地球上的其他项目，在对现有主要市场进行颠覆性创新的愿景和潜力方面，也同样引人注目。他对人们使用新方法生活的设想并不局限于到达外太空并在那里生活。他已经开始了一系列综合的新业务，这些业务都反映出一种全新的、太阳能式的生活方式和经济，完全摆脱了当前依赖化石燃料的模式。这个目标将彻底重置人类和地球之间的关系，让人类从现代世界中彻底消除对化石燃料的依赖。

特斯拉电动汽车公司由两位工程师马丁·埃伯哈德斯和马克·塔彭宁于2003年创建，总部位于硅谷中心的加利福尼亚州帕洛阿尔托。后来埃隆·马斯克和另外两人加入了该公司，这五人都被认为是该公司的创始人。特斯拉现在在硅谷以西的加州弗里蒙特的工厂每年生产超过10万辆汽车，目前市值为500亿美元，2017年的收入超过110亿美元。它是世界上首屈一指的豪华电动汽车供应商，正在推动地球上的个人交通工具从化石燃料转变为完全可再生的电动汽车。

马斯克目前拥有该公司22%的股份。但特斯拉的产量和其他问题令人担忧，在实现生产目标和价格方面也存在严重问题。2019年1月，马斯克宣布在全公司范围内裁员7%，以降低汽车价格，提高在国际市场上的竞争力。特斯拉宣布推出Model 3型汽车，价格更低，为46000美元，续航里程为500千米（311英里）。该公司还开发了一款电动半拖挂货车，于2019年年底投产，使用四套特斯拉汽车传动系统。该公司的目标是研制出一种可与如今的柴油牵引挂车相媲美的货车，其续航里程可达800千米（497英里），在主要高速公路沿线的站点可以在30分钟内充满电。一旦法律允许，这些货车还将具备全自动驾驶能力。长期计划还包括小型汽车、SUV、皮卡等。

为了有一个可行的电动汽车系统，特斯拉电动汽车公司正在创建特斯拉超级充电网络，它将在所有主要高速公路上提供充电桩。截至2018年，目前有1400多个充电桩，大部分在美国，它们可以在约一小时内为汽车充电。目前，欧洲大约有150个充电桩在运营，特斯拉正自费在酒店、购物中心和其他地方设立充电桩，为其汽车铺设所需的基础设施。

特斯拉电动汽车公司方法的颠覆性创新之一是没有汽车经销商。这是纵向控制公司和产品的一个方面，有点类似于前面讨论的亨利·福特的方法。你只能在特斯拉网站上购买特斯拉，并送货上门。有特斯拉的店铺，主要在大城市的购物中心，在那里你可以看车并咨询，但没有传统意义上的汽车经销商，即拥有大量员工和维修设施的大型私人经销商，他们从工厂购买大量的汽车，然后将它们卖给公众（有大量的加价和利润）。

这种直销方式触怒了美国各州和国家层面的现有汽车公司和强大的汽车经销商游说集团。事实上，美国有11个州的立法机构通过了法律，禁止除汽车经销商外的汽车销售，这显然是直接针对特斯拉电动汽车公司的攻击。另有8个州的法律将特斯拉商店的数量限制在每个州1～5家之间，这显然是针对特斯拉电动汽车公司威胁的一种歧视性立法方式。经销商协会已经对特斯拉提出了许多诉讼，以限制特斯拉的直接销售，在50个州中的48个州，直接从汽车制造商那里购买汽车是非法的。为了解决这个问题，特斯拉电动汽车公司通过两个合法的州之一，将所有在线购买视为州外购买。

显然，这都是强大的、现有的汽车制造商和汽车经销商游说集团的反应，他们受到了纵向的特斯拉模式的威胁。特斯拉对汽车行业采用了一种完全不同的、而且是非常硅谷的方法，被称为“复杂协调”。在这一点上，设计、制造、销售和维修的整体方法不同于已有 100 多年历史的传统底特律模式。如前所述，这是一种垂直整合的方法，包括利用大规模的规模经济来控制生产，如生产数百万汽车电池的巨型工厂（gigafactory）。同样，在类似于亨利·福特的做法中，特斯拉电动汽车公司建立了特斯拉玻璃集团，不仅生产汽车的玻璃部件，而且还生产 SolarCity 太阳能屋顶瓦片的玻璃部件。亨利·福特为他的 T 型车工厂建立了自己的玻璃厂，用船运来原始的沙子，在现场生产 T 型车所需的所有玻璃产品。马斯克显然已经很好地吸取了这个经验。

特斯拉电动汽车只是这一宏伟战略的一部分，该战略的目的是让世界摆脱对石油和汽油的依赖，创造一个新的、以太阳能为动力的未来。2016 年，特斯拉收购了美国最大的住宅屋顶太阳能系统安装公司 SolarCity。马斯克现在已经开发出了多种家用和商用太阳能电力系统，并已开始销售。这覆盖了商业和住宅产品，包括一个新的太阳能发电屋顶，既可以作为传统的屋顶，也可以产生电力，取代了目前住宅屋顶上瓦制的玻璃太阳能电池板。它还包括大型电池和夜间储存能量的控制器。按照典型的马斯克风格，屋顶瓦片“无限期保证你的房子的寿命，不论这两个目标哪个会先实现”。

这些瓦片有不同的风格和颜色，如果你家不需要一个完整的发电屋顶，也有外观和功能相同的非发电瓦片。这些瓦片是用坚固的玻璃制成的，可以抵抗冰雹或掉落的树枝的破坏，一旦生产全面开始，其成本应该可以与用普通瓦片替换屋顶相媲美。这些瓦片连接到一个或多个被称为“动力墙”（Powerwall）家庭电池的特斯拉家用电池上，这些电池能够在夜间储存由系统在白天产生的电力。该系统与电力公司的电网相连，因此，如果需要额外的电力，它会自动为电池充电，并且，如果产生的电力超过使用的电力，它还可以回售给电力公司。一个家庭最多可以安装 10 个电池，但只有 2 个电池可以为日常离网供电提供足够的电力储存，以及在电网断电时提供应急电力。当系统检测到公用事业电网中断时，它会自动断开与电网的连接，并继续使用太阳能电池板或屋顶为房屋供电。一旦电网恢复正常，又会自动恢复重新连接。在这种情况下，系统断开与电网的连接是至关重要的，因为如果房屋产生电流进入电网，电力工人在该地区的电路上工作时就可能会触电（图 4-6）。

埃隆·马斯克做事从来都不会小打小闹。所有这些数以百万计的特斯拉汽车、货车和太阳能房屋都需要电池，很多非常大的电池。在典型的颠覆式创新风格引导下，埃隆·马斯克决定创建有史以来最大的电池工厂，以生产他所需要的电力。他的第一个超级工厂是在美国西部内华达州里诺市外建造的，这个庞大的工厂拥有超过 50 万平方米的生产空间，与全球最大的太阳能电池生产商松下（Panasonic）合作建立，为特斯拉汽车生产电

图4-6 埃隆·马斯克版本的不需要化石燃料或传统电网的未来住宅，有一个太阳能发电屋顶，大型“动力墙”储能电池（右图墙上的两个白色盒子），当然还有一辆在车道上充电的特斯拉电动汽车。所有这些今天都可以在市场上买到（图片由特斯拉电动汽车公司提供）

池和其他部件，也为SolarCity生产动力墙、动力包和太阳能电池。当然，这个庞大的设施在整个屋顶上都安装了太阳能电池板，并努力产生生产所需的全部电力。似乎这还不够，特斯拉电动汽车公司现在在纽约州北部的布法罗市附近一个老钢铁厂内建立了第二家工厂。这家工厂再次与松下合作，现在为特斯拉电动汽车公司和SolarCity公司生产光伏太阳能板和太阳能瓦片。2018年，特斯拉与中国签订合同，在上海附近建造第三家超级工厂，该工厂于2019年开始建设，向亚洲供应这些产品。当需求足够时，马斯克还会在欧洲的某个地方建立超级工厂，也就是他计划中的第四家工厂。

埃隆·马斯克从不是一个会在挑战面前退缩的人，他大胆地提出在南澳大利亚州安装一个大型电池系统，并最终获得了成功，证明了自己。澳大利亚是世界上最大的煤炭出口国，也是世界上阳光最充足的国家之一，是建立大型太阳能系统的理想地点。在国家和地区层面，对煤炭（和其他矿物）生产和出口的政治支持非常强烈，而对所有类型的可再生能源的政治厌恶也同样强烈，尽管澳大利亚是世界上阳光最充足的国家之一，而且人口非常稀少，分布广泛。这与澳大利亚对太空的厌恶和对建立澳大利亚太空机构缺乏兴趣十分相似。南澳大利亚州在历史上也曾是世界上电价最高的地区之一，它也曾有过频繁停电和配电问题的历史。但是，南澳大利亚州多年来也以创新和开放的颠覆性想法而闻名世界。事实上，南澳大利亚是澳大利亚新兴的新太空活动中心，很快将成为新成立的澳大利亚航天局的所在地。

南澳大利亚在太阳能和风能方面进行了大量投资，现在他们的电力有近40%来自这些资源。但问题是，这些发电方式的可靠性不如传统发电方式，而且需要一个庞大的电池存储系统，将白天产生的电力储存起来，供晚上使用。因此，南澳大利亚的政治领导人提出了一个概念，宣布利用太阳能和电池解决长期断电问题的计划。埃隆·马斯克听到风声后，向他们提出了一个他们无法拒绝的提议。马斯克在推特上表示，特斯拉电动汽车公司将提供一个巨大的、超过他们需求的电池系统，并将以创纪录的时间和创纪录的低价格交付。由于担心马斯克不是认真的，他们联系了 SolarCity，询问他们是否是认真的。2017年3月，马斯克在推特上公开回应道："特斯拉将在合同签署后100天内完成系统的安装和运行，否则免费。这对你来说够认真吗？"

5000万美元的合同签订了，100天倒计时开始了。在澳大利亚，老牌的煤炭、化石燃料和反对派政治力量在政治上产生了巨大的阻力，但54天后，2017年11月，他们打开开关，启动了世界上最大的锂离子蓄电池系统。它比一个足球场还要大，而且该系统如宣传的那样有效。它位于阿德莱德北部一个大型风力发电场，提供超过100兆瓦的电力存储，据报道，已经为南澳大利亚省下超过2900万美元，超过原始购买价格的1/4。当一个燃煤电厂突然下线时，特斯拉电池立即向电网输送了约100兆瓦的电能，防止整个系统停电（图4－7）。

图4－7　世界上最大的电池，位于南澳大利亚（图片由 SolarCity 公司提供）

而这还不是全部。在澳大利亚南部，特斯拉电动汽车公司计划建造一座250兆瓦的"虚拟发电厂"，为该地区的5万多户家庭安装相互连接的太阳能电池板和储能电池系统。这不仅可以为这些家庭提供所需的所有电力，还可以为电网提供充足的电力。这是颠覆性创新以及反对这些想法的政治和经济力量的一个有趣例子。

SolarCity 公司正在继续推动可再生能源经济，通过将风能和太阳能与大型电池园区以及个人家庭和企业配对，不仅为自己的需求提供电力，而且还可以回馈电网。新的系统已经安装在美属萨摩亚和夏威夷的考爱岛上，那里现在有一个13千兆瓦的太阳能农场和一个52兆瓦时的电池组。更多、更大的系统正在开发中。

马斯克的计划不仅是用他的猎鹰9号火箭把其他用户的卫星送入轨道，2015年，埃隆·马斯克宣布了他的新计划，要创建一个新的大型 LEO 卫星通信星座。2018年，美国联邦通信委员会（FCC）为埃隆·马斯克的星链 LEO 卫星宽带通信概念授予许可证，该概念将由惊人的 12000 颗 LEO 轨道卫星组成，包括 7518 颗宽带卫星和 FCC 要求的另外 4425 颗卫星。这个系统的设计、建造和发射成本将高达 100 亿美元，当然，将使用猎鹰 9 号发射装置。该系统将在全球范围内提供高速互联网服务，包括目前没有这种能力的发展中国家，世界上有超过 35 亿的人，发展中国家人口大约占现在总人口的一半，包括超过 20 亿的亚洲人和超过 8 亿的非洲人，他们无法使用互联网，因为根本就没有互联网。

星链系统将依靠星间激光通信的新概念来传递网络中的数据，并将在卫星和两端的地面之间使用传统的无线电频率。处于极低轨道的好处是，与 GEO 通信系统相比，延迟将低至 25 毫秒，其千兆速度将与光纤的能力相媲美。缺点是每颗卫星的地面足迹很小，需要大量的卫星总数和复杂的卫星间数据链接。实际上会有三层卫星。首先发射的 4425 颗卫星将在 1100 千米左右相对较高的 LEO 上运行，接下来将在约 330 千米高度的 LEO 上发射 7518 颗卫星。这些卫星有 200 千克重，所以不算小，但远远小于大型 GEO 卫星。

马斯克曾表示，他打算大规模生产这些卫星，并将以革命性的方式改造卫星生产，就像他改造了可重复使用的发射器一样。地面站将有一个小型相控阵天线，但不能与手持接收器或卫星电话一起工作。为了展现这个星座的庞大规模，我们需要了解，目前在所有轨道上现役卫星总数是 1900 颗（译者注：截至 2022 年 6 月，在役卫星总数已超过 5000 颗）。对 LEO 碎片的担忧也是真实存在的，FCC 要求 SpaceX 公司提交一份全面的轨道碎片缓减计划，作为其许可证的一部分。

到目前为止，有两颗名为丁丁 A 和丁丁 B（Tintin A、Tintin B）的原型卫星在轨道上运行，它们是在 2018 年 2 月发射的。LEO 将需要对星座进行几乎不间断的补充，因此运行成本将非常高，但卫星和火箭的大规模生产将令其成为可能。马斯克曾表示，该系统的目的是赚取巨额利润，以支持他的火星殖民冒险，他还表示，火星最终也将需要一个全球电信卫星系统。使用卫星系统比使用（火星）地面光纤更有可能做到这一点。他的计划是在 2020 年后的某个时候开始发射，一直持续到 2025 年，将使用很少被用到的 V 波段频率进行卫星间激光连接，使用熟悉的卫星通信 Ka 波段进行火星地面到太空再到地球的最终连接。2019 年年初，马斯克向 FCC 提出申请，为该系统申请超过 100 万个地面终端，他是个胸怀大志的人（图 4-8）。

总之，埃隆·马斯克具有在许多不同领域中强大的颠覆性创新力量，还有很多领域没有在这里讨论。除了太空发射器、火星殖民地、基于卫星的高速互联网、电动汽车和太阳能发电系统以外，“无趣”公司和超级高铁公共交通以及很多其他概念都是他的创新。毫无疑问，这些都是大胆、远见和大量自己的资金所能做到的极端例子。颠覆性创新已经进入太空。

4.2.3　杰夫·贝索斯和蓝色起源公司

杰夫·贝索斯是世界上最富有的人。2018 年 7 月，他的个人财富约为 1500 亿美

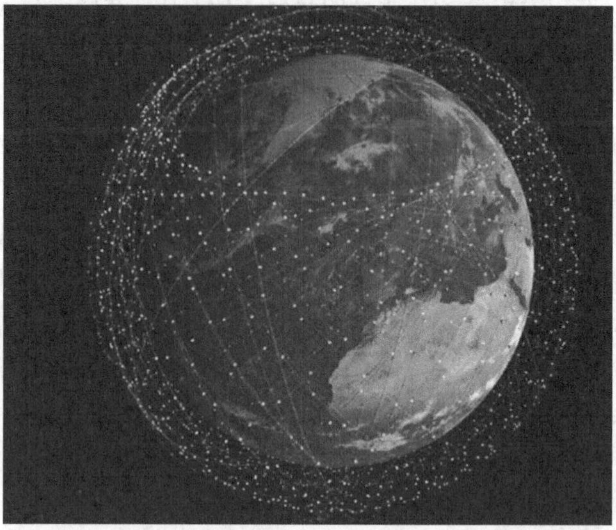

图 4-8 计算机模拟可能的星链星座配置（图片由英国伦敦大学学院 Mark Handley 教授提供）

元[7]。他是亚马逊网站的创始人、总裁、首席执行官和董事长，并且是亚马逊网站的主要投资者。亚马逊是世界上最大的在线商务网站。贝索斯还创办了世界上最大的云基础设施公司——亚马逊网络服务。

贝索斯是一个离异家庭的孩子。5 岁的时候，他观看了阿波罗 11 号的发射，被太空飞行的概念与其他科学和工程所吸引。他就读于普林斯顿大学，还是那里“太空探索与学生发展”（SEDS）组织主席。他曾在华尔街短暂地工作过，后来决定投身互联网革命，并于 1994 年创办了亚马逊网站，这是一个在线购书网站，最初名为 cadabra. com，就像魔术师说的咒语 abra cadabra，他还开发了流行的 Kindle 电子图书阅读器（图 4-9）。

亚马逊公司很快就取得了成功，并扩展到销售图书以外的其他东西，成长为世界上最大的网络商店。据报道，亚马逊公司是美国的第二大雇主，也是世界上最大的互联网公司。亚马逊公司约占美国所有网上购物的 43%，仅在 2017 年就带来了约 1360 亿美元的销售额。贝索斯拥有亚马逊公司约 16%的股份，并以首席执行官的身份负责亚马逊公司的日常运营。除了亚马逊公司，贝索斯的风险投资公司——贝索斯探险（Bezos Expeditions）还为他的各种外部投资和企业提供资金。他的网站 bezosexpeditions. com 上罗列了他的投资和兴趣，包括向 AirB&B 投资超过 1 亿美元，向优步投资约 3500 万美元，以及斥资 2.5 亿美元收购《华盛顿邮报》。他资助了各种各样的人道主义和教育事业以及创新企业。

他对太空的热爱促使他在 2013 年探索了深海海底，找到了阿波罗任务中使用的几个巨大的 F-1 火箭发动机。这些巨大的一级火箭发动机在海底待了 43 年之后，在海面下 4000 多米（14000 英尺）处被打捞上来。其中，一个被修复的编号为 2044 的发动机，是著名的阿波罗 11 号任务的 5 号发动机，现在保存在华盛顿的一个博物馆里。贝索斯用自

图 4-9　杰夫·贝索斯，亚马逊和蓝色起源公司的创始人

（贝索斯的图片来自美国国防部；标志由蓝色起源公司提供）

己的资金支付了这次探险的费用，花费了数百万美元。

蓝色起源是贝索斯太空企业的名字，它于 2000 年在美国华盛顿州肯特市成立，靠近西雅图塔科马国际机场。蓝色起源一开始就处于“隐形模式”，贝索斯向公众提供的关于其活动的信息非常少。蓝色起源的意思是，蓝色地球是他和我们航天事业的起源，公司的徽章上写着“Gradatim Ferociter”，拉丁语表示“逐渐（逐步）凶猛地”，是其公司座右铭。徽章上面还有两只乌龟，如图 4-10 所示。据报道，贝索斯每年出售 10 亿美元的亚马逊股票，以资助他的航天活动。蓝色起源公司目前约有 1500 名员工，这个数字还在持续增长。华盛顿州是蓝色起源公司的运营总部和制造基地，得克萨斯州西部的 Corn Ranch 是其“新谢泼德”号火箭的发射和维修基地，佛罗里达州的卡纳维拉尔角运营其“新格伦号”轨道系统。他们最近还开始在亚拉巴马州的亨茨维尔建造一个大型工厂，用于生产火箭发动机。

“新谢泼德”号运载火箭是蓝色起源公司亚轨道旅行火箭系统。从 2006 年开始测试，自 2015 年，它已经进行了三次太空飞行（没有乘客），并且三次都在位于偏远的西得克萨斯州小镇范霍恩以北的发射和测试设施安全着陆。这是第一次一个完整的运载火箭飞入太空并返回发射场（而不是丢弃返回舱和发射器）。这是一个可重复使用的垂直起飞和降落系统，由蓝色起源公司自己开发和建造的低温可重复使用的 BE-3 发动机提供动力，以液氢和液氧为推进剂。该计划将于 2019 年开始推出旅游服务，但目前还没有公布包括价格在内的细节（译者注：2021 年 7 月完成首次载人任务）。该系统的设计目的是完全可重复使用，并将推广到旅游业和在短暂的微重力环境中进行飞行的实验中。该飞行器将垂直发射，以 $3g$ 的加速度（约 $30m/s^2$）加速至 3 马赫以上，在约 3 分钟的动力飞行后，关闭发动机。太空舱最多能运载 6 名乘客，完全由计算机控制，舱内没有操作员，也没有任何

图 4－10 蓝色起源公司的“新谢泼德”号运载火箭在得克萨斯州起飞（图片由蓝色起源公司提供）

地面控制系统。

该系统完全由机载计算机控制。它将垂直发射至 35 万英尺（66.5 英里）或略高于 100 千米的远地点，刚好高于卡门线的“官方”太空边界，从而使乘客升级为“宇航员”。发动机关闭后，太空舱将与助推器分离，两者将继续进行下一步行动。

接下来是一段短暂的失重期，乘客可以从大窗户向外看，并在失重的环境中漂浮。然后，太空舱将按照弹道轨迹返回地球，并在发射后仅 11 分钟内用降落伞着陆。一枚小型复古火箭将在着陆前点火，为在发射地点附近的西得克萨斯灌木丛中的着陆提供缓冲。从太空舱分离后，运载器将重新点燃发动机，然后，在发射台上垂直着陆。系统中的所有组件都是可重复使用的。尽管该公司对计划的细节一直保持沉默，但最近宣布，付费用户可在 2019 年或 2020 年乘坐该飞行器。虽然价格尚未公布，但预估价格可能在 20 万美元左右（图 4－11）。

亚轨道的“新谢泼德”号火箭只是蓝色起源公司太空计划的开始。蓝色起源公司在卡纳维拉尔角发射场拥有发射设施，是以宇航员约翰·格伦的名字命名的“新格伦”轨道发射器。蓝色起源公司将在卡纳维拉尔角的一个新的制造工厂建造火箭，并从现有的 36 号发射综合体发射。36 号发射综合体已经休眠多年，目前正在整修，以备使用。该火箭由贝索斯资助，据说他迄今已投资约 25 亿美元。该项目还获得了美国空军在其增强型一次性运载火箭（EELV）项目下的 5 亿美元。这是一个对大型火箭的全新设计，将为人类和卫星提供轨道接入。

蓝色起源公司投资了 2.2 亿美元在亚拉巴马州的亨茨维尔建立一个新的发动机制造

图 4-11　（上）“新谢泼德”号火箭太空旅行飞船的内部，以及降落后的外部（下），注意下方图片上人的大小比例（图片由蓝色起源公司提供）

厂，并建立一个发动机试验台和发射台。同时，还将在卡纳维拉尔角发射场设计和建造新的轨道飞行器。这将是一个非常大的、两级或三级的飞行器（取决于需求），直径足有 7 米，主级将使用总共 7 个新的、以甲烷为燃料的 BE-4 发动机，上面级使用现有的以液氢和液氧为燃料的 BE-3 发动机，这也是现在用于“新谢泼德”号火箭的发动机。它将是一个垂直发射和垂直着陆式轨道火箭系统，第一级完全可重复使用，最多可发射 25 次，并将完全符合载人标准，尽管目前还没有开发太空舱。按照计划，其 LEO 运载能力为 45 吨，GEO 运载能力为 13 吨。大型一级火箭将降落在大西洋的一个移动发射平台上进行重复利用，类似于 SpaceX 公司的方法。截至 2019 年年初，有四个商业卫星发射客户，第一次发射计划在 2020 年后进行。新型运载火箭的相对尺寸如图 4-12 所示。

显然，“新格伦”3 级火箭是巨大的。相邻的发射台 LC-11，曾经在 20 世纪 50 年代和 60 年代用于宇宙神火箭的发射，以后将被用于发动机测试。具有历史意义的是，LC-11 是 1958 年 11 月发射历史性的斯科尔通信卫星的地点，这是向 LEO 发射的第一颗通信卫星。LC-36 和 LC-11 位于海角的最顶端，如图 3-9 所示。

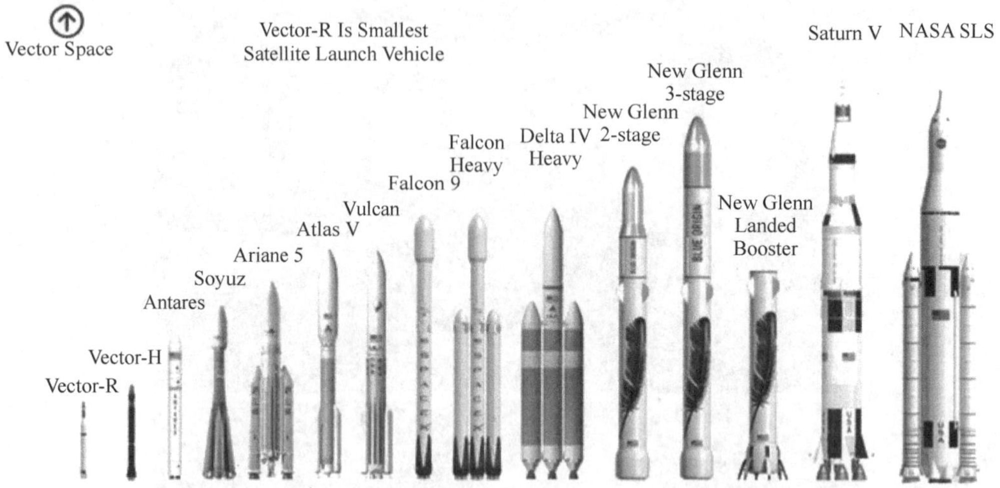

图 4-12 目前和计划中的运载火箭的相对尺寸，右侧是非常大的“新格伦”号与巨大的土星 5 号（Saturn Ⅴ）火箭的对比（图片由 Vector Space 公司提供，见彩插）

“新阿姆斯特朗”是蓝色起源公司下一项目的名字，但目前还没有关于它的确切信息。贝索斯表示，他有兴趣与 NASA 或其他机构合作，利用充气组件在月球上建立永久殖民地。

4.2.4 理查德·布兰森和维珍轨道公司、维珍银河公司以及太空船公司

理查德·布兰森爵士（Sir Richard Branson）是英国的一位连续创业者，他是又一位正在推动商业太空发展的亿万富翁，所有这些都得益于他个人充满想象力的尝试[8]。布兰森是布兰森集团的创始人，该集团拥有布兰森自己创办或购买的 400 多家个人公司的控股权。

布兰森在很小的时候就成为一名企业家，他创办了一本青年杂志，并于 1972 年在英国创办了一家非常成功的唱片连锁店，当时黑胶唱片非常流行，是年轻人享受流行音乐的主要方式。他很快成了一个连续创业家，将他的唱片商店扩大到他所谓的超级商店，并创建了自己的唱片公司，在他自己的录音棚里录制了许多世界级的音乐表演唱片，并在他的商店里进行出售。接着，他在 20 世纪 80 年代创立了维珍大西洋航空公司（Virgin Atlantic Airline），在面临来自竞争对手及其政治支持者的强大政治和经济压力下，与古板而成熟的英国航空（British Airways）展开直接竞争。

布兰森总是“生活在危险边缘”，他参加过各种极限运动，并试图打破世界纪录。其中，包括 1987 年与瑞典的冒险家佩尔·林德斯特兰德一起首次乘气球飞越大西洋，飞行持续了近 34 小时，以失败告终。他总共进行了四次乘坐热气球环游世界的尝试，但都没有成功，这项计划于 1999 年由另一个小组首次完成了。2005 年，他资助了伯特·鲁坦设计的“环球飞行者”飞机，这架飞机能在不加油的情况下环绕世界飞行，创造了几项新的世界纪录。

据估计，布兰森的个人财富超过 50 亿美元，他在伦敦的总部通过维珍集团控股公司控制着 400 多家公司。

2004 年，布兰森买下了伯特·鲁坦设计的“太空船 1 号”（Spaceship 1）的使用权，该飞船由保罗·艾伦资助，获得了价值 1000 万美元的“安萨里 X”大奖（“安萨里 X”奖是由另一位太空企业家彼得·戴曼迪斯博士创建的，本书后面会讨论他）。最初的计划是最早在 2007 年开始商业飞行，使“太空船 1 号”成为第一个在两周内飞到外太空两次的私人飞船。布兰森买下了经营权，创建了维珍银河公司，利用伯特·鲁坦设计的“太空船 2 号”进行太空旅游。这需要一个全新的系统，有一个新的一级、发射器和一个可以把几名乘客带到太空边缘的新运载工具，但这是基于“太空船 1 号”的概念。飞船由双机身运载机运到约 15 千米（50000 英尺）的高空。然后释放它，以抛物线飞行到大约 80 千米(50 英里)。鲁坦设计的最创新之处在于，一旦在失重状态下，飞行器的尾部会倾斜到几乎垂直，进入所谓的“毽子”模式，然后飞行器以稳定的姿态自由落体，穿过大气层，不需要飞行员输入。在 15 千米（50000 英尺）左右的高度，飞行器会切换到飞行模式，在起飞跑道上无动力着陆。从起飞到降落，整个过程大约需要两个小时。

这个故事的另一个有趣之处在于，引用布兰森在 2018 年说过的话就是，他在 20 世纪 80 年代为维珍大西洋公司注册商标的同一天，就为维珍银河和维珍星际这两个名称注册了商标，他说“我是一个乐观主义者”，这一点毋庸置疑。而维珍银河公司未来会发展成什么样子，十分令人期待。

伯特·鲁坦设计的第二艘“太空船 2 号”是原 X 奖版本的扩充版，其开发工作持续进行，但也遇到了一些困难。在 2014 年的一次试飞中，该飞行器在飞行中解体，飞行员死亡，这导致接下来的重新设计过程昂贵而又漫长。正如预期的那样，当时出现了非常糟糕的新闻，并且有人建议彻底取消该项目。但布兰森决定继续下去，而且该项目似乎已回到正轨。他们在 2018 年年底和 2019 年年初进行了三次试飞，高度超过 50 英里，其中包括搭载首位乘客，这位女性乘客将负责培训商业乘客。它还进行了一些 NASA 资助的微重力实验，并计划进行几次试飞。

布兰森说过，他打算乘坐第一班飞机，毫无疑问，他会的。他还说，他想带上年迈的母亲和孩子们一起去。目前，该公司已经收到了 600 多份预订，有支付部分订金的，也有全价支付的，预订的费用为 25 万美元。这意味着，一旦他们开始搭载付费客户，该项目将获得 1.5 亿美元的初始收入。布兰森也曾公开表示，他已经在其太空活动上花费了 10 亿～15 亿美元——维珍银河、维珍轨道和太空船公司（与伯特·鲁坦的 Scaled Composites 公司合资建造这些飞行器）。

第二架和第三架太空飞机正在建造中，还有第二架运载飞机，所以他们继续朝着飞行付费客户迈进。太空是很大的，它需要巨资，真正的大钱，也需要大胆的想法。时间会告诉我们这些活动是否会盈利，或者这是否是布兰森的最终目标。布兰森是一个富有并充满冒险精神的人，他打算飞入太空。他肯定会出现在他们进行的第一次商业飞行中，光是这次旅行，他所付出的一切可能就有所值了[9]（图 4-13）。

图 4-13 维珍银河公司的太空船 2 号 VSS Unity 在 2018 年 12 月 13 日首次向上飞行超过 50 英里后返回莫哈韦航空航天港

2018 年 12 月，维珍银河公司进行了第一次有飞行员的试飞，高度高于 50 英里，即 FAA 对太空的定义，而不是 60 英里的卡门线。这是自 2011 年 NASA 航天飞机的最后一次飞行以来，人们第一次从美国本土飞到这个高度。飞行剖面显示，母船携带太空船 2 号从南加州的莫哈韦航空航天港起飞，飞行高度约 43000 英尺。随后飞行器被抛下，点燃发动机，以与早期 X-15 飞行器非常相似的姿态向上飞，后者是从附近的爱德华兹空军基地起飞的。维珍银河公司还宣布，阿联酋的主权财富基金已向该公司投资超过 3 亿美元，拥有 30%的股权，并将考虑在阿联酋境内建立一个发射设施，那里肯定有许多人足够富裕，能够负担得起快速旅行，以获得几分钟的失重体验。如果成功，这个概念可以很容易地扩展到其他地方，因为它只需要一个常规的机场基础设施。目前的计划是在新墨西哥州的一个新的、专门建造的太空港运营商业航班，名为美国航天港，它位于庞大的美国陆军白沙导弹试验场旁边。

开展太空旅游只是布兰森太空野心的开始。他还创建了维珍轨道公司，该公司将使用现已退役的维珍航空公司波音 747-400 客机作为小型卫星发射系统的第一级。它的基地也在南加州的莫哈韦航空航天港，其概念类似于轨道科学公司（现在的格鲁曼公司）的飞马座运载火箭。

维珍轨道公司正在开发一种新型火箭，该火箭将悬挂在 B-747 飞机上设计的现有结构连接点下，此连接点用以远距离运送第五台发动机。该系统能够在挂架上承载高达 38500 千克（84700 磅）的质量。虽然这一功能很少被航空公司使用，但它为携带新开发的火箭及其有效载荷提供了结构基础。被命名为“宇宙女孩”的 B-747-400 飞机已经从维珍航空的服务中撤出，转到新的企业中，火箭和发动机已经开始设计和测试。2018 年年底完成了惰性火箭的首次试飞，首次发射定于 2019 年（译者注：实际于 2020 年 5 月 25 日首次发射失败，2021 年 1 月 17 日再次发射成功入轨）。

该系统能够在广泛的轨道倾角范围内发射 500 千克以下的小卫星，包括 LEO、MEO 和 GEO。“发射者一号”（Launcher One）火箭是一种新的两级设计，直径大小为 1.8 米。全复合材料的第一级火箭有一台发动机，推力为 327 千牛或 80000 磅，推进剂为液氧和 RP-1煤油。该火箭是一个 21.3 米（70 英尺）长的新设计。该公司计划每月为不断增长的小型卫星星座市场生产多达 2 枚火箭。有效载荷的处理是在加州长滩的工厂进行的，然后在莫哈韦基地将火箭与发射器配对。

其目的是提供快速发射服务，主要有效载荷从签约到发射的时间最短为 9 个月，拼车有效载荷发射的时间最短为 6 个月。最初的计划是将飞机从莫哈韦航空航天港起飞，并将火箭从南加州海岸发射到太阳同步轨道，但飞机也可以从佛罗里达发射到中倾角轨道和其他位置。目前，正在讨论在太平洋地区建立一个 LEO 低倾角发射站点，可能的位置是在美国的关岛[10]。

与飞马座和平流层发射系统一样，使用飞机第一级可以从世界各地的多个机场进行发射，并在火箭下落和点火之前将其带到地球大气稠密层（35000 英尺，或约 10000 米）以上。

维珍轨道公司已经获得了美国政府的发射许可证，并于 2020 年 5 月完成首次发射（图 4-14 和图 4-15）。

图 4-14　维珍轨道公司的波音 747，下面是火箭（图片由维珍轨道公司提供）

理查德·布兰森还投资了“一网”（OneWeb）卫星通信系统，该系统将直接与埃隆·马斯克的星链竞争。“一网”是一个由 880 颗卫星组成的计划星座，旨在提供全球高速互联网服务。该系统将利用现有 Ku 波段，有约 18～20 个轨道面，在约 1100 千米（683 英里）的高度飞行。这些卫星将是小型卫星，每个约 200 千克，并且已经签署了合同，由法国空客航天和防务公司制造。维珍银河公司目前根据合同提供 39 次发射，使用他们的

图 4-15 理查德·布兰森爵士（中间）和维珍轨道公司的团队在加州长滩的基地中，背景是两级运载火箭（图片由维珍轨道公司提供）

“发射者一号”运载器，阿里安航天公司也将根据合同从法属圭亚那使用他们（俄罗斯）的“联盟号”火箭。如果找到足够的客户，该公司可能将其星座规模扩大到 2000 多颗卫星。

理查德·布兰森显然是白手起家、连续创业的典型例子，他在太空、空中和地面都取得了非凡的成就，清楚地证明了颠覆性创新并不局限于硅谷。

4.2.5 保罗·艾伦，太空船 1 号，平流层发射

保罗·艾伦和比尔·盖茨是微软的联合创始人，他毕生都对太空和航空感兴趣。2004 年，保罗·艾伦为伯特·鲁坦获得“安萨里 X”奖的“太空船 1 号”项目提供资助，随后创立了“平流层发射系统”（Stratolaunch）公司，该公司使用巨大的双体六发运载飞机作为第一级，将运载火箭发射到太空。这架巨大的飞机被设计为新发射系统的第一级，在其发展过程中经历了几次反复。最初，它是两架波音 747 飞机，由一个新的中央机翼连接，该机翼搭载了稍作修改的 SpaceX 公司猎鹰 9 号火箭。这枚火箭将在一定高度投放，然后将有效载荷送入轨道。设计将允许发射装置在世界各地的任何大型机场操作，并将消除对大型发射场的需求。

通过在点火前将火箭发射到约 35000 英尺（10000 米）的高度，火箭已经脱离了大气层最稠密的部分。SpaceX 公司认为这需要对猎鹰 9 号火箭做太多的修改，所以最终放弃了这个概念。随后，使用两架联合的 B-747 飞机被一个全新的、甚至更大的、带有六台发动机的飞行器所取代，该飞行器由伯特·鲁坦和缩尺复合体公司（Scaled Composites）设计和建造。按翼展计算，这架飞机现在是有史以来最大的飞机，宽度为 117 米。缩尺复

合体公司正计划设计自己的火箭发动机和发射用的飞行器系列，包括卫星的设计，甚至是类似于小型航天飞机的载人火箭飞机。

不幸的是，保罗·艾伦于 2018 年死于非霍奇金淋巴瘤，享年 65 岁，留下了约 260 亿美元的个人财富。由于他从未结婚，也没有孩子，遗产的处理可能会很复杂。他的主要控股公司火神公司（Vulcan Inc）和平流层发射系统公司仍在运营，他的妹妹乔迪·艾伦掌管着他的财产，但企业的未来却不那么确定了。2019 年 1 月，平流层发射系统公司宣布，所有二级发射装置和火箭发动机系列的开发都已停止，这架大型运输机现在专注于一次最多携带三个飞马座发射装置，由美国轨道科学公司提供。飞马座是最早的空中发射太空系统，但最近的一次发射是 2013 年，它几乎没有什么业务。

取消的原因没有被披露，但这使人对该项目的可行性产生怀疑，因为格鲁曼公司已经有能力从其现有的 L－1011 运载飞机上发射飞马座，而飞马座火箭在有效载荷的大小和重量方面是有限的。这个项目如何继续下去，有待观望，但当一个单一所有者和主要推动者不再推动这个项目时，确实突出了这些创新和颠覆性的航天项目的危险性（图 4－16）。

图 4－16　保罗·艾伦的（平流层发射飞机和初始运载器系列现在已经取消了，除了左边的三个飞马座发射器外（图片由平流层发射系统公司提供）

4.2.6　罗伯特·毕格罗和充气式太空舱的概念

罗伯特·毕格罗是一位美国商人，他在商业房地产和酒店业发家致富。他拥有美国廉价套房连锁酒店（Budget Suites of America），并在世界各地拥有大量房地产，净资产估值超过 10 亿美元。他来自内华达州的拉斯维加斯，在很小的时候就决定要参与航天事业，创建自己的航天公司，并进入太空。有人引用他的话说，他进入酒店和房地产行业是专门为他的航天事业筹集足够的资金，并使他有可能亲自进入太空[11]。他在 1998 年创建了毕格罗航天公司，该公司一直专注于开发和使用充气式太空舱。

与国际空间站舱段或俄罗斯空间站等钢和铝的结构相比，充气式太空舱有几个重要的潜在优势。它可以在发射时被压缩成更小的体积，然后在轨道上充气成更大的体积，以供使用。毕格罗航天公司已经设计并发射了几个这样的充气式太空舱进行概念验证，这个想法显然是有价值的。

这一概念最早起源于 20 世纪 60 年代橡胶轮胎制造商固特异公司提出的环形空间站。NASA 的 TransHab 充气舱在 20 世纪 90 年代被提议作为国际空间站的乘员舱，但由于美国国会通过了一项决议，禁止 NASA 进行充气舱的工作，因此该舱从未建造。政治总是胜利的，在这种情况下，以波音公司为首的现有 NASA 太空舱承包商不希望有来自充气舱的竞争，因此它让国会通过立法来扼杀这个项目。毕格罗购买了 NASA 专利的知识产权，并着手开发自己的充气式设计，于 1999 年成立了毕格罗航天公司。该公司已经推出了两个原型，目前在国际空间站上有一个小型测试充气装置，称为 BEAM，即毕格罗可扩展活动模块。这是在 2016 年发射的，它的工作情况与宣传的一样，并重新激发了 NASA 对该技术的一些兴趣。NASA 现在把它作为一个储藏模块，并且可能在 2020 年有更大的毕格罗充气舱飞往国际空间站（图 4 - 17）。

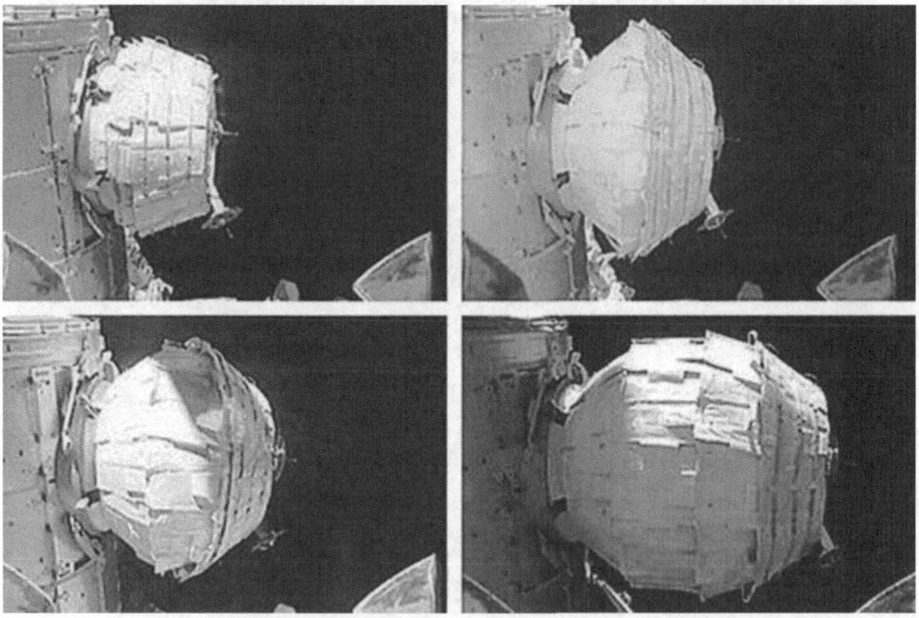

图 4 - 17　国际空间站上正在充气的 BEAM（图片由 NASA 提供）

毕格罗已经制订了几项商业充气空间站以及月球和火星居住舱的计划。他说，他打算自己花费约 5 亿美元，建造和发射第一个商业充气式空间站，到目前为止，他已经花费了超过 2.75 亿美元。2018 年，他创建了 Bigelow Space Operations（BSO），用来营销和管理充气式太空居住舱，作为太空旅馆和租赁的研究设施。这家新公司将进行市场研究并确定机会，然后将营销和运营两个 B330 太空居住舱，并在 2021 年之前完成发射。B330 可以用一枚满载的宇宙神 5 火箭发射。它们将被放置在 LEO 上，每个将能够容纳总共六名太空游客，其体积几乎是国际空间站的 1/3，可用容积约为 330 立方米。他们不仅着眼于太空游客（尽管他们计划将这些居住舱以 60 天 2500 万美元的价格作为“空间站出租”，但这只是租用国际空间站成本的一小部分），它还将允许游客、私人用户、国家空间机构和新航天企业长期使用，毕格罗航天公司将作为房东运营这个商业空间站[12]（图 4－18）。

图 4－18　毕格罗 B330 太空居住舱的比例模型，右边是罗伯特·毕格罗（图片由毕格罗航天公司提供）

毕格罗对开发发射装置没有任何兴趣，因此，他的空间站构想依赖于商业太空运输系统的成功开发，如 SpaceX 公司的“龙 2 号”、蓝色起源公司的“新格伦”和波音公司 CST－200 星际客机。他的最终目标是使用充气式太空舱运营商业空间站和太空酒店，他曾公开表示，他准备花费个人财产的一半来实现这一目标。他还为月球开发了充气式太空舱的原型。一旦“龙 2 号”和“星际客机”开始飞行，它们的发展将十分有趣。在不久的将来，充气太空旅馆可能就会出现。

虽然他们是目前太空领域的主要亿万富翁，但也有其他对太空感兴趣的亿万富翁，而且随着我们的前进，肯定会有更多的亿万富翁。其他几位高调的亿万富翁在太空领域和商业投资方面也有着很大的兴趣，尽管他们的知名度较低。这些亿万富翁包括谷歌的拉里·佩奇和施密特（Alphabet 公司主席），他们对行星资源开发公司有投资，以及 Facebook 的创始人兼首席执行官马克·扎克伯格，他是 Starshot 1 亿美元研究项目的投资者，该项目将在一代人的时间内执行前往（相对）最近的恒星半人马座阿尔法的太空任务。其他几个高科技亿万富翁，特别是比尔·盖茨，似乎对太空活动兴趣不大。

事实上，我们看到所有这些非常强大和有影响力的亿万富翁发展和自筹资金开展大型商业太空项目，是非常了不起的，但今天你不一定必须成为亿万富翁才能参与“新太空”活动。

还有一个也许是更令人兴奋的现象，同样令人震惊。除了这些资金充足的活动之外，我们还看到了新一代的非亿万富翁——年轻的企业家，他们执着于太空事业，正在太空中建立新的创业企业。这是新一代的人，他们中的许多人属于“太空一代”，他们是在斯普特尼克 1 号和尤里·加加林飞行之后出生的。这些年轻人带来了与阿波罗计划全盛时期的戴口袋保护套、剪着平头的 NASA 和航空航天公司工程师非常不同的观点。他们用一种新的、硅谷式的风险投资思维方式，来实现他们涉足太空、并亲自进入太空的愿望。孩子们来了！

4.2.7 彼得·戴曼迪斯——连续创业者

并不是所有这一代的太空企业家都是家喻户晓或极其富有的，其中之一就是彼得·戴曼迪斯，他是一名医学博士、科学家、发明家和连续创业者，在商业太空领域取得了巨大的成就。他毕业于著名的麻省理工学院航空航天系，并从哈佛医学院获得医学博士学位。

从很小的时候起，彼得就有强烈的愿望去太空并参与太空活动。他的动力和雄心促使他创建了一系列新的企业，这些企业对“新太空”格局产生了实质的影响。

1980 年，当彼得还是麻省理工学院的一名学生时，他就创立了“太空探索与学生发展”协会（SEDS）。耶鲁大学和普林斯顿大学也成立了其他创始分会。1981 年 4 月，彼得给《Omni》杂志写了一封现在很有名的信（在“新太空”领域非常有名），抱怨太空计划的现状，并请求其他学生加入他的 SEDS，联合起来改变现状[13]。以下是他的信的内容：

学生空间兴趣小组：

一个名为“太空探索与学生发展协会”（SEDS）的校际学生社团已经成立，其第一个分会已在麻省理工学院、普林斯顿大学和耶鲁大学成立。美国太空计划目标和预算的持续恶化，危及我们的未来，需要我们国家的校园积极响应。本协会的最终目标是建立一个全国性的学生太空组织。我们邀请你和你所在大学的其他学生成立一个分会，加入我们的事业。

我们的首要目标是让政府、私营企业和普通民众认识到强大太空计划的好处。SEDS 将为讨论与太空有关的问题提供一个论坛，为未来制订计划，并激发发展这个新领域所需的兴趣，以确保我们的未来。

我们近期的计划包括向国会和总统提交请愿书，敦促恢复太阳能卫星研究预算。如果你有兴趣，请在你的大学成立一个分会并帮助我们。请写信给我们，以了解更多信息。

彼得·戴曼迪斯，SEDS 麻省理工学院分会

马萨诸塞州坎布里奇纪念大道 372 号

两年后，彼得、托德·霍利和加拿大人鲍勃·理查兹成立了美国 SEDS－USA，这是一个全国性的组织。SEDS 的目标是让学生参与太空并在他们将要继承的太空世界中做出改变。现在，SEDS 仍然很强大，在美国和世界各地都有分会。杰夫·贝索斯在普林斯顿大学读本科的时候是普林斯顿大学 SEDS 的主席。这对彼得来说只是个开始。

由于不满意他在麻省理工学院和哈佛大学接受到的太空教育，彼得和托德·霍利、鲍勃·理查兹等人在 1987 年决定创建国际空间大学（ISU）。国际空间大学将成为太空教育领域一个革命性的新概念，其重点是他们所谓的“3I 思想体系”，即国际跨文化和跨学科的太空教育。他们的想法是要彻底改变太空教育的运作方式，将其转变为一个新的开放的概念，这个概念更关注新一代 SEDS 学生的想法和兴趣，而不是被国家和学科所分割。

国际空间大学于 1988 年在麻省理工学院开设了第一个暑期课程，并已成长为创新太空教育领域公认的积极力量。它继续在世界各地的不同地点提供暑期课程，在法国斯特拉斯堡有一个永久校园，在那里提供太空研究硕士学位。作者曾于 1987 年在麻省理工学院参加过国际空间大学的成立会议，并在全球 25 个项目中担任过国际空间大学教员。

1994 年，彼得创立了 X 奖基金会，为创新的高科技解决方案提供奖励。这个概念是基于 20 世纪 20 年代的奥泰格奖，该奖在 1919 年奖励 2.5 万美元购买第一架从纽约直飞巴黎的飞机，或者从巴黎直飞纽约。后来成立了几个团队，查尔斯·林德伯格在 1927 年赢得了这个著名的奖项。该奖的概念是让多个小组拿出自己的资金和创意，以期获得奖项，从而产生多个新的概念和方法，而不是与单个公司签订合同的标准方法。

第一个，也是迄今为止最引人注目的“安萨里 X 奖”，为第一个能在一周内两次飞入太空（卡门线以上）的私营部门飞行器提供 1000 万美元。由保罗·艾伦资助的作品赢得了比赛，该作品由著名的航空设计师伯特·鲁坦设计。这引起了人们对太空的极大关注和热情，获胜项目后来被理查德·布兰森购买，成为维珍银河公司。

其中，一个鲜为人知的故事是，彼得和 X 奖实际上并没有 1000 万美元的奖金。当时的情况是，安萨里家族购买了一份保险，费用为 100 万美元，如果有人获奖，将对获奖者进行赔偿。保险公司请了几位知识渊博、经验丰富、有名望的航天专家来评估这个想法，他们都认为这个主意不可能变为现实，这对保险公司来说似乎是一项安全的投资。但当鲁坦的设计获奖后，它变成了保险公司的 1000 万美元损失。所以，要小心挑选你想要征求意见的人。

X 奖基金会现在还推出了多个额外奖项，包括月球 X 奖，奖励一个可以在月球上降落、行驶一段距离并拍照的私人车辆。这在规定的时间内没有被认领，但一些参赛者继续开发，希望为那些想去月球的人提供商业的、小型的有效载荷服务。还有其他几个奖项，但它们大多不涉及太空。这些奖项包括与教育、环境和医疗有关的奖项。X 奖也刺激了其他太空奖的设立，包括 NASA 本身提供的一系列奖项。这是一个非常创新和成功的概念，也是彼得创造性和创业精神的典型体现。

2008年，彼得·戴曼迪斯与雷·库兹韦尔一起在硅谷的NASA艾姆斯创办了奇点大学（Singularity University）。它基于国际空间大学的教育模式，但侧重于利用创新的硅谷创业环境，解决人类和地球面临的巨大社会和环境挑战。它已经从谷歌和其他硅谷公司获得了大量资金，并提供了几个教育和孵化器项目，目标是创造能够影响10亿人生活的创新想法。

彼得是一位连续创业者，他参与了各种各样的创业公司，包括国际微空间公司和星座通信公司（卫星通信）、零重力公司（乘坐波音飞机进行零重力旅游飞行）、火箭竞速联盟（火箭竞速）、行星资源开发公司（开采小行星）、人类长寿公司（遗传学）等。他还写过两本获奖的书：2012年的《富足：未来比你想象的要更好》[14]，在《纽约时报》畅销书排行榜排名第二；2015年又出版了后续作品《大胆：如何做大，创造财富，影响世界》[15]。2006年，他成为海因莱因太空商业化进步奖的首位得主，奖金为50万美元。埃隆·马斯克在2011年成为这个奖项的第二名得主，杰夫·贝索斯在2016年也赢得了这个奖项。而彼得绝不止步于此，他继续以他的精力、远见和商业头脑推动商业和创业太空社区的发展。

还有新一代的人正在站出来。他们年轻，有活力，不受官僚主义的制约，通过新的、创造性的方式来创造太空。行星公司（Planet）的前身是行星实验室（Planet Labs），它彻底改变了商业遥感模式。它是由NASA艾姆斯的年轻研究员威尔·马歇尔、克里斯·博水真以及罗比·辛格勒创立的，他们中的一些人参加了2009年在NASA艾姆斯举行的国际空间大学夏季课程。他们首先参与了创新的“Phoneat”项目，该项目将一款标准智能手机搭载在气球上，然后进入轨道，最终把手机送入太空，以测试它是否能在太空中运行。2009年，国际空间大学和NASA艾姆斯项目（Ames Program）之后，行星公司的概念诞生了，它使用一个大型的3U立方星群，现在有超过200只的行星公司的“鸽子”卫星在轨道上运行，每天对整个地球进行成像。

太空制造公司于2010年在NASA艾姆斯研究中心举行的第二届奇点大学项目中成立，其概念是在太空中发展增材制造（3D打印）能力。四位年轻的企业家，爱伦·凯穆尔、杰森·顿、麦克·陈、迈克尔·森德尔决定寻求NASA的资助，以使他们的夏季课程项目成为现实。他们获得了成功，赢得了NASA的几个SBIR（小企业创新研究）奖项，并在2014年9月向国际空间站发射了他们的第一台打印机。2014年12月，在国际空间站上，一个扳手从上行链路的文件中被打印出来，太空增材制造成为现实。

太空制造公司和行星公司的年轻人，以及其他许多人，正在迅速改变太空活动的面貌。太空制造的概念诞生仅三年后，他们的打印机就在国际空间站上飞行了。行星公司成立于2010年12月，2013年4月，他们的第一颗卫星就在太空中飞行了。到2015年年中，他们已在轨道上部署了超过130颗立方星，并获得了超过1.8亿美元的风险资本融资。这些第二代太空企业家是创新、快速、敏捷的，并在太空1.0的思维方式之外运作。

还有很多人正向太空走来，他们中的许多人要么开始创业，要么仍然还在神奇的硅谷，在那里，无论是对这个世界还是对太空来说，一切似乎都是可能的。

4.3　我们看到了哪些共性

这是一个能够参与航天事业的美妙时代。我们在本章研究了活跃在当今社会中的几位最有活力、面向未来的太空企业家，他们正在重新书写太空格局。我们看到的颠覆性太空创新、技术及其背后的人的例子都十分有趣。无论是在传统商业领域，还是在太空领域都是如此。我们能在这些不同的人和他们取得的成就之间找到一些重要的相似之处吗？

显然，他们都是充满活力、自信、有能力的人。他们有伟大的思想，也有坚持自己信念的勇气，有组织大型公司并开展复杂工作的能力。他们还有承受力，并已证明有能力应对消极事件，而消极事件在太空活动中是不可避免的。

总体来说，他们也有大量的属于自己的资金，使他们不需要外来资助、监督和干预，来开展工作。但这并不是说他们不允许别人投资他们的企业，因为事实证明，他们都是这样做的。这些人赚了数十亿美元，主要是在计算机和高科技领域（但不完全是），并把这些财富用于他们真正关心的事情，即太空和人类向太空的扩张，并让自己进入太空。这些人中的大多数在阿波罗登月期间长大或正值青春，记得太空优先的承诺，他们都假设我们会继续发展我们的太空计划。不过，他们并非所有人都是高科技神童，罗伯特·毕格罗就没有计算机，也不使用电子邮件。

所有这些创新者还面临着重大的政治和经济压力。任何颠覆性创业者要想取得任何成就，都要面对成熟市场领导者的愤怒和报复。他们都面临着来自改革的政治和经济阻力，也面临着重大的失败和挫折。但他们一直向前迈进，太空将不再是原来的样子。

下一章中，我们将着眼于推动这场太空革命的令人惊叹的新技术，这些技术掌握在这些创新和有进取心的人以及他们的追随者手中。

参考文献

[1] https：//www. faa. gov/about/office _ org/headquarters _ offices/ast/media/2016 _ Compendium. pdf

[2] http：//www. spiegel. de/wissenschaft/technik/alain - charmeau - die - amerikaner - wollen - europa - aus - dem - weltraum - kicken - a - 1207322. html

[3] https://fa. morganstanley. com/griffithwheelwrightgroup/mediahandler/media/106686/Space _ %20Investment%20Implications%20of%20the%20Final%20Frontier. pdf

[4] DAVENPORT，CHRISTIAN. The Space Barons；Elon Musk. Jeff Bezos，and the Quest to Colonize the Cosmos. PublicAffairs（2018）. ISBN 978 - 1610398299

[5] https：//www. faa. gov/about/office _ org/headquarters _ offices/ast/media/2018 _ AST _ Compendium. pdf

[6] VANCE, ASHLEE. Elon Musk: How the Billionaire CEO of SpaceX and Tesla is Shaping our Future. Virgin Books (2015). ISBN 9780753555620.

[7] FERNHOLZ, TIM. Rocket Billionaires: Elon Musk, Jeff Bezos, and the New Space Race. Houghton Mifflin Harcourt (2018). ISBN 978-1-328-66223-1

[8] BRANSON, RICHARD. Screw It, Let's Do It: Lessons in Life. New York: Random House, 2011.

[9] BRANSON, RICHARD. Reach for the Skies: Ballooning, Birdmen and Blasting Into Space. Virgin Books. ISBN 978-1-905264-91-9

[10] https://virginorbit.com/wp-content/uploads/2018/11/Virgin-Orbit-Service-Guide.pdf

[11] HIGGINBOTHAM, ADAM (May 2, 2013). "Robert Bigelow plans a real estate empire in space". BusinessWeek.

[12] https://futurism.com/ups-electric-truck-fleet

[13] http://www.housevampyr.com/training/library/books/omni/OMNI_1981_04.pdf

[14] DIAMANDIS, PETER, WITH STEVEN KOTLER. Abundance: The Future Is Better Than You Think. The Free Press, New York, 2012.

[15] DIAMANDIS, PETER, WITH STEVEN KOTLER. Bold: How to Go Big, Create Wealth, and Impact the World Simon & Schuster, New York, 2015.

第5章　太空技术是变革的驱动力

太空可以被描绘、穿越和占领，没有明确的界限；但它永远不可能被征服。即使当人类获得了终极成就，当亚当的种子散布得和星星一样宽广时，我们仍将像蚂蚁一样在地球表面爬行。

——阿瑟·克拉克

本章将分析最重要的新兴技术和颠覆性技术，这些技术已经或即将在太空领域和地球上产生影响。这些技术包括人工智能、增材制造和全球导航卫星服务等重大创新，以及边缘计算和立方星等不太为人所知和了解的新兴概念。

5.1　全球导航卫星服务（GNSS）

PNT卫星服务，如GPS系统，是自动驾驶汽车和卡车以及航空运输、轨道导航、全球数字计时等的关键。

美国的GPS及其后来的竞争对手，包括俄罗斯的格洛纳斯、中国的北斗和欧洲的伽利略，已经彻底改变了我们现代世界的许多方面。其中，包括但不限于地面、空中和海上导航，电子邮件和股票市场交易的精确计时，以及更多其他方面[1]。一场交通运输革命，就像亨利·福特和他大规模生产的T型车所带来的革命一样，即将到来，并将对我们社会的许多部门产生重大的颠覆性影响。

无人驾驶

谷歌的自动驾驶车辆已经行驶了170多万英里，只发生了11起事故。下一场交通运输革命的优势将包括大大减少事故、死亡人数和保险索赔。我们还将看到，老年人和残疾人的行动能力将得到改善，减少逮捕和诉讼案件，减少因醉酒驾驶造成的事故，并极大地改善货物和服务的交付。卫星PNT系统将提供重要的作用，这些系统将很快实现马尔科姆·麦克莱恩所设想的多式联运系统的下一个重大飞跃，当然，还将有其他尚未发现的优势、新业务和我们尚未产生的想法。

现在，来自卫星的全球授时为互联网、电网、证券交易所等提供同步时间。卫星导航系统将实现自动驾驶汽车和自动飞行的个人飞机，就像动画片《杰森一家》里的一样。杰夫·贝索斯正在计划用 GPS 无人机将包裹直接送到你的房子门前。所有这些都即将来临[2]。

然而，交通运输领域里的创新也有几个重要问题。一个主要关注点是，大量以驾驶为职业的人们将失去生计，以及带来的经济和社会影响。目前，仅在美国就有超过 350 万人从事卡车司机的工作，他们对整个社会经济做出了贡献。当然，还有更多的人在其他不同的运输部门担任司机，如出租车司机、优步和来福车司机、救护车司机等，这样的名单还会越来越多。世界上有数百万人将成为弱势群体[3]。

我们还必须考虑这些司机的家庭，以及依赖他们的工人和企业。这些企业，如高速公路卡车站、汽车旅馆、餐馆和其他依靠这些司机工作的企业。在许多情况下，这些职位的员工受教育程度都不太高，很难转换到计算机编程、数据库管理和人工智能等高科技工作上，而这些工作将推动这场革命。专业驾驶是为数不多的无须接受高等教育就能提供中产阶级生活的职业之一。这些人将做什么？一些专家，如比尔·盖茨，讨论了对机器人和其他智能系统征税的可能性，以及在我们进入这个新的高度自动化时代时，为公民支付生活工资的可能性[4]。

彼得·蒂尔是 PayPal 另一位不太知名的创始人，他与埃隆·马斯克一起创立了 PayPal。他有一句名言："我们想要的是会飞的汽车，但我们得到的是 140 个字符。"虽然推特的数量限制增加了一倍，但我们可能真的会看到私人飞行汽车的到来，所有这些都是由 GNSS 实现的。

当然，这一切都得益于美国的 GPS，以及人工智能、地理信息系统（GIS）、云计算、海量数据库、车辆遥感和其他组件。这与优步和来福车创建新业务的方式类似，它们将 GPS、实时地理信息系统驾驶指令、数据库和在线支付结合起来，几乎可以立即匹配乘客和最近的可用司机。所有这些部件之前都是分开存在的，它们的天才之处就在于以一种新的方式将这些部件组合起来，以满足需求。有头脑的人认为，在 10 年多一点的时间里，传统的汽车所有权和使用权将成为过去。这将对全球经济和社会产生巨大影响，不亚于亨利·福特的革命和他的大规模生产。

万事万物都有终结，亨利·福特的梦想是家家户户都有汽车，但我们可能正处在他梦想的终点。考虑到电动飞行汽车，这将是一个完全不同的世界。再加上无人机送货，从披萨到亚马逊和联邦快递，制造业、保险业、石油勘探和分销、运输规划、公路建设等领域都可能受到重大的颠覆性影响。卫星精确计时、导航和定位将继续改变我们的世界，并为新的颠覆性创新提供潜在的定位和授时基础设施，无论是在地表上还是在地表之外。

5.2 真正的大数据与太空

大数据有多大？当涉及数字数据和包含其中的信息时，它确实是相对的，以前是大的东西，今天是小的东西，而我们今天认为是大的东西很快就会小得可笑。当我第一次开始自己的数字探索时，我正在研究地球的卫星数据分析，当时我在 NASA 的一个最先进的研究机构工作，可以使用世界上最好的一些计算机进行分析。

图 5－1 的这张照片的背景是我用来进行陆地卫星图像处理和地理信息系统分析的一台马萨诸塞计算公司的迷你超级计算机。左边是我，中间是乔·佩尔顿教授。当时，这是一台非常强大的计算机，占据了两个大架子。它有一个英特尔 68020 处理器和一个额外的浮点处理器，还有一个 40MB 的硬盘驱动器，8KB 的高速缓存，包括一个专用的彩色显示器和一个输入命令的文本终端。它运行的是定制实时版 UNIX 操作系统。1986 年它的成本约为 15000 美元，换算到今天约为 34000 美元。这是当时最先进的计算机，只有少数人可以使用。如今的微型笔记本电脑和平板电脑的功能要强大得多，而我正在使用的是带有 3TB 外置硬盘的 Mac 笔记本电脑，在各个方面的性能都远远超过了它。未来的技术将使今天领先的计算机看起来像福特 T 型车。

图 5－1　1987 年，Masscomp 迷你超级计算机在桌子后面的双机架上，
没有看到一台笔记本电脑（照片由作者提供）

那么，世界上最快的计算机有多快呢？大数据需要快速的处理速度，超能力的超级计算机也在继续发展。2018 年夏天，美国能源部推出了世界上最快的新型计算机。这台计算机有超过 10P（1P＝1000T）内存，每秒可以处理 20 万万亿次计算。它具有人工智能优化的体系结构，可用于海量数据集的分析、机器学习和智能软件的开发。这台计算机的建造花费了约 2 亿美元[5]（图 5－2）。

在过去 10 年中，我们创造的数据比人类起源以来地球上存在的数据还要多。IBM 早在 2012 年就报告说，人们每天能创造约 2.5E 字节（25 亿 G 字节）的数据信息。这意味着什么呢？大数据到底有多大？这些数据是由什么构成的？它们存储在哪里？

字节是数字数据的标准度量单位。这个术语是由 IBM 的研究人员在 20 世纪 50 年代

图 5-2　田纳西州橡树岭国家实验室的 Summit 超级计算机
（图片由美国能源部橡树岭国家实验室提供）

创造的，它表示一个数字信息单位，通常有 8 位，由单个 0 或 1 组成。组成单个字节的 8 位可以表示或编码计算机内存中的单个文本字符，如字母、数字或特殊字符（如%、$ 等）。早期的系统也可能 6 位或其他数量和大小的二进制位，但 8 位二进制码已经成为标准，代表一个“2 的幂”结构，可以在一个字节中代表从 0～255 的值。它现在是一个国际标准，用符号“B”来表示，“b”代表一位。

在数字通信系统中，包括卫星通信系统，有一个略微不同的含义，即一个字节代表可区分数据的最小单位，并且可以根据特定系统使用的编码系统，在大小和结构上有所不同。

图 5-3 显示了字节的国际单位制（SI）前缀。我们都熟悉家庭计算机中较低量级的前缀（K、M 等），但当我们谈论非常大的数据时，需要表示较大量级的前缀。我们还需要意识到，随着我们接近大数据级别，十进制和二进制数量之间的差异会越来越大。千字节（KB）是 1024 位以二进制为单位的数据，或 1000 个二进制字节的国际单位制测量。1MB 是 1024^2 字节的数据，1TB 是 1024^4 字节的数据，以此类推（图 5-3和图 5-4）。

对于大数据世界的新名称应该包括哪些内容，我们提出了一些建议，包括 Biggabytes、Lottabytes、Mongobytes 和 Overbytes 等。

今天的数据确实令人震惊。从规模上看，世界上最大的图书馆——美国国会图书馆的全部印刷藏书可以存储在约 10TB 的数字数据中。这个数字，即 10TB，有时被非正式地称为 LoC，代表一个国会图书馆，但这并不是官方的，而且很快就会过时了。事实上，国会图书馆现在拥有超过 240TB 的数字数据，这是在其印刷书籍之外的，而且规模每天都在增长。这个庞大的收藏包括数字电影、图形、扫描文件、声音等。

当我们开始使用数字卫星图像数据时，数字会迅速上升。据估计，现在世界上有超过

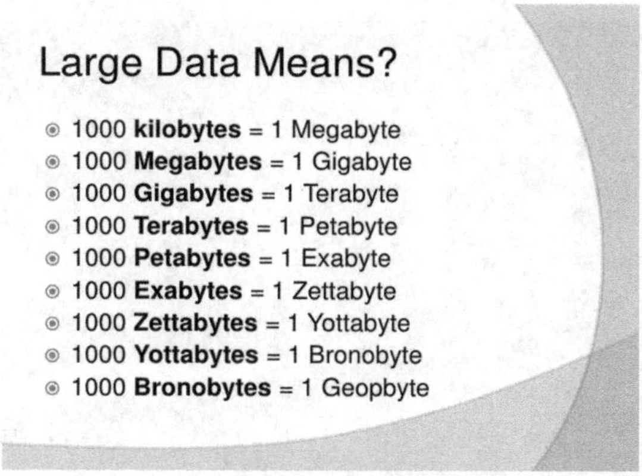

图 5－3　以国际单位制表示的数据大小

Prefixes for multiples of bits (bit) or bytes (B)				
Decimal		Binary		
Value	SI	Value	IEC	JEDEC
1000	k kilo	1024	Ki kibi	K kilo
1000^2	M mega	1024^2	Mi mebi	M mega
1000^3	G giga	1024^3	Gi gibi	G giga
1000^4	T tera	1024^4	Ti tebi	–
1000^5	P peta	1024^5	Pi pebi	–
1000^6	E exa	1024^6	Ei exbi	–
1000^7	Z zetta	1024^7	Zi zebi	–
1000^8	Y yotta	1024^8	Yi yobi	–

图 5－4　数据的大小

2.7ZB 的数字数据，而且这个数字还在逐小时增长[7]。这种趋势只会继续爆发性增长。

作为太空领域的一个例子，NASA 运营着自己的一系列相互连接的地球科学数据中心，称为面向学科的分布式主动存档中心（DAACs），作为地球观测数据和信息系统（EOSDIS）的一部分。2016 年，NASA 的 EOSDIS 管理着超过 17.5PB 的数据。他们每天增加超过 7TB 的数据，每天向全世界超过 12000 个个人数据用户分发超过 30TB 的数据。他们一年分发了超过 15 亿个单独的数据产品，而这仅是 NASA 的地球观测数据。

NASA 还在戈达德太空飞行中心运营着气候模拟中心，这是 NASA 高端计算项目（HEC）的一部分。该中心存储超过 32PB（Petabytes）的全球气候数据，并在一个专门的大型超级计算集群上做模拟。该系统包括一个大型数据墙，用于可视化这些分析结果（图 5－5）。

大数据需要大处理。NCCS 是 NASA 高端计算能力项目的一部分，该项目集成了超级计算机、数据分析和可视化、网络以及 NASA 研究的相关工具和技术。他们的昴宿星超级计算机共有 245536 个内核，总内存 935TB，拥有 173 万亿次浮点运算/秒的处理能

图 5-5　研究员 Lori Perkins 在 NASA 计算科学中心的可视化墙上展示了一个 10 千米分辨率的全球气溶胶模拟（研究和可视化由 NASA 戈达德太空飞行中心的 William Putman 开展进行，照片由 NASA 戈达德太空飞行中心的 Jarrett Cohen 提供）

力。在 2018 年冬天写这篇文章的那个星期天下午，昴宿星的实时利用率如图 5-6 所示。

在一个星期天的下午，以 92%的 CPU 利用率运行，而这仅是 NASA 的一个例子。美国政府通过其开放数据项目，提供了超过 12 万个公开访问的数据集，任何人都可以免费在线使用。大数据就在这里，而且每天都在变大。我们的问题很快就变成了如何从海量的数据中提取有用的信息？

私营太空服务部门也在朝着同样的方向快速发展。行星公司是世界上最大的地球观测立方星星座的新太空运营商，每天获取超过 600 万平方公里的地球图像。超高分辨率商业卫星供应商数字地球公司（DigitalGlobe）每天获取约 330 万平方公里的数据，每年收集 2PB 的数据，目前，在其数据中心的旋转磁盘上保存了超过 40PB 的高分辨率卫星图像数据，供其商业客户下载。它还在存储中维护额外的 20PB 数据，并在第二个数据中心中有完整的备份。包括许多国家政府和私营公司在内的商业客户都可以直接获得这些数据。

商业世界也在经历着同样的革命，而且规模更大。亚马逊是世界上最大的零售公司，拥有近 6000 万客户。它在线销售超过 25 万本电子书，维护超过 42TB 的数据库。沃尔玛每小时电子化处理超过 100 万笔交易，并管理一个超过 2.5PB 的数据库。YouTube 拥有超过 45TB 的在线视频，用户每天观看超过 1 亿个的视频。

谷歌是大数据之王，但相对而言，人们对其数据持有、存储和处理能力的真实规模知之甚少。根据最新估计，目前，谷歌在全球的数据服务器上存储了大约 15EB 的数据，每天处理约 35 亿次请求，占全球互联网搜索的一半。它的数据中心每天的数据处理量超过 20PB，使用超过 140 万台全天候运行的专用服务器。为了满足需求，谷歌每个月都会增

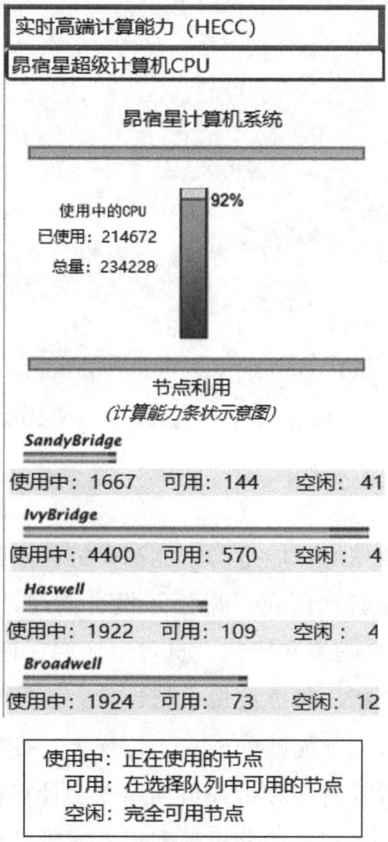

图 5-6　昴宿星的实时利用率（图片由 NASA 提供）

加更多的服务器和服务器群。亚马逊、雅虎、苹果、各国政府和私营企业都正在创造一个庞大的、至少部分互联的数字数据世界，这在 10 年前是无法想象的，而未来将会更加神奇。大数据就在眼前，看不到尽头。今天的大数据在几年后就会变得很小。

所有这些数据都必须存储在某个地方，数据中心的创建和管理是一个巨大的产业。谷歌、苹果和亚马逊都有自己的大数据中心，为这些系统提供所需的大量电力和冷却服务。大数据系统的一个例子是美国国家安全局（NSA）的犹他州数据中心。

美国国家安全局负责全球电子情报数据的收集和分析。2014 年，美国国家安全局在犹他州建立了一个大型数据中心，代号为 Bumblehive，它能够存储和分析超过 1YB（尧字节）的数据，也就是超过 1 万亿兆字节的数据。该中心由一台 Cray XC30 超级计算机提供动力，每秒能够进行 10 万万亿次计算[8]。该设施是一个价值 25 亿美元、占地 93000 平方米（100 万平方英尺）的综合体，其中，有一个 9300 平方米（10 万平方英尺）的数据中心。这个由 20 栋建筑组成的综合设施包含了所有需要的支持设备，包括 60 台柴油发电机和供 3 天使用的燃料。它需要大量的电力（每年大约 65 兆瓦）和水资源来冷却大量的处理器。这是巨大的数据，而且只有一个由单一政府机构运营的数据中心，即使它是最大的。而这一特定设施的设计是为了便于扩大规模（图 5-7）。

图 5-7　国家安全局犹他州数据中心（图片由国家安全局提供）

当前存在的第二大单一数据库可能是国家能源研究科学计算中心（NERSC），它由美国能源部运营，用于原子能实验和研究。据公开报告描述，它包含了至少 2.8PB 的高度机密数据，只有大约 1000 名科学家和研究人员可以访问，使用量非常少。

大数据的大处理：数据分析、数据挖掘、云计算、人群和开源

如果你收集大数据，你就必须能够处理它。传统上，在空间遥感领域，原始数据从卫星传输到地球，并由训练有素的图像分析人员利用专用计算机系统进行下载和处理。这个过程是科学和艺术的结合，技艺娴熟的分析师利用他或她的经验和知识，以及对特定图像处理软件的掌握，生成有用的产品，如土地利用和土地覆盖或农业生产相关分析。这个过程需要大量时间，并且基于分析师的技能和专业知识。但这一切都在改变，计算领域的许多进步从根本上改变了如何、多少、在哪里和什么有用的产品可以从大数据中得到的局面。

数据分析和数据挖掘是当今非常时髦的流行语，涉及处理大数据，试图识别趋势和模式，帮助我们了解正在发生的事情，以及如何更好地规划未来。如今，数据分析是一项大业务，许多商业公司和政府机构都在使用这些工具，以及人工智能和相关能力，来改善生产流程、了解客户、目标营销、开发新药，并提高运营效率。这种新功能将对涉及我们日常生活的各种事物产生重大影响，包括商业运营、物流、医疗保健、政府服务、科学研究、预防犯罪、灾害规划和响应等。大数据和大数据分析是相辅相成的，我们才刚刚开始看到它们是如何发展的。

您可能至少对“云”有些了解。它是什么？实际上，云只不过是别人的计算机，它能够以足够快的速度远程访问其他人的计算机，让它看起来就像在你自己的硬盘上一样。它还可以远程访问非常大的数据存储中心，具有超级计算能力。提供云服务的公司不断升级可以远程访问的服务类型，完善充分保护数据安全的方法。

亚马逊网络服务公司成立于 2006 年，是在为其自身需求而创建的计算机基础设施之上发展起来的。它目前是云服务的最大供应商，但苹果的 iCloud、微软的 Azure 以及其他许多公司也在这个不断增长的市场中展开竞争。这些公司提供综合服务，包括数据存储、虚拟机、人工智能与分析等，所有这些都是“现收现付”的服务。今天的高速互联网使云成为可能，使人们不必自己拥有所有的计算能力。

边缘计算和相关的雾计算（Fog Computing）是最近的一项研究，可能会对云和太空技术产生重大影响。在某些方面，它是对早期计算时代的回归，但方式却大不相同。在早期，所有的计算都是在源头即你自己的计算机上完成的。网络和互联网改变了这一切，而云和现在万物互联的快速发展将使边缘计算成为大势所趋。

边缘计算所做的与上面讨论的大规模数据中心相反，在后者中，所有的数据都被输入庞大的中央数据库，并由大量的并行处理计算机处理。随着万物互联的到来，数以百万计的新数据来源将以我们目前几乎无法理解的方式被收集起来。这与“传感器泛滥”的新概念相关[9]，将是万物互联的副产品。

所有这些数据都无法进行有效的集中处理，所以边缘计算在用网络传递数据之前，会在其源头或离源头最近的地方处理，并尽可能减少数据。它还减少了需要高速反馈和响应的应用程序在整个网络中的延迟。雾计算是一个紧密相关的概念，一些公司正在积极实施主要的雾解决方案，包括最先提出这个术语的思科公司（Cisco）。

开放雾联盟（The Open Fog Consortium）由许多主要的计算参与者组成，他们共同建立标准并推广这一概念。在雾网络中，设计者关注的是在最本地（也是最有效的）的位置收集和分析数据，而不是将原始数据通过网络转移到集中的服务器上进行处理。传输的数据总量较少，导致处理速度加快。Mist 计算是另一个相关的、最新的术语，用来描述在这种方法下进行的强度较低的计算。

这是一些涉及分布式处理和分析能力的最有趣的新企业。众包为各种各样的商业和科学风险投资提供了资金来源，像 GoFundMe 这样的网站为从研究探险到新的商业太空风险投资提供了各种资源。全民科学使普通公民，即没有接受过专业科学培训的人，能够跨越遥远的距离，以促进许多研究领域的方式从事科学活动。人们使用 GPS 或其他设备可以免费收集世界各地的大量数据，从天文学到海洋学再到考古学，所有研究项目都进行得非常成功。

5.3　新一代地球遥感技术

在卫星遥感方面，我们开始看到第一个空间遥感的星载数据处理，这一趋势将继续下去。随着我们从更多的 LEO 卫星收集到越来越多的数据，下载原始数据的能力成了一个问题。当我们只有一两个可运行的陆地资源卫星，只有几个数据通道和相对较大的空间分辨率成像仪时，在数据发送到地面之前直接下载或存储在卫星上的能力是可控的。

例如，美国目前的陆地卫星 8 号（Landsat 8）遥感卫星就只有一台 3.14TB 固态星载数据记录仪作为其命令和数据处理子系统的一部分（图 5－8）。

图 5－8　陆地卫星 8 号的固态记录仪（图片由 NASA 提供）

这种数据记录仪具有所需的辐射加固功能，能够在太空中运行。而且，甚至陆地卫星也为其运营陆地成像仪（OLI）传感器提供无损压缩处理，可以根据需要关闭或启用。该系统创建第一行数据，每 1024 行（大约每 4 秒）创建一行数据作为参考。这些数据通过其 X 波段天线以 384Mbit/s 的总数据速率下载到地面。就目前的能力而言，这样的系统是完全合理的，但不适用于未来，因为未来我们将拥有成百上千颗卫星（图 5－9）。

当我们进入高光谱成像仪，收集 256，512，1024 或更多通道的高分辨率数据时，当我们将其与数百颗卫星相乘时，星上和地面遥测部分以及人工处理很快就会变得不堪重负。行星公司卫星系统的机载数据处理就是这样，而且更多的卫星还将遵循这一模式。几十年来，这对地球科学家来说是个大难题，他们只希望将原始的、原生态的数据发送到地面，这样他们就可以控制数据处理链的所有方面。而这是一个好主意，特别是在开发或研究应用方面。但是，现在和将来收集的数据量的现实，加上新的压缩技术的改进和通用技术的进步，使卫星数据的星上处理不可避免。

现在正在发生的事情和在不久的将来将要发生的事情的第二个例子是，行星公司卫星在一个低轨道大型星座中运行。他们目前拥有 175 颗“鸽子”卫星，使用商用现货 CCD 成像仪，组成了目前运行的最大的遥感星座。这些是 3U 立方星，每颗只有 5 千克重。所有卫星都使用机载 JPEG2000 压缩技术，每颗卫星的数据都能够以每秒 12.5MB 的速度通过 X 波段下载到地面网络。任务控制系统使用内部软件，完全自动化，由一个控制室的一个非常小的团队操作。卫星每天都对整个地球表面进行成像。“正常”一天将进行 200 多次卫星数据下载，相当于超过 6TB 的数据被下载至地面。该系统每天对地球进行线状

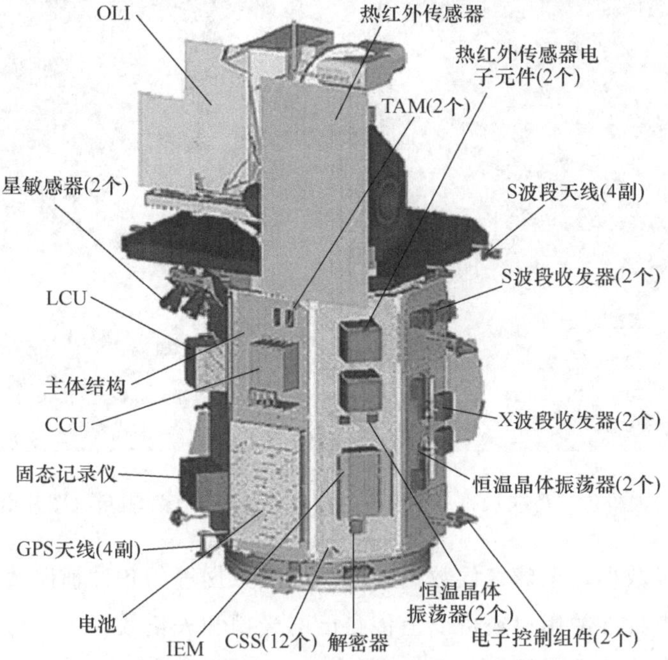

图 5-9　陆地卫星 8 号航天器（不含太阳能电池阵列）及其主要部件。固态记录仪（SSR）在左下方，显示为蓝色（图片由 NASA 和美国地质勘探局提供，见彩插）

扫描，应用于各种商业、政府和环境领域。

行星遥感系统最初是由 NASA 艾姆斯研究小组在 2010 年建立的，他们最初创建了 PhoneSat，一个将手机送入太空并拍照的任务。它成功了，因此他们决定使用 3U 立方星设计来创办一家商业遥感公司。这家公司现在位于旧金山，有几百名雇员，拥有超过 175 颗卫星，每天都可以获取地球上每个地方的图像。它还通过在 2015 年收购同为创业公司的 BlackBridge 的 RapidEye 卫星，以及在 2017 年收购谷歌的 Terra Bella 卫星来增强自身实力（图 5-10）。

人类应用的 PB 海量数据

谷歌地球引擎是谷歌的一个项目，它结合了谷歌和其他来源的卫星图像以及其他地理空间数据集的数个拍字节的互联网访问目录。利用谷歌同样庞大的计算能力，它能够让科学家和研究人员以几年前无法想象的规模和速度进行面向地球的分析[11,12]。

陆地卫星数据集是世界上持续时间最长的遥感数据集，可以追溯到 1972 年。这些数据使用应用程序接口进行处理，可以用 Python 和 JavaScript 编写，用于分析这些非常大的区域或长时间序列的图像数据集。可用的数据都是由谷歌从原始资料收集的，可以直接通过谷歌的云端访问。这些数据包括上面所说的完整的陆地资源卫星目录，如许多（但不是全部）NASA 的 MODIS 中分辨率数据集、整个欧洲航天局的 Sentinel-1 数据目录，

图 5-10　创始人威尔·马歇尔和一个小小的行星公司“鸽子”卫星（图片由行星公司提供）

以及包括全球海拔数据、全球气候数据、海洋温度数据等的各种辅助数据。用户可在线申请访问数据，获得批准的用户还可以上传自己的光栅和矢量数据，并可以下载处理后的数据，用于其他环境。地球引擎将免费提供给教育和研究用户，但也有一个机制为私营部门的用户提供付费的商业许可。现有数据的范围和规模以及数据处理速度和周转都超出了目前几乎所有研究人员和设备的能力。

谷歌地球引擎是一个很好的例子，说明了即将到来的情况[13]。我们正在寻找访问海量数据（以 PB 为单位）的方法，并使用大量并行处理计算，来快速访问处理后的结果。下一代遥感技术将包括这些技术，以及源数据的星上数据处理，以减少需要传输到地面的数据量。我们还将看到人工智能在数据处理和更具体的应用分析方面的更多应用。一个制约是需要用户对 API 进行编程，并且没有友好的用户界面。这限制了系统的实用性，只有那些拥有 Python 或 Java 技能的人才可以使用，但这种情况可能会随着时间的推移而改变。

总而言之，下一代地球遥感将与我们自太空时代初期以来所做的完全不同，它将包括以下内容：

1）PB 级的数据。

2）空间遥感的“谷歌化”（20PB/天）。

3）硅谷的太空创新（如天空盒子公司和行星公司）。

4）星上处理。

5）从图像处理到 RS/GIS 数据挖掘，包括机器学习、模式识别、巨量统计、衍生知识、实时分析、基于 App 的信息传递、决策支持系统、地理信息系统物联网等。

在通信卫星领域，还有许多其他新兴技术可以很容易地添加到这个列表中，例如，与需要对大规模星座中的数千颗小卫星提供精确控制和避免碰撞有关的星上处理。我们也在关注新的空中无人机革命，以及对平流层或有时被称为“原区”（Protozone）的亚空间的访问。实际上，在商业空域和轨道之间对“原区”的例行访问可以开辟各种各样的新的通信、遥感、导航和其他应用，包括对灾害做出反应、监测作物与环境等。所有这些都是“新太空”使用超大规模处理的前途光明的新领域。然而，遥感领域是所谓太空 2.0 和颠覆性太空技术中对大型数据集的最密集使用和处理领域。因此，我们将把重点放在太空应用上。

开源软件

我们所看到的最大变化之一，也是正在产生重大影响的变化，是开源软件在计算、空间应用和数据方面的成熟与普遍使用。在太空发展的早期，每一个单独的发射装置、卫星、任务或太空活动都需要编写新的软件，这些软件都是政府或承包商的专有代码。随着航天工业的成熟，专有软件继续成为主导范式，每个单独的项目、卫星或火箭都需要政府资助的专有代码。考虑到所有太空活动的军民两用性质，这些项目作为国家安全资产受到非常严格的保护和谨慎的控制。

而后，诸如遥感和绘图等太空商业用途获得成功，商业软件占据了主导地位。但是，这些商业软件包，如用于地理信息系统的 ArcGIS 和用于卫星遥感的 Erdas 和 Envi，至少有一部分还是来自政府资助的第一代软件。这些专有软件产品是受版权保护的，用户只能购买有限的许可，来使用代码，而不能拥有它，也不能复制、共享，或实际看到或更改所提供的源代码。它们也非常昂贵，每台计算机的每个用户许可证要花费数千美元。

尽管这些软件程序仍然很强大，并推动了卫星图像和相关太空数据的大部分初始商业应用，包括 GPS 和汽车导航系统，但它们的高成本和使用限制也制约了这些应用市场的增长，特别是在发展中国家。

开源软件已经存在几十年了，但它的声誉一直受到损害，在很大程度上是基于现实，即它们还不够成熟，不适合在严肃的环境中使用。因为这些软件都是黑客编写的，写得很差，功能不稳定，对于政府或商业目的来说根本不可靠，当然，对太空活动来说也不可靠。

近年来，太空领域的主要变化之一是各种用途的开源工具的成熟和爆炸性发展，包括专门为太空活动开发出的工具。例如，开源的 QGIS 遥感和地理信息系统软件是完全免费的，可以在所有主要的计算机平台上以 40 多种语言运行，并且正在迅速成为许多用途的标准工具，包括 GNSS 和无人机应用程序[14]。

Apache Hadoop 是一个开源软件，它是为可靠、可扩展、功能强大的通用分布式计算而开发的。它基于 Java，由一套软件库组成，为跨多个计算机集群的大规模数据集分布式处理提供了一个通用框架。它创建于 2005 年，最初诞生于一个由雅虎资助的新的搜索引擎项目中，软件开发者为道格·卡丁和麦克·卡夫瑞拉。

第二年，雅虎把这个项目交给了 Apache 软件基金会，用于开源开发和发布。其设计理念是，它可以无限扩展，从一台计算机扩展到数千台联网的服务器。设计的一部分内容是，每台机器都具有独立的本地计算、存储和网络功能。Apache Hadoop 设计目的是自动检测并处理网络中的任何硬件故障，从而使系统更加健康。2008 年，Hadoop 在 209 秒内对 1TB 数据进行了排序，打破了 TB 数据排序基准纪录。

为什么 Hadoop 会被如此广泛地使用呢？随着多字节数据集的产生，现在需要例行访问和处理这些海量数据集的能力，并从它们那里获得实际好处。Hadoop 的一个优点是，数据不需要有严格组织的模式，系统可以自动处理大型联网计算机系统的动态特性。在多计算机系统中，单个节点通常会发生故障，Hadoop 会围绕这个问题自动重新配置。采用 COTS 硬件，并针对大批量处理进行优化；它也可以在几个不同的操作系统上运行（图 5-11）。

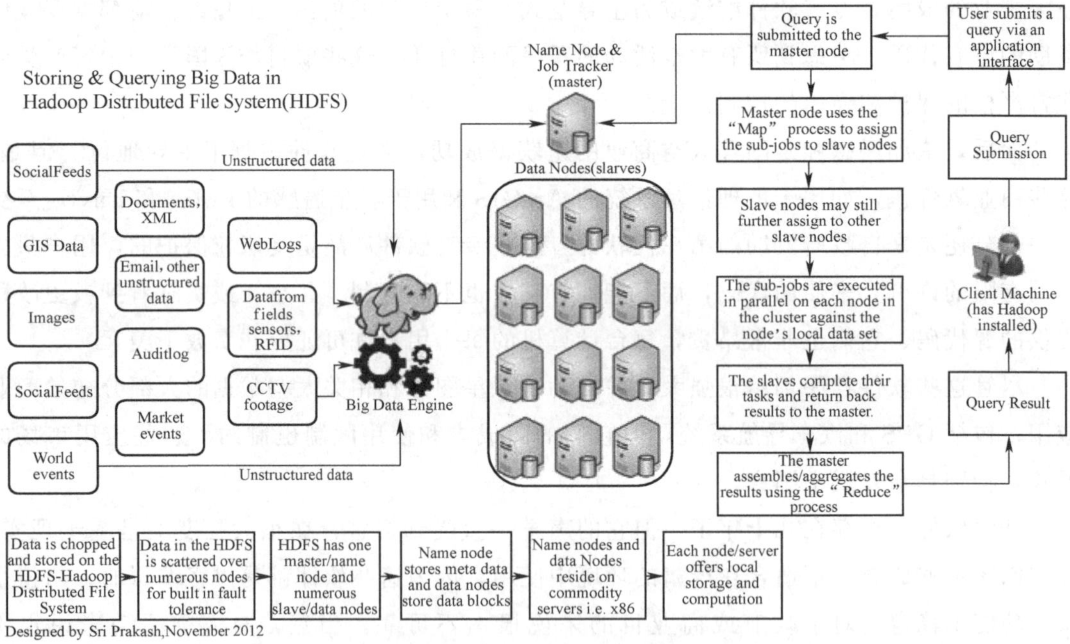

图 5-11 Hadoop 分布式文件系统（图片由 Hadoop 提供）

有几个大型配置案例，包括雅虎。它在 2008 年拥有一个超过 10000 个核心的 Unix 集群，每个雅虎搜索都涉及这个集群。截至 2012 年，全球超过一半的 500 强企业都在以某种方式使用 Hadoop 软件，包括微软、亚马逊和 IBM。截至 2013 年，脸书拥有世界上最大的 Hadoop 集群，拥有超过 100PB 的数据，并且以每天 0.5PB 的速度增长。Hadoop 是免费的开源软件（FOSS），运行着许多世界上最大的数据引擎。开源是“新太空”的重要组成部分。

5.4　万物互联，包括太空中的万物

物联网（IoT）将继续普及，并将很快参与到智慧城市运营、弹性数据网络以及与各地网络系统的连接中。这与在全球范围内实施新的 5G 无线网络密切相关。

物联网意味着几乎所有的设备，从冰箱到汽车再到门锁，都将是“智能的”、有线的、相互连接的。世界范围内的许多无线服务功能都与通信卫星网络密切相关。这些能力将通过基于 GEO 高通量卫星以及正在计划实施中的大规模星座得以运行，特别是那些提议在毫米波频谱中运行的卫星。这种扩展将包括全球范围内的工业控制、监测控制和数据采集（SCADA）、管道、安全控制等系统，被描述为向万物互联（IoE）的发展。

人们越来越依赖物联网技术来控制地球和太空中几乎所有的东西，这是一个根本性的转变，也是即将到来的网络革命最新阶段中的一部分，它将定义我们的大部分未来，地面和太空中无处不在的数字安全的重要性日益凸显。

到目前为止，因特网已经把计算机和其他计算机连接起来了。万物互联的时代即将到来，届时，从汽车到烤面包机，从草坪洒水器到冰箱，一切都将与互联网相连，并内置数据收集和处理能力。虽然这将产生许多有利影响，但也可能产生我们现在无法预见的负面后果。

这方面的一个例子是加州山景城 NASA 艾姆斯研究中心与几家硅谷公司和加州应急管理署共同进行的一个测试项目。他们的想法是在旧金山湾区测试一个传感器系统，通过布置 GPS 传感器，对当地大地震实施早期预警。这将引发一系列事件，包括自动通知该地区的应急管理和公用事业，关闭该地区的桥梁和隧道，让地区医院使用应急电源，甚至为了防止人们被卡在楼层之间，还要停止电梯运行。所有这些都将自动完成，并及时将事件影响降到最低。这次测试进行得很顺利，这是万物互联世界即将到来的一个预兆。

5.5　增材制造——无须发射，它就在那里

增材制造（AM），也称为 3D 打印，是一个革命性的新概念，即通过添加黏性金属或塑料层来构建复杂的结构，使用计算机程序和机器人，而不是通过使用车床或其他工具从大型金属铸件上取走结构的传统方式来制造事物。增材制造已经迅速从一个概念变成了现实，对航空航天和太空领域也产生了影响。主要的航空航天承包商现在正使用这种新技术制造复杂的飞机零件。

硅谷初创公司“太空制造”（Made In Space，MIS）是最早将这个新概念引入太空领域的公司之一。该公司于 2010 年在 NASA 艾姆斯启动，并在安排向国际空间站发射第一个增材制造系统时迅速成名，该系统被称为 3DP，意为 3D 打印机。它的第二代设备被命

名为增材制造设施，或 AMF，于 2016 年 3 月发射，由太空制造公司所有和运营，被 NASA 和其他机构作为商业服务在太空使用。该设施已经制造了各种各样的零件和工具等。

太空制造公司的目标之一是利用太空特性，包括微重力，在太空和地球上开发新的增材制造潜力。这包括制造非常大的空间结构、复杂的工具和替换部件，以及在地球上提高太空 3D 打印组件的性能（图 5 - 12）。

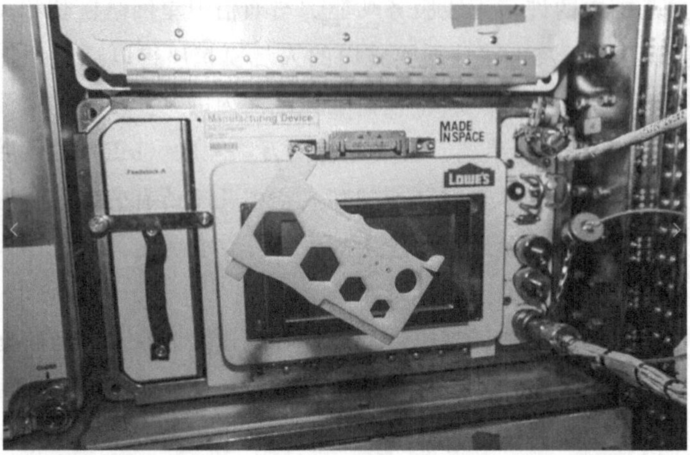

图 5 - 12　国际空间站的增材制造设施，前面漂浮着一个塑料零件（图片由太空制造公司提供）

基本的想法是，不必在地球上建造每个设备的每一个复杂的部分并把它们发射到太空，而只是简单地发射基本的原材料和定义该部分的软件，通过太空中的增材制造设施制造出来，只有新设备的原材料和软件会被“发射”到太空。这可能是太空游戏的改变者，将大大减少替换部件和新工具送上空间站或太空其他地方的成本和时间。这对于长期的太空占领，或月球、火星上的殖民地来说尤为重要。

一个名为 Archinaut 的太空制造公司项目可能会让新一代太空能力变为现实。这是一个包括所谓的扩展结构增材制造机（ESAMM）的系统，能够制造非常大的结构，如桁架、天线和燃料箱；所有这些都比 ESAMM 本身大得多。还有一个正在开发的系统，能够在到达轨道后重新使用发射的部件，允许增材制造工艺重新使用材料。将已经发射的材料重新用于新的用途，将大大减少从地球上发射昂贵材料的需求。

2019 年初，美国空军宣布批准了一家初创公司，在佛罗里达州卡纳维拉尔角的 16 号发射综合体（LC - 16）内发射 3D 打印火箭。这家名为相对论太空（Relativity Space）的初创公司在三年前才刚刚成立。该公司由曾在蓝色起源公司和 SpaceX 公司工作过的年轻人创建，总部设在加州洛杉矶。他们开发了一个巨型 3D 打印机概念，有一个小型工业建筑那么大，被形象地称为“星际之门”，他们最终想把它作为一个在轨制造系统发射到轨道中。他们还想在卡纳维拉尔角建造、测试和发射完全 3D 打印的火箭发动机和航天器。

该公司在密西西比州的 NASA 斯坦尼斯太空中心拥有一个大型设施，在那里测试其发动机和技术。现在，他们已经达成协议，将在 LC－16 发射，这里曾经是大力神火箭的发射地，也是阿波罗服务舱发动机的测试地。拟议的飞行器名称为“地球人 1 号”（Terran 1），据说它只需要约 2 个月的时间就能从原材料中打印出来，然后将一个 1200 公斤的有效载荷发射到 LEO 上。所有这些计划的发射费用为 1000 万美元，或者进入 LEO 的费用为每千克 1 万美元，大约是今天商业成本的一半。该公司的网站称，其火箭设计将只有 1000 个零件，全部使用增材制造，而使用今天的现有技术则需要超过 10 万个零件[15]（图 5－13）。

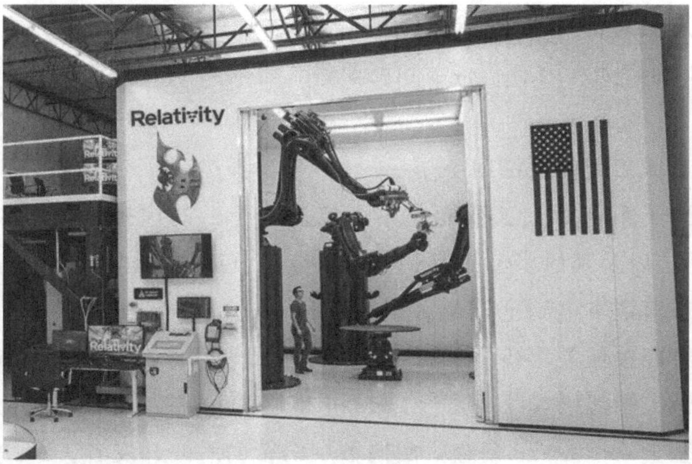

图 5－13　Relativity Space 公司的“星际之门”3D 打印机，注意人类的比例（图片由 Relativity Space 公司提供）

这和太空有什么关系？

根据需要在太空中制造零部件，并大幅减少在地面上制造发动机和火箭的复杂性和时间，这是一个革命性的新概念。3D 打印将允许使用相同的打印机生产航天部件与整个发动机和飞行器，而不需要任何专用的工具或机器。它可以从根本上使我们有能力在月球、火星和更远的地方建造和维护居住舱，还能反复地将现有材料重新利用到其他新的用途中。

5.6　人工智能、机器学习、深度学习等

人工智能（AI）是在我们这个时代形成和兴起的关键技术之一，它将以比想象中更快的速度对我们生活的各个方面产生影响[16]。人工智能的基本概念是，可以创造出模拟人类感知和智能的机器。许多人认为，该领域始于 1956 年达特茅斯学院的一个研讨会，

参与者们在会上讨论了新型计算机如何实现人类的认知和智能，这是当时计算机无法企及的。研究人员通常从狭义和广义的角度来看待人工智能。狭义的人工智能系统在固定的范围内运行，如Siri、网络机器人、税务准备软件和相关工具。广义的人工智能系统将表现出类似人类的智能，其方式可能无法分辨是人类还是机器在工作。最著名的例子，当然也是最相关的，就是阿瑟·克拉克的几本著作和斯坦利·库布里克的电影《2001：太空漫游》中的HAL 9000计算机。HAL是一台启发式编程算法计算机，也是一台有知觉的机器，它太像人类了。

从经济到环境再到医学，人工智能在改善我们生活的许多方面都有着巨大的潜力。但是，随着机器“学习”以人类独有的方式处理复杂数据，它也会带来新的、不确定的挑战，并可能导致人们大量失业。它还具有扩大社会经济差距的潜力。美国政府问责局在2018年报告中称[17]，大量政府、科学和商业资金正流入人工智能研究，并开始呈现真正的成果。

Siri、Alexa和人工智能虚拟助手

我们已经看到了第一批人工智能应用，包括基于云的虚拟助手，如Siri、亚马逊的Alexa、谷歌助手，以及其他多个能像人类一样与我们互动的“聊天机器人”。这些设备可以用在智能手机或笔记本电脑上，也可以用在亚马逊的Echo和类似的“智能音箱”上，它们可以执行各种声控任务，还可以控制智能设备和管理家庭自动化系统。Alexa是亚马逊基于云计算的人工智能语音服务，于2014年推出。2015年，亚马逊宣布成立一只1亿美元的风险投资基金——Alexa基金，面向数字语音助手的开发者。2019年年初，亚马逊宣布Alexa的销量超过1亿部，超过4000家不同制造商销售了28000多种不同的设备。Alexa设备拥有超过70000种不同的“技能”，还有一个积极的第三方开发能力，可以添加更多的技能，并将其整合到从家庭扬声器到汽车到智能房屋等的其他设备中。

很快，它将发展为智能航天器和太空居住舱。2018年，一个人工智能助手被发射到国际空间站。这款名为机组人员互动移动伴侣（CIMON）的球由空客公司研发，是一个带有屏幕的自由飞行球。它的设计目的是帮助宇航员进行实验、维护、拍照和视频，甚至是简单的聊天。它是在地球上3D打印出来的，通过将宇航员的语音转换成文本进行交流，然后向下链接到地球上的IBM沃森自然语言计算机，该计算机解析响应，然后发回空间站，并将其转换成语音。虽然CIMON还处于实验阶段，但它指出了人工智能助手在太空应用的未来（图5-14）。

还有许多复杂的伦理和监管问题，确定可接受的风险和伦理决策。它们会对工作、就业、培训和世界经济产生什么影响？我们将在下一章讨论。

特征识别和变化检测

许多创新型遥感初创企业正在利用人工智能、机器学习以及深度学习等相关工具，对数据进行近乎实时的处理。有许多小团队相信，人工智能将为新一波卫星图像的利用提供

图 5 - 14　漂浮在国际空间站上的自由浮动的 CIMON 人工智能助手（照片由 NASA 提供）

基础，既可以提高分析速度，也可以提高质量。

现在我们每天都有数百颗卫星对整个地球进行成像，所以问题不再是缺乏图像，而是我们如何能够足够快地对所有原始数据进行分类，从而产生有用的信息。人工智能将在这方面发挥越来越重要的作用，最近大量拥有风险投资的初创公司表明，他们对这项新技术有浓厚的兴趣。

“奇点”（Singularity）是一个已经被提出的概念，并得到了深切的关注。其理念是，人工智能、更快的计算速度以及相关技术将产生“超级人工智能”（ASI）。这种非生物智能可能会进入一种速度越来越快、能力越来越强的自我改进的失控反应，形成一种远超人类能力的人工智能。这可能会给人类文明和人类的未来带来难以想象的后果。

人工智能、机器学习和相关能力将成为计算和太空快速发展的关键驱动力。人工智能自然语言计算将为人类航天和卫星应用提供广泛的技术服务，推动新的市场和业务，这也将为未来带来许多新的、令人不安的问题。

5.7　小，更小，最小

所谓的“新太空”创业领域中一个最明显、最具体的方面就是众所周知的小卫星或立方星。现在有大量的小型卫星星座已经部署或计划在未来几个月或几年中部署[18]。这些小型卫星星座的设计主要是为了提供遥感或通信服务，但也应用于科学实验、新卫星技术的原型测试和其他创新领域，如参与无线电频率使用的系统调查等。

目前，大约有 3000 颗在轨运行的卫星（译者注：截至 2022 年 6 月，在轨运行的卫星已超过 5000 颗），但还有大约 20000 颗新卫星处于不同的部署阶段，其中，绝大多数是小型卫星，从低端的约 4～5 千克到高端的约 500 千克不等。

与小型卫星有关的创新很多，也很重要。事实上，许多新方法在性能、制造工艺、设计、成本和/或操作能力方面都可以被认为是“颠覆性的”。其中一些变化涉及以下方面：

1）更有效和更高效的设计、制造、质量检查、技术与工序确认。

2）利用传感器和组件的小型化。

3）新地面系统技术的有益利用，包括新电子跟踪技术、超材料和相控阵系统。

4）更迅速地建立原型和改进设计。

5）创新地使用较便宜的现成材料。

6）新的节约和弹性战略。

7）使用新型的和较具成本效益的发射装置，包括使用可重复发射系统，其中一些是专门为这些小型卫星设计的。

上述变化表明，包括设计工程师、创业型商业领袖和监管机构在内的小卫星领域中存在着大量创新思维过程，它们鼓励新近注入活力的商业太空领域快速创新。这反过来又导致了民用航天机构、国防和军事机构以及传统航天工业更深入的思想革命，这些工业领域现在已经接受了小卫星技术和系统，新的运载火箭设计，以及其他颠覆性的太空技术。小卫星是为了经常更新和频繁发射而制造的。卫星的整个概念正在从创建巨大、昂贵、需要数十年时间来开发、建造和发射的卫星，转向快速更新的卫星群。这很像硅谷不断推陈出新的风格。

5.8 可重复使用的太空火箭

太空领域最直接、最具影响力的革命是火箭和航天器的重复使用，以及这一技术在降低将物体发射到轨道或更远的地方的成本方面所带来的巨大潜在节约。正如前面所指出的，第一个到达我们现在所认为的外太空或 100 千米（62 英里）高度的火箭，是沃纳·冯·布劳恩的一枚 A4 火箭，于 1942 年 10 月 3 日从德国佩内明德发射场发射。A4 火箭也被称为 V2 火箭，是世界上第一枚真正的太空火箭，质量超过 2 吨，包含了此后发射的每一枚火箭的所有部件。它有液体燃料、陀螺仪控制的导航系统、方向舵和控制鳍，以及超越外太空边缘的能力。从那个开创性的日子开始，每一枚火箭都像 A4 火箭一样，一次性使用，使用一次就会坠入海洋，这是一种非常昂贵的运行方式。

人们想让进入太空成为一种更加普遍使用的资源，但进入太空的费用成为制约人们实现这个愿望的主要因素。火箭由于其复杂性、所需的高可靠性、异类材料和复杂的工程而变得非常昂贵。使用一次性火箭一直是标准的模式，而这一成本使只有最大和最富有的国家才能获得进入太空的能力。目前，将任何 1 千克物品送入轨道的价格已经在 2 万美元左右了。NASA 表示，他们希望大幅降低这一成本，埃隆·马斯克的目标是在几年内将这一成本降低到每千克 2000 美元左右，最终降到 200 美元左右。这显然会改变游戏规则，让更多的东西和人进入太空。就像亨利·福特的 T 型车或马尔科姆·麦克莱恩的集装箱一样，廉价且便利地进入太空将是一个巨大的变化，会带来许多未知的后果。

当然，所收取的价格并不是发射的实际成本，有很多不同的方法来计算实际成本，如真实成本、所收取的价格、管理费等。但事实是，我们一直谈论将物体发射进入太空的巨大成本，而这项成本将直接导致无法进入太空[19]。

埃隆·马斯克一再表示，使用一次性火箭就像每次飞越大西洋后扔掉一架新的波音747 和它的发动机一样荒谬，他决心通过让火箭可重复使用实现更为廉价的太空旅行。不仅是火箭，他的目标是重复使用火箭级、发动机、有效载荷整流罩、电子设备等（图 5-15）。

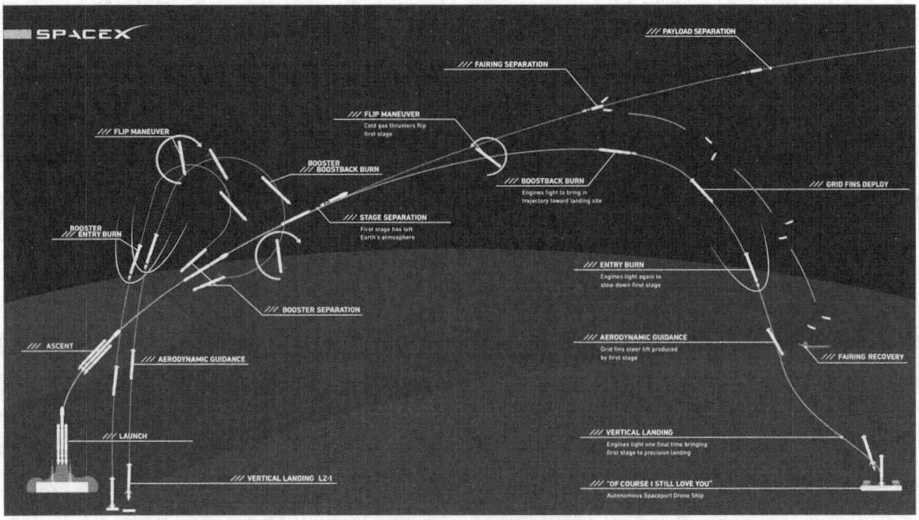

图 5-15　SpaceX 公司猎鹰重型运载火箭的发射剖面图，显示了除末级之外的所有火箭组件的返回再利用（图片由 SpaceX 公司提供）

猎鹰 9 号向 LEO 发射的燃料、液氧和火箭级煤油的实际成本仅为 20 万美元左右，SpaceX 公司的最终目标是在几天内重新组装和发射火箭。这是一个从 A4 火箭到今天所有火箭的模式转变。为了向越来越多的立方星和小卫星提供具有成本效益的发射，人们还采取了使用小型运载火箭的方法。SpaceX 公司、蓝色起源公司、维珍轨道公司和其他公司的创新者试图让进入太空的成本只占太空业务成本的一小部分。降低这一成本将使许多包括太空旅游、创新的科学和商业卫星活动在内的新型太空应用成为可能，它将向世界上许多目前还没有从太空中获益的国家开放太空。

5.9　硅谷模式和“左岸”空间的新愿景

在硅谷工作过或在硅谷待过很长时间的人都知道，硅谷有一些非常特别的地方。确切地说，它为何特别，是一个备受讨论和猜测的问题。有许多解释和想法，每个在那里待过的人都知道，那里有一些非常令人兴奋和充满活力的东西。显然，它是颠覆性IT创新的中心，现在是“新太空”创新中心。这是为什么呢？

硅谷的根基很深，而且，正如通常的情况一样，这一切开始于某种意外。最近，斯坦福大学硅谷档案馆项目历史学家莱斯利·柏林写了一本非常有趣的关于硅谷起源的书[20]，名字叫作《麻烦制造者：硅谷时代的到来》。书里讲述了很多早年的故事，十分有趣。

一切事物都有卑微的开始，硅谷的故事也不例外。位于旧金山南湾地区的帕洛阿尔托是威廉·肖克利体弱多病的母亲的家，他搬到那里照顾母亲，然后在1956年在山景城创建了肖克利半导体实验室。这是世界上最早的半导体公司之一，也是后来硅谷的第一家高科技公司。他以前曾在贝尔实验室工作过，是贝尔实验室第一个晶体管的专利持有人之一。

显然，肖克利在贝尔实验室不是个好相处的人，在帕洛阿尔托也是如此。因此，一年后他的几名员工离开了他，创办了自己的公司——仙童半导体公司（Fairchild Semiconductor），这家公司生产出了世界上第一个用于商业用途的实用硅集成电路。此前半导体是由更昂贵和更难加工的锗制成的，而硅只需用沙子就可以制成。其中两个人，发现摩尔定律的戈登·摩尔和集成电路的发明者罗伯特·诺伊斯，先后离开了仙童半导体公司，于1968年在山景城创办了自己的公司，他们称为英特尔（Intel是集成电子产品的意思）。英特尔以1万美元起家，创始人是一位名叫阿瑟·罗克的风险投资者，他后来成为英特尔董事会主席。英特尔现在的总部设在附近的圣克拉拉，是世界上在规模和估值方面都位列第二的半导体芯片制造商。2018年营收超过707亿美元。

在最初的日子里，幸运的是，创建一个技术中心所需的几个至关重要的组成部分聚集在了一起。位于帕洛阿尔托附近的斯坦福大学很快发现了与这些新企业合作的潜力，并为在这些公司工作的人提供夜间高级课程。斯坦福大学还开始调整计算机科学的课程和研究，以配合他们。斯坦福大学是由前加州州长和铁路百万富翁利兰·斯坦福和他的妻子简于1885年在帕洛阿尔托附近的一个农场里创建的，以纪念他们早逝的独子。

第二次世界大战后的斯坦福大学教务长弗雷德里克·特曼教授认识到了这些新科技公司在该地区的机遇，他开始试图吸引其他高科技公司到帕洛阿尔托，并鼓励教职员工和学生创办新的企业。斯坦福大学会向他们提供斯坦福大学土地的租约，允许他们使用斯坦福大学的教员、研究生和设施。1947年，特曼投资了一些自己的钱，让他以前的两个学生休利特和帕卡德，把他们新的计算机业务从帕洛阿尔托的一个只有一辆车的车库搬到了新成立的斯坦福大学工业园区。一个鲜为人知的事实是，史蒂夫·沃兹尼亚克在惠普工作时设计了苹果1号计算机，他首先向惠普提出了这个方案，但遭到了拒绝，于是他开始与史蒂夫·乔布斯合作。惠普公司后来成为最大的个人计算机制造商，并在2009年成为第11个最有价值的品牌。

斯坦福大学是一所世界一流大学，许多新想法和新公司都直接来自斯坦福大学的学术和孵化器项目。斯坦福大学长期以来一直有着非常浓厚的创业文化，那里的科技初创企业包括惠普（Hewlett - Packard）、思科（Cisco）、硅谷图形（Silicon Graphics）、太阳微系统（Sun Microsystems）、雅虎（Yahoo）和谷歌等。值得注意的是，由斯坦福大学毕业生或教师创建的私人公司，无论是他们在斯坦福大学时创办的还是在他们离开斯坦福大学之后创办的，每年都能创造 2.7 万亿美元的惊人收入。据报道，如果这是一个国家，相当于地球上第 10 大经济体[21]。

此外，联邦政府和军队很快参与其中，这也是一个早期的、重要的（尽管通常很难看到）事件。太空是硅谷早期发展的一部分，尽管相当隐秘。NASA 艾姆斯研究中心早在 1939 年建立于山景城和桑尼维尔的莫菲特海军基地，是国家航空咨询委员会（NACA）的第二个机构设施。后来，它成为 1958 年新成立的 NASA 的一部分。NASA 艾姆斯研究中心拥有世界上最好的大型风洞，因此成为卓越的计算流体动力学、太空信息学和仿真模拟以及其他以技术为重点的太空研究中心。

NASA 在太空和航空领域的先进研究为硅谷的融合提供了自己的资金、研究和资源，而且它与硅谷的学术和商业参与者都有密切的关联。NASA 艾姆斯是 NASA 先进超级计算机分部（NAS）的所在地。NAS 负责 NASA 的高端计算能力项目、高端计算项目和战略能力资产项目等。NASA 艾姆斯是 NASA 的硅谷版，它可能是所有 NASA 中心中最具活力和冒险精神的，主要是因为它的位置以及与山景城地区合作者的关系。

NASA 艾姆斯与该地区的许多 IT 公司和大学建立了强大的联系，提供联合项目、学生实习、研究设施等。谷歌现在在 NASA 艾姆斯有很多业务。2014 年，谷歌的子公司行星视觉有限责任公司（Planetary Visions LLC）与 NASA 艾姆斯研究园（Ames Research Park）签订了一份为期 60 年的长期租约，该研究园曾经是莫菲特海军基地，毗邻 NASA 设施。这项协议使谷歌控制了约 400 公顷的设施，包括机库、两条跑道、飞行操作设施和许多前海军建筑。谷歌将在未来 60 年内向 NASA 支付总计 11.6 亿美元的租金，并将额外投资 2 亿美元用于改善基础设施[22]。谷歌和 NASA 艾姆斯研究中心的关系十分紧密。

军方从一开始就对硅谷用于先进飞机、火箭和航天器的计算和集成电路工作非常感兴趣，并资助了几个早期项目和产品。美国空军太空系统司令部于 1957 年在帕洛阿尔托建立了一个工作站，由福特公司的菲尔科部门运营，但它的发展很快就超过了预期。美国空军于 1960 年在桑尼维尔建立了卫星测试中心（STICK），从洛克希德公司购买了土地，就在 NASA 艾姆斯研究中心的隔壁，后来命名为桑尼维尔空军基地。该基地参与了美国最早的高度机密的"科罗娜"间谍卫星系统的研制，后来成为空军卫星控制网络的一部分，为军事、情报和 NASA 航天器提供全球天线网络。甚至在后来，它成为鬼冢空军基地，以在哥伦比亚号航天飞机失事中遇难的宇航员命名。桑尼维尔市的鬼冢空军基地坐落着著名的 100 号大楼，当地人称其为"蓝立方"，它后来成为美国空军的太空作战设施，负责许多绝密的国家侦查局间谍卫星和其他国防部有效载荷，包括航天飞机。它是该地区最安全的设施之一，于2011年停用，后来被拆除（图5-16）。

图5-16　位于桑尼维尔市的美国空军设施“蓝立方”是硅谷最机密和最安全的太空设施（图片来自维基百科：https：//en. wikipedia. org/ wiki/Onizuka _ Air _ Force _ Station＃/media/File：Lockheed％27s _ ％22Blue _ Cube％22. jpg）

洛克希德航天和导弹系统公司早在1956年就搬到了桑尼维尔，紧邻海军的莫菲特机场，也是NASA埃姆斯研究中心的所在地。那时该地区主要以农业为主，整个地区都有杏树和果园。1960—1972年间，洛克希德公司，在最保密的情况下，在桑尼维尔建造了美国最早的“科罗娜”间谍卫星。他们后来还在那里建造了海军的“北极星”和“三叉戟”潜射弹道导弹，以及哈勃空间望远镜的主要部件和许多其他卫星。

尽管斯坦福大学为硅谷提供了早期的基础研究和开发，但洛克希德公司、空军、NASA和其他军事承包商带来了大量的军事和太空合同，这些合同对硅谷的经济发展及其在信息技术和太空领域的作用发挥了巨大作用。在其鼎盛时期，仅洛克希德公司就在桑尼维尔和南湾地区雇用了超过25000人，为当地的创业企业和各类高科技系统的供应商提供了大量的合同。而且，他们今天仍然在那里建造商业卫星。

还有史蒂夫·乔布斯和史蒂夫·沃兹尼亚克，他们最初在乔布斯父母位于洛斯阿尔托斯的车库里工作，于1976年愚人节在库比蒂诺共同创建了苹果计算机公司。这是一个漫长而有趣的故事，但我们只能说，从在车库里制造一台个人计算机开始到最终创立公司，苹果已经成为美国历史上第一个万亿美元的公司[23]，2018年8月，估值超过1万亿美元。

从最初到现在，硅谷已经成长为世界卓越的高科技和创新中心[24]。技术、人力和财政资源的广度和深度令人惊叹。每4家总部设在加州的公司中，就有超过1家位于硅谷的心脏——圣克拉拉县。而且，用于新企业的资金可以自由流动。2018年，美国仅有不到

1000 亿美元的风险资本投资，而在整个美国所有这些风险资本投资中，有整整 1/3 是在硅谷/旧金山地区进行的。仅此一点就使其成为世界上主要的高科技创业焦点，以及全球科学创新中心。这些庞大的数字是 10 年前风险资本投资总额的 3 倍[25]。

如今，硅谷地区有 25 万多高薪 IT 和计算机工作者，其中，45%拥有学士学位，20%拥有更高水平学历，这是美国平均水平的两倍。它是 40 家财富 500 强公司的总部所在地，包括谷歌、苹果、英特尔、特斯拉、雅虎、思科、Adobe、甲骨文、eBay、Netflix、Facebook、PayPal、Intuit 等，这里还有数以百计的创业公司和希望成为下一代互联网和科技亿万富翁的人。

我们应该确切地考虑这个过程如何适用于那些有下一个大想法的人。一个很简短的说法是，无论是在太空或地面，你都需要钱来启动一个新的科技风险项目，所以你需要找到它。如果你是亿万富翁，那就没问题了，但我们大多数人都需要融资，而这很困难。你可以尝试使用 GoFundMe、indiegogo、kickstarter 等众筹工具，在这之后通常是天使投资者。他们可以是家人、朋友、同事、孵化器，或者现在更常见的是，有现成的天使投资网，那里有许多退休了的成功人士，他们只是喜欢帮助年轻人实现新想法。

天使投资人，顾名思义，对创意和创始人更感兴趣，他们与风险资本来源非常不同。天使投资者通常会提供初始资金，以换取新创业公司的股权，但事实也并非总是如此。现在，在美国有超过 25 万的天使投资人，而且有一个不断增长和活跃的天使投资人网络，将人们与正确的初始资金来源联系起来，往往是高达数百万美元的资金。在美国所有的天使投资中，大约 40%是在硅谷进行的。这些都被认为是种子资金，用于让新企业起步，通常是在公司或创意开始盈利之前提供的。

接下来是风险资本家，他们是非常不同的。他们只有一个兴趣，那就是在他们的投资上获得非常大的回报。风险资本是私人股本，提供的回报是在风险企业中的部分所有权，所有这些都是为了快速地“退出投资策略”，一旦有足够的回报，就通过首次股票发行、合并或收购来退出投资。大多数新企业都会失败，因此投资者会寻求非常高的回报，通常在 5～10 年内就能获得 10～30 倍的投资。创业企业在成长和获得成功的过程中会经历一系列的融资回合，首先是 A 轮融资。这是向投资者、创始人、家人和朋友提供 A 轮优先股，通常在 100 万～1000 万美元之间。随后是 B 轮，一旦公司成立并开始成功，就需要新的员工、设施、资金等。随后的 C 轮可能需要更多的资金，有时用于收购竞争对手或重大资本扩张（图 5-17）。

每个系列的投资规模都会越来越大，往往会吸引不同类型的投资者。随着公司越来越成功，每轮融资的风险水平也会越来越低；因此，后来的投资者通常会得到较少的回报，但风险也较小。最终的目标是通过首次公开发行股票（IPO）上市，从而给予最初的天使和风险资本投资者丰厚的回报。或者创业失败，所有人都失去了他们的投资。

大多数人估计，高达 90%的科技创业公司都将会失败。因此，投资者需要大量的回

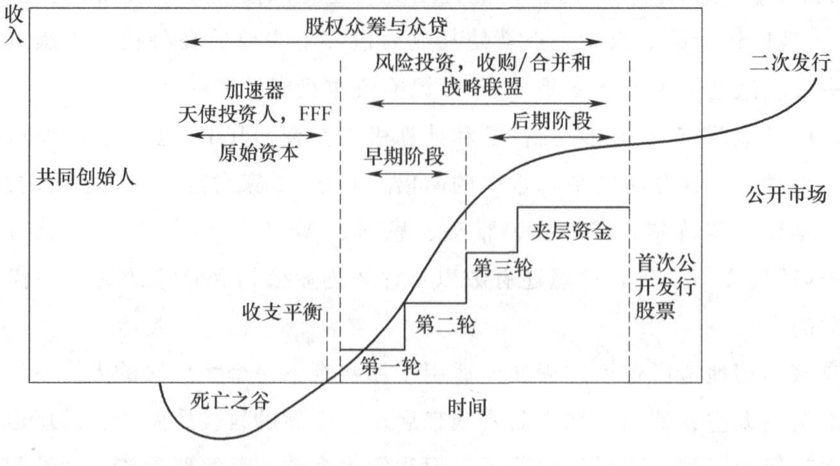

图 5－17　创业公司资金周期。红线追踪项目发展的 S 形曲线（图片来自维基百科：https：//en. wikipedia. org/wiki/Startup _ company＃/media/ File：Startup _ Financing _ Cycle. png）

报，因为他们的投资中只有 1/10 可能成功。股权众筹越来越受欢迎，大量的投资者群体同时分享风险和回报[26]。

如图 5－18 所示，美国风险投资的绝大部分流向了加利福尼亚州，其中，大部分流向硅谷和更大的旧金山湾区[27]。

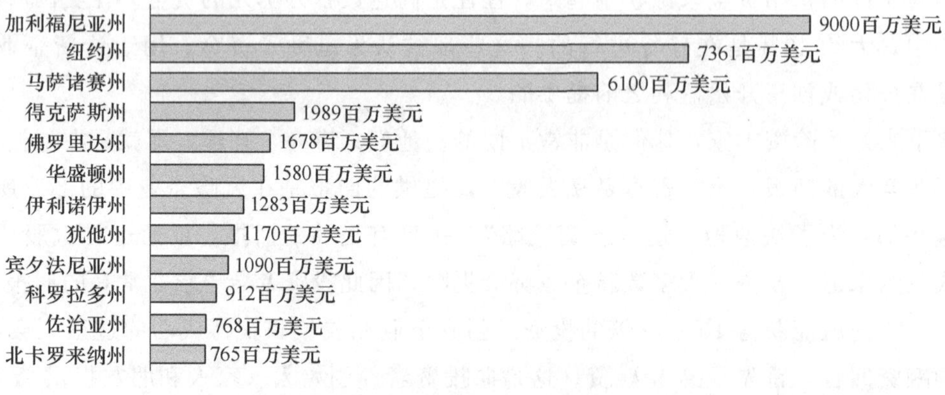

图 5－18　美国风险投资排名前 12 的州（图片来自维基百科：https：//en. wikipedia. org/wiki/Venture _ capital＃/media/File：Venture _ capital _ by _ state. png）

这意味着硅谷很富有，有很多钱可以用来投资，也可以用来生活得更好。圣何塞人口普查统计区的国内生产总值（GDP）在世界任何地方都是第三高的，到目前为止是美国最高的，而且美国第一、第三和第五个最昂贵的居住区都位于这里[28]。除了亿万富翁之外，还有成千上万的所谓的“个位数”百万富翁，但硅谷的生活成本意味着他们最多只能享受中等水平的生活。住房、办公场所和法律咨询（以及其他一切）都非常昂贵，因为供求关系促使成本不断上升，毫不夸张地说，简直突破天际。究竟有多贵？巴黎的住房几乎要比硅谷便宜 50%，而迪拜的住房比硅谷便宜 12.5%。硅谷的住房成本是个天文数字，这是大型科技公司为其员工提供许多基本服务的原因之一，如烹饪和洗衣，因为他们中的许多人必须在两室一厅的汽车旅馆套房里住上几年，才能负担得起该地区小公寓的首付款。但他们还是不断地涌入这里。

这里还有数以千计的律师和许多专门从事知识产权法的律师事务所，大量的雇佣技术专家，大批天使和非天使投资者，优秀的研究型大学，政府合同，军费开支，NASA 研究计划等，人们以高科技、创新和硅谷式的赚钱方式生活。颠覆性创新已经找到了归宿。

试图复制它的结果喜忧参半。波士顿有 128 号公路走廊，北卡罗来纳州有三角研究园，甚至肯尼亚也有“硅谷大草原”。许多人都声称取得了成功，但创业的世界只有一个中心，那就是硅谷。

硅谷的特点是什么？它可以被量化吗？它能被复制吗？任何试图复制硅谷的尝试，如果不将其视为一个充满生机和活力的创业活动“生态系统”，很可能注定要失败。在传统的生态学背景下，一个生态系统是一个开放的系统，其中的能量和组成部分以维持系统的方式相互作用。它是一个环境，在这个环境中，多样化的生物群落通过各种能量流和生物循环联系在一起，这些能量流和生物循环在生态系统的各个部分之间以及在生态系统与其更大的背景和环境之间进行运作。

在这个活跃的创业生态系统中，我们可以看到各种有机体，包括创新者、技术工人、投资者、律师和知识产权专家、银行家、监管者等，都在互动。就能量流动而言，显然我们有金钱和资本、专业知识和经验、新技术和发明、新想法和知识产权，而在能量流动光谱的另一端，你有费用、税收、诉讼、债务和离开系统的能量。

这显然是一个简化的概念，但你可以理解这个想法。在像硅谷这样一个强大的创业生态系统中，所有这些组成部分都已到位，得到了很好的锻炼，并且很强大。有非常丰富的风险资本、技术经验、设施、IT、物理基础设施、法律专业知识等，而且都很充裕。资源进入系统并在系统内流动，人员、资金和想法的流动，都是强大而持续的。新的资金、想法、技术和人员来源不断刷新着这个系统。

在一个更边缘化的系统中，例如试图在美国其他地方或世界任何地方建立一个新版本的硅谷模式，可以看到，缺乏任何或所有这些组件是如何产生限制、抑制系统的创建和运作的，而且有许多困难的问题，有时无法克服。正如在任何复杂而有生命力的系统中，力量孕育力量，而弱点会导致更多相同的东西。硅谷体系的规模和优势，从各个方面来看，都使它变得难以竞争。从零开始创建这样一个生态系统是非常困难的，许多尝试注定要失败或极少成功。

“新太空”的主要区别之一是有如此之多的风险资本和天使投资人，以及可用资金。风险资本、天使投资人和企业家都将太空视为另一个可投资的高科技领域，这完全改变了太空形势。商业航天一直与金融投资和银行界保持着非常密切的关系。过去，太空是政府机构的领域，如美国 NASA 或波音、洛克希德这样的大型航空航天公司，他们对较小的风险投资、新想法和创业公司几乎没有兴趣。太空根本就不是一个商业创业企业所应涉足的领域。20 世纪 90 年代的第一次太空商业化浪潮，与正在规划中的 LEO 通信星座，如 Teledesic、铱星、Orbcom 和全球星等，吸引了华尔街大银行数十亿美元的融资。所有这些企业的破产给传统的华尔街银行界留下了对商业航天非常糟糕的印象，以及数十亿的损失。此后，除了对发射保险部门还有一点兴趣外，华尔街银行界对商业航天几乎没有什么好的评价了。然后，硅谷发现了商业航天的机会，他们从一个完全不同的角度看待它。那里的失败被视为最终成功的一个重要因素。硅谷的思维方式现在以一种全新的方式应用于太空，而风险资本帮助使太空变得“更酷”，成为另一个高科技行业。

另一个关键因素是那里的独特工作文化。首先，在公司内部和公司之间，有一种非常开放的招聘和调动方式。这里面的一个关键原因是没有在波士顿和纽约等其他科技环境中常见的窒息式竞业禁止协议。人员和想法在这个系统中的自由流动只会增强这个系统的动态本质和力量。硅谷的工作者和想法在项目和公司之间更自由地流动，然后再回来。概念、经验、工具包、方法以及最终的结果都在自由流动。人们快速学习，而且他们也会把信息和技术传递下去。硅谷的工作者不只关心他们的工作，而且非常积极地参与外部项目，如开发开源工具或与极客无国界组织等类似项目合作。归根结底，这一切都是为了钱，但也是为了做令人兴奋和具有挑战性的工作。

其中，最重要的一个方面是，加利福尼亚州的“硅谷视角”有着完全不同的“随意”心态和方法，这与纽约的华尔街，或另一个成功的高科技中心波士顿，或印度或卢森堡完全不同。我们正在看到一种转变，它包含了一种几乎与传统航空航天公司世界观截然相反的观点，这些公司是在军工联合体中发展起来的。

这种“随意”和非正式的工作文化实际上掩盖了一种强烈的干劲和职业道德[29]。产品的最后期限是以周而不是月来衡量的，而且强调的是现在就把事情做完，而不是担心它是否完美。公司的文化是尽早、经常推出产品，并不断更新和改进。边走边学、完美绝对被看作是“美好”的敌人。实验和创新被高度重视，新的和创造性的“跳出盒子”的方法是常态。那里的人鄙视官僚主义和自上而下的指令，他们希望管理层不要妨碍他们，这样他们就能实现目标。对规则、政策或公司指令的容忍度非常低。要么现在就做，要么就别做。你可以很轻松自在地躺在沙发上玩桌上足球，喝着摩卡、拿铁。这是一个非常真实的矛盾，它使硅谷成为一个独特的工作场所。

当然，这并不适合所有人。华尔街的套利专家根本就不明白这一点，更不用说那些西装革履的欧洲航空航天企业的高管们了。这里的人们与失败的关系也和别的地方的人们截然不同。硅谷的失败被视为一种学习经验，是过程的一部分，而不是彻底结束。有人被解雇，失败了，事情发生了，但这里的精神是要有很强的复原力，然后重新开始，但要为下一次尝试积累重要的经验教训。有一种假设是，你永远不会第一次就做对，风险投资公司往往把过去的失败看成是学习的结果，而不是能力不足的表现。不像某些地方那样，“一次失败就出局”。一个常见的说法是“快速失败，经常失败，更好地失败，继续失败”，这与其他行业和其他技术中心非常不同。

然而，这里还有最重要的一点。实际上，这种独特的硅谷文化与第 1 章中提到的快节奏的颠覆性创新和 S 形曲线冲击高度契合。硅谷完全依靠颠覆性创新的能量、速度和动态性质，以及现在和未来的快速技术变革。这是它的自然要素，硅谷已经完全适应了快进，适应了这周与上周不同。这是我们现在所面临的技术变革不断加速的本质，也是硅谷一直如此成功的主要原因之一。它拥有非常快的时钟速度，这种速度，以及它不断创新并蓬勃发展的过程使其他对手很难与之竞争。NASA 或波音公司可能会在一年内制造出原型机，但硅谷本周内就能完成。因此，承担风险是常态。每一个决定都是在没有充分数据的情况下做出的。向前走，把它弄清楚。风险只是成功过程的一部分。脸书的马克 · 扎克伯格曾经说过：“最大的风险在于不冒险。”在一个瞬息万变的世界里，唯一肯定会失败的策略就是不冒险。大量的金钱、大量的人才、大量的冒险者，以及大量的成功都是简单的叠加。

这才是这个地方之所以成为现在这个样子的关键。整个文化和工作精神都与正在洗礼我们的科技浪潮的快速冲击高度一致。当其他人被淹没时，他们却在冲浪，并且玩得很开心。

那里也是一个非常适合生活和工作的好地方。天气很好，大海、山脉和旧金山都在附近，“温和加州式”的生活方式、户外用餐、音乐、文化和一种无形但可感知的能量，使它成为一个真正的好地方。

然而，硅谷也并不是完美无缺的。有一些实际的问题和难题已经显现出来了，每周工作 70 个小时，住在汽车旅馆里，吃外卖，让你的雇主给你洗衣服，这很难构成一种平衡的生活方式或可持续的生活。这也是那里有这样一种以年轻人为导向的文化的原因之一。

一个有趣的问题是：女人都到哪里去了？这仅仅是对年轻男性自我意识、强势好斗和睾丸激素过剩的一种锻炼吗？为什么在硅谷和“新太空”领域，能够推动这类企业和重大变革的女性如此之少，至少目前如此？SpaceX 公司的总裁兼首席执行官格温 · 肖特维尔是一个令人愉快的例外，她是 SpaceX 公司聘用的第 11 位员工，但很少有人能担任她这样的领导职务。少数族裔的人数也好不到哪里去。这是一个男性化、白人化、年轻化的地方。同时，所有这些歧视都是真实的问题，至少对于那些白发苍苍的人来说是这样。那些年长的、也许是更聪明的长着花白胡子的人呢？当这些神童到了 50 岁，需要戴眼镜看书时，他们会怎么样呢？你能优雅地老去吗？如果你赚了 10 亿美元，也许你可以，但当其他人的竞争结束时，他们会怎么样呢？

据我个人观察，这个“温和”的地方也有相当粗鲁和好斗的一面。史蒂夫 · 乔布斯和很多成功的创新者都不是可以真正值得为之工作的好人，他们对员工往往非常残忍和严厉。这促成了一种文化，如果你想让人们认为你很聪明，认为你是下一个超级英雄，你就得表现得像个十足的混蛋。许多人认为自己是呆伯特（Dilbert），每个老板都是白痴，可以对你大喊大叫，因为他或她是天才。

最后，我们需要更多的社会意识来关注工具和技术的影响。最近，Facebook 等公司的数据丑闻，以及外国在近期选举中将社交媒体武器化的明确证据，都向我们表明，这些不是中立的技术。我们需要更多地考虑科技的负面影响。因此，硅谷还需要进一步探索女性、少数族裔和老年人是如何做出重要贡献的，以及他们所研制出的产品有多危险。但即便如此，它仍是颠覆性创新的所在之处，而且这种情况短期内不会改变。

对于太空来说，有一些有趣的问题，这一切是如何发挥作用或毫无作用的。行星公司至少在一定程度上通过这些方法取得了成功。它经常发射，如果有什么东西失败了，没关系，因为它已经有了下一代。但是早期和经常失败在载人航天中是行不通的，所以，至少在某些方面，太空和硅谷还是有一定区别的，但人们会解决这个问题。

5.10 “新太空”2.0 的市场和应用

这一切的最终结果将比我们大多数人想象的要快得多，一个全新的世界，即太空将成为我们生活的一个基本方面，这将包括我们定期进入太空。就像亨利·福特、马尔科姆·麦克莱恩、史蒂夫·乔布斯创建的新技术一样，我们现在无法想象没有它们我们怎么生活。这些技术是全球经济的主要驱动力，而现在，太空也处在这样一个位置上，所有这些新技术和颠覆性创新者将创造一个世界，在这个世界中，太空只是我们是谁和我们做什么的一部分。

今天，无论你住在哪里，开车都是我们生活的一部分。在你的智能手机上查看电子邮件或导航是毋庸置疑的事情，当它们无法使用时我们会感到不安。但这些，以及许多其他颠覆性创新所创造出的新的现实，在几十年前是无法想象的。我们不再穿着最好的衣服乘坐商务航班探亲或出差。低成本的商业飞行已经成为我们生活的一部分，就像隔夜快递帮你送来你需要的任何东西一样。很快，也许很快，太空就会成为我们生活的一部分，我们甚至不会想到它，或者至少不认为它是什么特别或令人兴奋的东西。

请记住，就在 100 多年前的 1903 年，莱特兄弟在北卡罗来纳州的基蒂霍克进行了第一次历史性的、受控的、重于空气的飞行。他们只飞行了 59 秒，飞行距离接近 260 米，比波音 747 的翼展还短（译者注：原文如此）。仅仅 20 年后的 1927 年，查尔斯·林德伯格完成了一件在当时被认为是不可能的事情，他用 33 个小时不间断地从纽约飞到巴黎，飞行近 6000 千米，赢得了 2.5 万美元（约合现在 35 万美元）的奥泰格奖（Orteig Prize）。仅仅 10 年之后，DC－3 和其他飞机就开始在世界各地提供常规的商业航空服务。到了 20 世纪 60 年代，波音飞机只需 8 小时就能飞越大西洋，迅速取代了需要一周时间才能穿越浩瀚海洋的蒸汽船。

今天，全球商用航空已经成为我们世界的一部分。它也是一个巨大的经济引擎，拥有机场、商务旅行、全球旅游、联邦快递和亚马逊的隔夜快递以及数十亿美元的波音公司和空客飞机销售额。更不用说全球通用航空了，成千上万的小型机场和飞机被用于数百个商业目的，或者只是为了满足享受在空中飞行、俯瞰美丽世界的乐趣。想想这个问题，并把它应用到太空中，我们似乎站在一个巨大模式转变的边缘，由“新太空”的颠覆性创新者推动。

在 10 年内，太空旅游将会和今天的邮轮旅行一样寻常，这可能确实会成为一个现实。让我们以邮轮行业为例来说明我们的观点。如今，邮轮已成为一项规模庞大的全球产业，而在几十年前，这一产业几乎不存在。如今，邮轮上有超过 50 万张床位，2017 年邮轮行业的客运量超过 2600 万人次。这个行业雇用了 100 多万人，其中很多人来自发展中国家，每年对全球产生 1260 亿美元的经济影响，其中大部分还是对发展中国家。该行业每年支付超过 400 亿美元的薪水，并在全球范围内购买类似数量的物资。现在有超过 300 艘更大的邮轮仍在服役，还有 50 艘新的大型邮轮正在建造中，总成本估计超过 510 亿美元。

一艘巨大的新型邮轮造价高达 14 亿美元，重超 23 万吨，长超 360 米，可搭载超过 6600 名乘客和大批船员。邮轮市场持续增长（数据由 CLIA 2019 年预测提供）[30]。

想想看，一艘邮轮要花费 15 亿美元，加上船员、燃料、食品、营销等所有成本，它每年仍然会盈利，这都是因为人们愿意花大价钱来享受它提供的体验。太空旅游的潜在市场可能是什么？我们要过多久才能有一个大型的太空旅游栖息舱，在豪华的客房里住上一周，吃世界上最好的食物，住一间视野独一无二的房间？或者，去月球、小行星，甚至火星进行极限运动度假旅行怎么样？哪些新的奥林匹克运动项目可以在太空中进行？

今天，许多人无法想象每年不坐船旅行。几年后，我们也会这样谈论太空旅行吗？没有它我们怎么活下去？如果没有看到地球那迷人的景色，我们是如何生活的呢？这样的现实或许离现在不远了。

更有可能很快实现的是，我们可以使用点对点、完全可以重复使用的火箭，比如 SpaceX 公司的星舰，在 30～40 分钟内，从地球上的任何一个大城市飞到其他任何一个城市。这可能是下一波国际旅行浪潮中的 DC－3 或波音 707 吗？如此激进和颠覆性的技术会对经济产生怎样的影响？多久之后，地球上任何主要城市之间旅行都会缩短在一小时之内会成为现实吗？没有它我们怎么活下去？你能相信人们曾经花一整天时间从纽约飞到澳大利亚吗？整整一天啊！用联邦快递把包裹从东京寄出，然后在寄出前包裹就已经到达纽约，怎么样，这将会很酷吧？而且将价值不菲。

“新太空”和我们颠覆性的太空创新者所带来的真正结果可能是全新的太空市场和应用，虽然目前还不能清楚预见。未来我们仍将依赖电信、导航、授时和遥感卫星。在轨卫星服务、3D打印和回收卫星、在轨道上建造和重建卫星、商业太空栖息舱、太空旅游，以及最终人们在太空、月球和火星上生活和工作的新现实，可能很快就会成真，而不仅存在于科幻小说中。

不仅如此，太阳能卫星有可能向地球提供无限的电力，而且没有任何有毒排放或浪费。拥有一个可靠和清洁的电力来源，没有排放或污染，想想这对发达国家和苦苦挣扎的国家来说意味着什么。中国在2019年年初宣布，他们将在2025年前在轨道上放置一个太阳能发电示范系统，并在2030年前在轨道上放置一个兆瓦级的发电系统[31]。

颠覆性的、赋予力量的，也许比我们想象中来得更快。

开采地外资源是另一个具有巨大潜力的改变游戏规则的概念。数十亿吨的稀有金属和矿物，还有水，就在我们还无法掌控的地方，但可以肯定，它们就在那里，在未来的某个时候，会被收集和利用。还有一些复杂的监管、政治和经济问题需要解决，一旦这在经济上可行了，这些问题就会得到解决，你的新型自动飞行汽车可能会由从小行星上开采的镍和铁制成。这听起来是不是很荒谬？但如果你告诉莱特兄弟一架波音787从伦敦直飞开普敦只需要12个小时，并且可载330人，他们会怎么想？达·芬奇会怎么看待阿波罗登月计划？只有我们大胆地思考，才能看到即将展开的未来。

5.11　太空是人类命运的基本组成部分

更不寻常的是，所有这些都有可能形成一种新的观点，即太空是人类经验的基础转折点，是人类未来的一个重要组成部分。早年间，美国和苏联之间太空竞赛的最早、最意想不到的副产品之一是“发现”地球而不是太空。这体现在阿波罗宇航员比尔·安德斯的一项声明中，他是在1968年12月第一个离开地球重力、执行飞向月球的阿波罗8号任务的三个人中的一个。他说：“我们一路走来探索月球，最重要的成就却是发现了地球（图5-19）。”

我们最初试探性地将手伸向浩瀚的太空，对地球的脆弱和孤独产生了新的理解和欣赏，它悬挂在黑色广袤的太空中，孤独、脆弱、珍贵。新一批太空企业家，如埃隆·马斯克、杰夫·贝索斯等人，对太空和太空探索作为人类命运的一个基本方面有着非常直观的情感联系。他们想创造新的业务和服务，这是肯定的，他们想赚钱，但他们也深深地致力于将人类活动范围扩大到太空，使人类成为航天物种，并使人类成为多行星物种。他们也有一个共同的愿望，那就是将在太空中的体验——看到我们美丽的蓝色星球，在太空中失重漂浮——传播给广大的人类，同时，也希望自己成为第一批进入太空的人类时候到了。

让世界各国的领导人在轨道上召开联合国大会，通过巨大的画窗看到美丽的地球在他们脚下缓缓转动，视野无边无际，这将是一件非常美好的事情。也许到那时，我们的领导

图 5 - 19　阿波罗 8 号任务中月球上的地球“日出”（图片由 NASA 提供）

人就会认识到他们对这一代和后代都负有责任，并看到战争的徒劳和环境破坏的愚蠢。谁能说这不会成为现实呢？一个世纪前，人们无法想象世界各国领导人可以在一天内全部飞到纽约参加联合国会议，然后在第二天飞回国内，但今天，这甚至都不会成为新闻。

“新太空”2.0 是从政府航天机构及其承包商的“太空 1.0”观点，以及航天公司认为太空只有极少数专业宇航员的缝隙市场业务或市场领域的观点中转变而来的。我们现在处于将太空视为人类经验和人类未来的基本组成部分的边缘。太空应该由所有人，包括年轻人和老年人共同体验和分享，而不仅只有少数训练有素的专业宇航员才能接触得到，同时，应该从新的、大胆的、创业的商业角度追求太空领域。如果截瘫患者能够在轨道的失重状态下度过一生，用指尖轻轻一推就能毫不费力地在他们的居住舱移动，永远摆脱轮椅的束缚该有多好？为什么不呢？

自 1961 年尤里·加加林首次太空飞行以来，只有 500 多名人类（目前有 75.3 亿人生活在地球上）被送入地球轨道，只有 24 人离开地球近地轨道并冒险登上月球。有史以来进入太空人数最多的一次航行是在 20 多年前的 1995 年，当时共有 13 人在轨道上，“奋进号”航天飞机上有 7 人，俄罗斯“和平号”空间站上有 6 人。这两个太空系统目前都已退役。我们将看到，我们研究太空和思考太空的方式在发生根本性的变化，而这将以我们无法理解的方式产生影响。但现在是时候开始尝试看看可能很快就要展开的未来了。

在这一章中，我们已经看到了 12 个主要的颠覆性技术与创新，这些技术和创新正在震撼着当今的太空世界。但问题不仅仅是这些新技术将带来怎样的影响，而是所有这些因素的积累和融合，才会最终推动爆炸性的创新、市场和现实。

有一类火箭燃料被称为自燃火箭燃料（hypergolic），它指的是简单地将两种适当的化学品相互接触后产生爆炸反应。一边是燃料，另一边是氧化剂，然后“砰”的一声！高能反应不需要点火源，但一旦被点燃，就无法控制，除非将两者分开。这是最简单的火箭发动机类型，不需要阀门或泵，但也可能是最危险的类型之一。把这些新的、颠覆性的太空技术的协同作用及其爆炸性的相互作用称为“自燃”并不夸张。真正改变我们世界的是它们之间爆炸性的互动，这将创造出新的令人惊叹的商业、工具、服务和市场。但更重要的是，它将创造一个新的现实，太空只是人类日常体验的一部分。在过去，大多数颠覆性创新都是孤立发生的，一次一个。但在这里，我们看到了一个激进的、前所未有的技术漩涡，所有这些技术相互作用，推动着我们几乎无法理解的新能力向前发展。所以，系好安全带，这将是一次有趣的旅行！

在下一章中，我们将研究“新太空”和所有这些非凡的新技术如何潜在地对地球上数十亿人的生活产生真正的影响，这些人拥有的东西太少了，对他们来说，太空是一个抽象和与他们无关的概念。但“新太空”可以比亿万富翁玩大火箭更有意义，它可以改变全世界数十亿贫民的生活。

参考文献

[1] MADRY，S. Global Navigation Satellite Systems and Their Applications.（2015）Springer Press，New York.

[2] https：//www. washingtonpost. com/news/the - switch/wp/2018/03/22/amazon - issued - patent - for - delivery - drones - that - can - react - to - screaming - flailing - arms/? utm _ term=. 55d9c7d2bc54

[3] http：//www. govtech. com/fs/automation/Autonomous - Vehicles - to - Have - Huge - Impact - onEconomy - Tech - Sector. html

[4] PELTON. Joseph Preparing for the Next Cyber Revolution（2019）Springer Press，Switzerland.

[5] https：//www. olcf. ornl. gov/summit/

[6] IEC 80000 - 13，IEEE 1541

[7] https：//martech. zone/ibm - big - data - marketing/

[8] https：//nsa. gov1. info/utah - data - center/

[9] http：//www. appliedmaterials. com/nanochip/nanochip - fab - solutions/april - 2015/ managing - sensor - data - deluge

[10] SAUERMANN，HENRY，CHIARA FRANZONI. “Crowd Science User Contribution Patterns and Their Implications”，Proceedings of the National Academy of Sciences of the United States of America，2015.

[11] GORELICK N，HANCHER，M，DIXON M，et al. Google Earth Engine：Planetary - scale geospatial analysis for everyone，Remote Sens. Environ.，202，18 - 27，2017.

[12] https：//earthengine. google. com

[13] https：//earthengine. google. com/faq/

[14] http：//qgis. org

[15] https：//www. relativityspace. com

[16] NILSSON, NILS. The Quest for Artificial Intelligence: A History of Ideas and Achievements. New York: Cambridge University Press, 2009.

[17] PERSONS T M. ARTIFICIAL INTELLIGENCE Emerging Opportunities, Challenges, and Implications for Policy and Research; Testimony Before the Subcommittees on Research and Technology and Energy, Committee on Science, Space, and Technology, House of Representatives. June 26, 2018.

[18] MADRY, SCOTT, PETER MARTINEZ, et al. Innovative Design, Manufacturing and Testing of Small Satellites. Springer International Press, Geneva, Switzerland.

[19] https://www.faa.gov/about/office_org/headquarters_offices/ast/media/2016_Compendium.pdf

[20] BERLIN, LESLIE. Troublemakers: Silicon Valley's Coming of Age Simon & Schuster, New York, 2017.

[21] BECKETT, JAMIE. "Study shows Stanford alumni create nearly $3 trillion in economic impact each year". Stanford Report, 2012.

[22] https://spacenews.com/42576nasa-signs-lease-with-google-subsidiary-for-moffett-field/

[23] http://fortune.com/2018/08/02/apple-trillion-dollar-stock-price/

[24] STURGEON, TIMOTHY J. "How Silicon Valley Came to Be". In Kenney, Martin. Understanding Silicon Valley: The Anatomy of an Entrepreneurial Region. Stanford University. ISBN 978-0-8047-3734-0.

[25] https://www.statista.com/statistics/277501/venture-capital-amount-invested-in-the-unitedstates-since-1995/

[26] https://www.investopedia.com/articles/personal-finance/102015/series-b-c-funding-what-itall-means-and-how-it-works.asp

[27] https://upload.wikimedia.org/wikipedia/commons/e/ee/Venture_capital_by_state.png

[28] Silicon Valley Business Journal - San Jose Area has World's Third-Highest GDP Per Capita, Brookings Says.

[29] https://www.accenture.com/us-en/insight-outlook-california-dreaming-corporate-culture-silicon-valley

第6章 颠覆性太空技术如何影响发展中国家

我不会假装我们知道所有的答案。但这些问题确实值得思考。

——阿瑟·克拉克

本章将分析这些颠覆性创新将如何影响发展中国家“另外30亿”人类的未来，他们目前正面临巨大的需求，但他们还没有从太空活动中获益。我们还将考虑这些颠覆性太空技术将如何帮助实现联合国的17个可持续发展目标（SDGs）。这些讨论将说明，颠覆性太空技术将如何为发达国家发展更多的创新业务，或为亿万富翁变得更加富有奠定基础。本章将探讨此类创新如何能够从根本上使太空对发展中国家产生影响。

6.1 联合国17个可持续发展目标

一个可悲的事实是，我们的现代世界被划分为富人和穷人。国际乐施会组织在2019年报告说，世界上最富有的26人（本书讨论了其中的几个人）拥有相当于超过1.4万亿美元的财富，比地球上77亿人口中1/2人口完全拥有的财富还要多[1]。我们星球上的人口急剧增加，大约在1825年，地球上的人口才超过10亿；在1900年，只有大约18亿。基督时代和罗马帝国早期，我们的祖先只有1.5亿人。再往前追溯，远在大约4000年前的古埃及和苏美尔帝国时期，地球上可能只有大约700万人类。如图6-1所示，在很短的时间内，这是一个惊人的人口增长，从长远来看，无论计算机的计算速度有多快，无论我们在轨道上有多少颗卫星，这都是不可持续的[2]。

事实上，我们只是不知道如何管理人类的人口增长，而贫困是全球人口压力的一个关键组成部分。今天有30多亿人，即所有人的近一半，每天的生活费不到2.5美元，这是一个惊人的统计数字。根据联合国儿童基金会的统计，目前有10亿儿童生活在贫困之中，而现在有整整80%的人口每天的生活费不足10美元[4]。

世界上的大多数穷人无法获得清洁的水和卫生设施，也没有基本的医疗服务，他们的孩子也无法上学。尽管如此，生活在发达国家的1/5最富有的人却控制着世界上3/4的财富资源。

公平地说，在人类历史的大部分时间里，至少在人们随着农业的发展定居城镇时，从

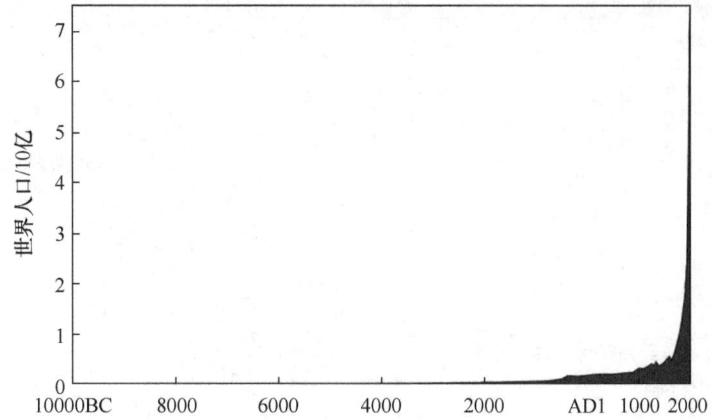

图 6-1　人类人口预计（图片来自维基共享资源[3]：
https：//commons. wikimedia. org/wiki/File：Population _ curve. svg）

某种程度上说，大多数人的生活水平可能都处在今天所说的贫穷阶段，只有极少数的精英享受着过剩的物质财富。如图 6-2 所示，即使世界人口急剧增长，过去几百年的工业革命也广泛改善了世界各地的贫困。但是，虽然贫困人口的比例有所下降，但在全球人口激增的推动下，生活在贫困中的总人数却急剧上升。世界上大多数的穷人生活在撒哈拉以南的非洲和亚洲，但每个国家和地区都存在贫穷。

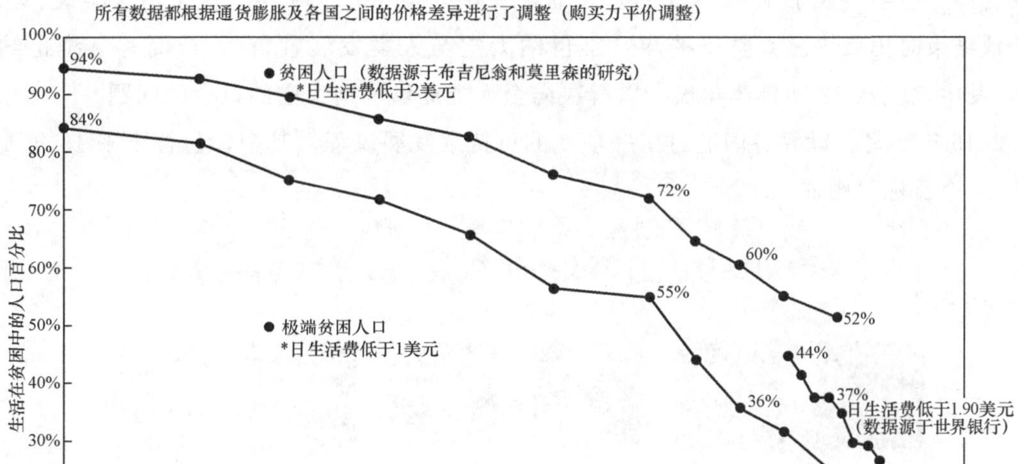

(a)1820 —2015年生活在贫困中的人口百分比

图 6-2　1820—2015 年生活在贫困中的人口百分比和生活在极端贫困中的总人数

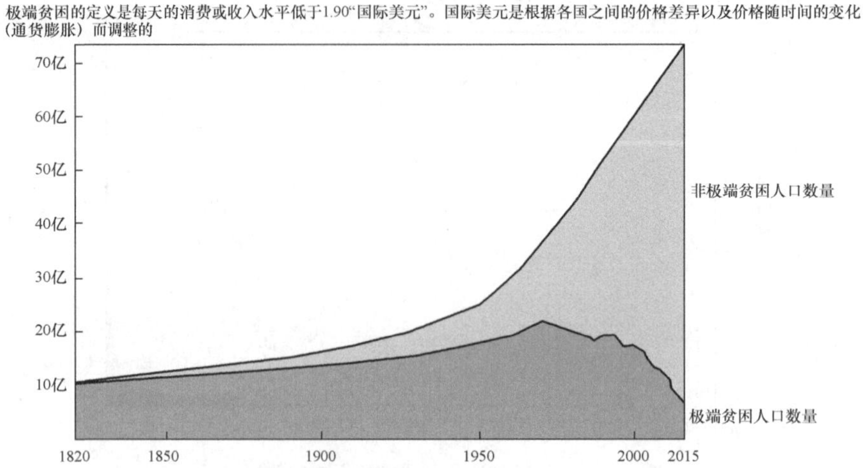

(b)生活在极端贫困中的总人数

图 6-2　1820—2015 年生活在贫困中的人口百分比和生活在极端贫困中的总人数（续）
（图片由 Max Roser 提供。更多的图表和数据可以在以下网站获取：
https：//ourworldindata.org/extreme-poverty）

2018 年 6 月，实际上规模很小的国际空间组织聚集在奥地利维也纳，庆祝联合国探索与和平利用外层空间会议（即联合国外层空间委员会，简称外空委）首次会议召开 50 周年。这次庆祝活动包括 UNISPACE+50 专题研讨会和联合国外空委第 61 次例会。首次联合国外空委会议于 1968 年举行，之后又在 1982 年和 1999 年举行了两次会议。第三次会议结束时出版了《太空千禧年：维也纳太空与人类发展宣言》，或简称《维也纳宣言》，其中，包括 32 项具体建议，以解决向全人类提供利用太空的机会的问题。

2015 年 9 月，世界各国通过了一项新的可持续发展议程，其中，包含未来 15 年要实现的 17 个目标（图 6-3）。

图 6-3　联合国的 17 个可持续发展目标（图片由联合国和平利用外层空间委员会提供[5]，见彩插）

17 个可持续发展目标寻求解决我们这个星球面临的主要问题，包括贫困、清洁用水、教育等。确定这些普遍需求相对简单，但难的是要找到切实可行的方法来解决这些问题。这并不简单，这些问题也不是第一次需要解决。这些目标遵循了联合国的八个千年发展目标（MDGs）[6]，这些目标原定于 2015 年实现，但在消除贫困和普及初等教育方面基本上没有取得任何可衡量的进展。这些都不是容易解决的问题。

6.2　太空技术如何帮助实现联合国可持续发展目标

太空技术及其给地球人民带来的巨大利益，在帮助我们切实解决所面临的全球人口、环境和经济挑战方面发挥着重要作用。这就是联合国 2030 年可持续发展议程的目标。2018 年 10 月，联合国大会通过了一项决议，承认合作努力履行《太空 2030 年议程》的重要性，以及其实施计划。该计划正在由和平利用外层空间委员会制定，供大会在 2020 年审议，它提供了一个切实可行的路线图和对太空的最主要愿景，以及我们进入太空的机会，作为协助减少全球贫困和世界贫富差距的潜在关键驱动因素之一。《太空 2030 议程》呼吁五个广泛的领域和目标，包括：

1）空间治理（联合国外层空间条约和原则、和平利用外层空间委员会准则、大会关于外层空间的决议）。

2）能力建设（利用空间科学和技术及其应用，造福所有国家）。

3）抗灾能力（减少灾害风险、近地物体、空间天气）。

4）互操作性（包括 GNSS 国际委员会（ICG）以及其他现有和新的协调机制所做的工作，如国际小行星预警网（IAWN）和空间任务规划咨询小组（SMPAG）等）。

5）太空可持续发展（委员会及其成员国以及联合国外层空间事务办公室为实现 2030 年可持续发展议程所做的努力）。

太空，以及我们只能从太空获得的关于我们星球的数据，可以成为推动保护我们星球和实现可持续发展目标的关键数据来源。如果我们能够考虑到这些需求，以及我们对创新、盈利和探索的渴望，作为“新太空”一部分的非凡发展将对这些目标以及数十亿人的生活产生巨大的影响。创建与世界其他地区相关并适合的新的太空商业生态系统，应该成为“新太空”领域的一部分。现在世界各地有各种倡议，如“极客无疆界”，致力于利用新的太空技术来解决诸如全球教育、全球医疗保健和联合国可持续发展目标等其他方面的问题[7]。我们需要更多这样的倡议。

为筹备 2018 年在维也纳举行的联合国和平利用外层空间委员会 UNISPACE＋50 庆祝活动，麦吉尔大学航空和空间法研究所举行了曼弗雷德·拉赫斯特别会议，探讨太空技术和应用如何帮助实现联合国的 17 个可持续发展目标，这些目标将在下一章更全面地进行讨论。

这次会议的成果之一是制定了一个利用空间系统，特别是新太空技术的应用和服务帮助实现这些目标的图表。表 6 - 1 对此进行了总结[8]。

表 6 - 1 中提供的可用于实现联合国目标的太空服务的范围显然是非常广泛和全面的。问题是要从可能的机会转向在地面和太空的实际执行。人们常常认为，发展中国家经济体要从太空技术和系统中受益，就必须有能力自己制造和发射卫星，并操作这些类型的空间系统。尽管随着新太空方式的出现，这一点变得越来越可能，但实际上并非如此。几乎世界上所有国家都能够而且确实使用一些应用卫星，如通信、网络、广播、遥感和地球观测、气象卫星、精确导航和授时卫星或 GNSS。随着新太空系统和技术的出现，越来越多的发展中国家现在也能够参与到小型卫星系统的设计、制造和运行中，这些系统实际上满足了他们的需求和具体的经济和文化背景。

表 6 - 1　分析太空系统如何能够帮助实现联合国的 17 个可持续发展目标

（由 Joseph N. Pelton 提供一次性使用许可，保留所有权利）

协助联合国可持续发展目标的基于空间的服务实例

目标	通信和网络卫星和高空平台系统	广播卫星和高空平台系统	遥感卫星	气象卫星	导航和定时卫星	太阳能发电卫星	其他
无贫困（目标 1）	通过远程工作创造新的就业机会，提供远程服务的机会，在偏远村庄进行培训	广泛传播有关节育、营养、疫苗等信息	改进信息，以支持渔业、农业、林业、采矿业等	减少农作物、住房和基础设施的损失	通过精确的地理定位改善农业和渔业	为未来农村和偏远地区提供低成本清洁能源	通过制造简单的小型卫星创造就业的潜力
零饥饿（目标 2）	更有效的农业和渔业过程	广泛传播关于营养和节育的信息	更高产的农业和更低成本的食品	由于不可预测的风暴、洪水、台风和飓风造成的	通过精确的地理定位改善农业和渔业	待定	
良好的健康和福祉（目标 3）	远程保健和远程医疗服务	广泛传播有关节育、营养、疫苗等信息	探测农作物或树木的疾病	探测太阳耀斑和臭氧的危害	精确跟踪疾病和大流行病的传播能力	待定	
优质教育（目标 4）	优质的远程教育项目、远程测试项目	教育广播和电视，获取全球新闻	待定	减少对学校和教育基础设施的破坏	节省学校交通的费用	未来为远程教育的偏远地区提供清洁能源	信息的传播，卫星设计/操作的知识共享等
性别平等（目标 5）	远程教育节目	全球新闻和电视广播	待定	待定	待定	待定	在目前没有现成工业的国家创造非性别化的就业机会

（续）

目标	通信和网络卫星和高空平台系统	广播卫星和高空平台系统	遥感卫星	气象卫星	导航和定时卫星	太阳能发电卫星	其他
清洁水（目标 6）	水净化和卫生设施的远程教育	水净化和卫生设施的广播	检测被污染的水，灾害发生后提供运水车的道路通行信息号	更好地保护水库免受暴风雨的影响	定位被污染的水域，带有酸雨的风暴等	待定	
价格实惠的清洁能源（目标 7）	远程教育，通过互联网建立太阳能、风能、潮汐能、地热能等能源系统	关于节约能源和建立清洁能源系统的广播	协助寻找风电场、地热能和潮汐能的良好位置	协助寻找风电场、地热能和潮汐能的合适位置	协助可再生能源系统的选址	在未来向城市、农村和偏远地区提供成本更低的清洁能源	
体面的工作和经济增长（目标 8）	远程工作、乡村培训、远程银行、远程服务	开放式大学培训	协助提高采矿业、渔业、农业、林业和运输业的生产力	支持与气候变化有关的基础设施的新建和设计	支持运输系统的新建和设计	未来向城市、农村和偏远地区提供成本较低的清洁能源	在无政府或商业太空参与者的国家发展太空产业
工业、创新和基础设施（目标 9）	远程教育、基于互联网的创新、基于互联网的技术孵化器、基础设施的保护性安全	教育性广播和电视，获取全球新闻	协助提高采矿、渔业、农业、林业和运输业的生产力	支持与气候变化有关的基础设施的新建和设计	支持运输系统的新建和设计	未来向城市、农村和偏远地区提供成本较低的清洁能源	在无现有政府或商业太空参与者的国家发展太空产业和相关基础设施
减少不平等现象（目标 10）	远程教育，基于互联网的学习和数据库	教育性广播和电视，获取全球新闻	待定	待定	待定	待定	小型卫星可以催生新的产业，为过去不太成熟的实体提供市场
可持续发展的城市和社区（目标 11）	用远程服务和远程工作取代实际交通	教育性广播和电视，获取全球新闻	用于交通、供水和污水处理规划的关键地形信息	与保护城市基础设施免受暴风雨影响有关的关键信息	改善交通和运输控制	未来向城市、农村和偏远地区提供成本较低的清洁能源	
负责任的消费和生产（目标 12）	可在全球范围内提供远程教育、远程工作的卫星服务	在全球范围内提供远程工作、保护、节约能源和建立清洁能源系统的广播	监测危险废物的位置、大气污染、石油泄漏、开底驳船等	注意工业活动引起的天气和气候的变化	准确定位污染源	未来向城市、农村和偏远地区提供成本较低的清洁能源	

（续）

目标	通信和网络卫星和高空平台系统	广播卫星和高空平台系统	遥感卫星	气象卫星	导航和定时卫星	太阳能发电卫星	其他
气候行动（目标13）	可在全球范围内提供远程教育、远程工作的卫星服务	在全球范围内提供远程工作、保护、节约能源和建立清洁能源系统的广播	追踪冰盖和冰川融化，测量海洋和大气温度	追踪大气温度变化、风暴强度、太阳活动	确定大气和海洋传感器的精确位置	未来向城市、农村和偏远地区提供成本较低的清洁能源	
水下生物（目标14）	远程教育、全球互联网接入，追踪濒危物种的位置	卫星广播电视和广播可以加强教育、公民活动和法律知识	探测水和海洋污染、珊瑚白化、鱼类枯竭等	追踪海洋风暴和飓风	确定传感器和海洋浮标的确切位置	待定	
陆地生物（目标15）	远程教育、全球互联网接入，追踪濒危物种的位置	卫星广播电视和广播可以加强教育、公民活动和环境法的知识	追踪动物和濒危物种	监测猛烈的风暴，提供洪水和大风警报	确定地震、火山的确切位置信息，协调救援行动	待定	
和平、正义和强大的机构（目标16）	低成本的互联网和卫星电信接入可以加强教育、公民活动和法律知识	卫星广播电视和广播可以加强教育、公民活动和法律知识	带有时间戳的遥感数据已被用于起诉反人类罪			待定	各国在空间活动方面的国际合作可以建立强大的机构，监测国家活动的能力可以增进事实和建立信任措施的有效性
目标的伙伴关系（目标17）	卫星制造商和服务提供商可以帮助促进远程工作、远程教育和远程医疗	卫星制造商和服务提供商可以帮助促进远程工作、远程教育和远程医疗				待定	太空方面的国际合作可以促进相互尊重和意识形态的一致，这将促使集体实现其他目标

注：由 Joseph N. Pelton 博士编写，曼弗雷德·拉赫斯会议，加拿大蒙特利尔，2017 年 5 月。

尽管新的太空技术和服务令人印象深刻，而且太空系统可以在农业、渔业、林业、采矿业、经济发展、生态和环境保护、教育和医疗保健等方面发挥广泛的作用，但我们也必须认识到，如果要在联合国可持续发展目标方面取得真正的进展，就必须在宏观层面上解决人类发展的主要驱动因素。未来学家、未来学家协会创始人爱德华·考内诗，定义了人类社会变化的六个主要驱动因素，他称这些为 DEGEST 因素：人口增长、环境、政府监管和经济政策、能源、社会和文化规范和信仰，以及技术创新[9]。表 6－2 列出了这六个因素以及在这六个动态中推动全球变化的因素。

表 6－2　人类社会全球变化的主要力量分析（Joseph Pelton 提供一次性使用许可）

全球变化的驱动因素	趋势增加的原因	反趋势的原因
人口增长	寻求 DNA 传承、继承人、家庭劳动力的增加、缺乏获得生育控制的机会	有限的减税，对大家庭征税，支持和教育大家庭的高成本，广泛和低成本的生育控制
人类和资源消耗增加所导致的环境变化	更多的人，更多的制造业，更多的住房和建筑、更多的交通使用，更多的化学污染排放	污染控制和罚款，可再生能源和资源，电动汽车，绝缘良好的建筑
政府、经济和国际监管政策	新类型的工业增长和企业渎职，国际贸易问题和关税，需要收入来管理政府，国际安全问题，战争和对国家安全的威胁；极端主义或恐怖活动	放松管制的压力，有效和运作良好的经济、贸易或政治联盟，国际紧张局势的缓解，无战争和恐怖主义
增加的能源需求	工业和经济扩张，人口增长，财富增加和生活水平提高	可再生能源系统、燃料效率和电动汽车、改善隔热系统、人口减少
社会和文化的变化及冲突	性权利和同性恋、双性恋及变性者权利，文化解放，妇女权利，宗教极端主义，经济、金融或信息差距，民族和文化狭隘	文化和宗教宽容，民族融合和种族宽容，限制移民或无民族、文化或宗教移民
技术创新	推动生产力的提高，产业利润率，政治、教育、经济、商业或金融方面的激励措施以产生创新	劳动合同，宗教或文化对技术的排斥，拒绝分享、共享或许可技术

6.3　结论

除非这六个因素能够被人类社会以积极和动态的方式理解、控制和调节，否则在全球范围内发生积极变化的机会将是有限的，新的太空服务带来的积极影响将被削弱，甚至可能被否定。

简而言之，只有当全球变化的这六个主要驱动因素得到解决，并朝着积极和可持续的方向调整，新太空服务带来的积极影响才会做出有意义的贡献。人类的人口增长必须得到积极的缓解，否则它将通过自然的，甚至是灾难性的自然过程发生大流行病或全球冲突等，造成灾难性的结果。环境和能源目标必须重新调整，以实现全球能源和环境的可持续性。政府和经济政策也必须从不断扩张的目标转变为可持续经济。社会和文化价值以及技术目标必须被重新定位为可持续性，而不是目前的经济持续增长和利润等目标。

《增长的极限》《人口炸弹》《盖亚》等书中已经指出了对节制和公平的需要。这些书中还明确了世界的环境、能源和生态极限，因为全球人口继续向多达 120 亿人扩张，到 2100 年城市化率达到 80％。

现实情况是，先进的技术和空间系统只能提供整体答案的一部分，以实现我们星球的公平和可持续性目标。事实上，如果不实现这些目标，我们向太空扩张的能力本身可能会受到威胁。

在下一章，我们将考虑太空活动的国际和国家监管、条约和法律背景，以及它们与太空领域的颠覆性创新的关系。

参考文献

[1] https：//www. cnn. com/2019/01/20/business/oxfam - billionaires - davos/index. html.

[2] HAUB，CARL. “How Many People Have Ever Lived on Earth?” . Population Reference Bureau. Retrieved 21 July2013.

[3] https：//commons. wikimedia. org/wiki/File：Population _ curve. svg.

[4] https：//www. unicef. org/sowc05/english/poverty. html.

[5] https：//sustainabledevelopment. un. org/content/documents/970828 _ Lu％20et％20al. _ Five％20priorities％20for％20the％20UN％20Sustainable％20Development％20Goals. pdf.

[6] https：//www. who. int/topics/millennium _ development _ goals/about/en/en.

[7] Geeks Without Frontiers geekswf. org（Last accessed Jan 30，2019.

[8] JOSEPH N. Pelton，“Improved Legal and Regulatory Processes to Protect the Planet” Manfred Lachs Conference，McGill University Institute of Air and Space Law，May 2017.

[9] EDWARD CORNISH，FUTURING. World Future Society，Bethesda，MD.

第7章　颠覆性太空创新的法规和条约框架

旗帜不会在真空中飘扬，这一事实具有希望的象征意义。

——阿瑟·克拉克

本章将探讨太空领域的国际和国家监管与法律框架，以及它们应该如何为商业航天正在经历的革命服务，虽然在许多情况下，它们并没有发挥作用。我们还将探讨如何推进这一重要但往往被忽视的、参与和鼓励创新的太空活动所需的方面。

国际法是在国家之间定义的，建立在各方同意的基础上。这意味着各国可以同意或不同意遵守国际法，除了谈判或作为最后手段的战争外，没有任何追索权。与太空有关的国际法的概念和实施与海洋所有权和国际海事权利等问题类似。联合国海洋法公约（UNCLOS）于1982年签署，1993年生效，是1973—1982年期间举行的第三次联合国海洋法会议的成果。它规定了各国与海洋有关的权利和责任，如航行、职责、海洋资源所有权，以及国家、海岸的界限等[1]。

鉴于空间活动和太空飞行的固有国际性质，在斯普特尼克1号和尤里·加加林太空飞行之后，人们很快就认识到，需要类似于海洋法的新国际规则和协议。传统航空概念不适用于轨道或外层空间，需要重新定义责任和义务问题。自那时起，就已经发展出一套国际太空关系的国际条约、准则、标准和国际行为规范。还设立了一系列联合国框架内的处理太空问题的国际监督和管理机构，如联合国大会、联合国和平利用外层空间委员会、联合国外层空间事务办公室和几个包括国际电信联盟（ITU）、世界气象组织（WMO）和联合国裁军事务厅在内的联合国专门机构。此外，还有各种国际标准组织，它们为各国就太空问题进行交流并协助制定国际标准和管理政策提供了论坛。

当前的全球空间治理结构由五个国际条约和其他国际协定、联合国及其各国际专门机构和委员会、世界空间机构的机构间委员会、习惯国际法准则以及一些非约束性的空间活动原则和指导方针组成。

这些国际条约和国际协定，经一个国家立法机构批准后，才具有法律效力。其中，最重要的是《外层空间条约》，规定了若干自由与义务，如进入太空的自由、向联合国正式登记发射和卫星的义务，以及协助受困航天员的义务等。《外层空间条约》还规定了一系列禁止行为，如禁止侵占太空领土或在外层空间放置核武器或大规模毁灭性武器等。因此，1967 年的《外层空间条约》（全名为《关于各国探索和利用包括月球和其他天体在内的外层空间活动的原则条约》）是国际空间法的基础。全文载于本书的附录 A。它的建立是为了给各国将卫星和人类送入外层空间所引起的各种新的法律问题提供一个初步框架。它主要是由美国和苏联这两个当时的主要航天国家谈判达成的。美国和苏联之间进行了多次谈判，这两个航天大国加上最初的联合国和平利用外层空间委员会（COPUOS）的其他成员，最终在 1967 年就最终的条约文本达成一致[2]。

截至 2018 年，共有 107 个国家签署了该条约，另有 23 个国家已经签署但尚未批准该条约。条约包括下列原则：

1）探索和利用外层空间应造福和符合所有国家的利益，并应属于全人类的事业。

2）外层空间应由所有国家自由探索和利用。

3）各国不得通过主权要求、使用或占领等方法，把外层空间据为己有。

4）各国不得将核武器或其他大规模毁灭性武器置于轨道或天体上，或以任何其他方式将其置于外层空间。

5）月球和其他天体应完全用于和平目的。

6）航天员应被视为人类的使者。

7）各国应对本国的太空活动负责，无论这些活动是由政府还是非政府实体进行的。

8）各国应对其空间物体造成的损害负责。

9）各国应避免对空间和天体的有害污染。

后续又产生了四个空间条约。分别是：

1）1968 年的《营救协定》，其中规定了对航天员的救援。

2）1972 年的《责任公约》，规定了太空活动的责任分配，如卫星坠落或其他原因造成的损害。

3）1976 年的《登记公约》，要求发射国登记并获得发射卫星的许可，包括商业发射。

4）《月球协定》。

1979 年的《月球协定》就是一个没有得到广泛认可的太空协定的例子，它的全称是《关于各国在月球和其他天体上活动的协定》，建议包括月球在内的所有天体及其轨道应被视为国际社会的“共有财产”，类似于南极洲或公海。该条约的部分依据是《海洋法》，其中，规定海底的所有资源是共同财产。它还认为所有天体都是非军事区，根据“人类共同遗产”的概念，不受任何国家的主权主张影响[3]。

由于这些和其他方面的原因，《月球协定》未能得到任何主要航天国家的认可。今天，只有 30 个国家签署了该协定，这些国家基本上都是非航天国家。但《月球协定》却在这些国家的批准下生效。然而，美国、俄罗斯、中国、法国、德国、意大利、英国、西班牙、加拿大、日本和印度都还没有签订，也没有人表示愿意签订。

2014 年 7 月，美国出台了一项名为“美国探索深空资源机会的空间技术”的法案（即《小行星法案》）。这一倡议被纳入了 2015 年的《太空法》（全称是《2015 年促进私营航空航天竞争力和创业法案》）。该法案的第四条向美国私营部门提供了从事天体资源开采的权利[4]。

第 402 款规定如下：“（a）根据（该法）从事小行星资源或太空资源商业回收的美国实体应有权获得任何小行星资源或太空资源，包括根据适用法律（包括美国的国际义务）拥有、运输、使用和出售获得的小行星资源或空间资源”[5]。

这些条约的主要特点是，它们是在国家之间谈判达成的，而且这些国家需要对其境内的私人实体和个人所进行的太空活动负责。事实上，根据目前的国际太空法，还没有正式承认私人太空活动。所有的太空活动在法律上都在各个国家的控制之下，国家对所有的太空活动负有全部责任，包括由政府和私营部门或个人进行的太空活动。国家对不遵守条约负有责任，即使是其境内的私营公司或个人的行为受到质疑。因此，如果一家美国公司声称拥有一部分太空的所有权，这被认为是国家根据条约提出的所有权要求。如果一个人发射了火箭，但没有登记发射，那就是国家的责任，而不是个人。即使一个私人实体拥有的卫星由发射国在联合国登记，然后该卫星被卖给另一个实体，后者又将其卖给完全不同国家的其他人，发射国也要对任何问题承担法律责任。就新太空活动而言，这些规定与今天的现实情况大相径庭，但这仍然是当前法律下的监管环境[6]。

7.1 和平利用外层空间委员会

联合国在国际太空活动中发挥着举足轻重的作用。联合国负责国际太空活动的主要实体是和平利用外层空间委员会（UN COPUOS）及其行政部门，即联合国外层空间事务办公室（UNOOSA）。除其他职能外，该办公室还负责发射到太空物体的官方登记。和平利用外层空间委员会于 1959 年在 1957 年发射斯普特尼克 1 号后作为联合国的一个特设委员会成立，并在同一年被创建为一个常设委员会。和平利用外层空间委员会的官方任务是：

> ……审查和平利用外层空间的国际合作范围，制定在联合国主持下进行的这一领域的方案，鼓励继续研究和传播有关外层空间事务的信息，并研究探索外层空间引起的法律问题。

该委员会在谈判和通过现有的五项太空条约方面发挥了作用。它的任务是代表联合国及其成员国，努力扩大国际太空合作，加强管理国际太空活动的国际法律制度。大部分工作是在其两个主要的常设小组委员会（即法律小组委员会与科学和技术小组委员会）下完成的，这两个小组委员会成立于1962年，每年都会举行会议。

科学和技术小组委员会有几个工作组，包括从事与太空有关的全球健康工作、核动力源使用、太空活动长期可持续性（现已结束工作）工作组等，以及一个由所有独立小组组成的团体。法律小组委员会有处理五个外层空间条约现况的工作组，以及外层空间定义和划界工作组，这是一个非常重要和复杂的主题。

该组织还在努力鼓励和扶持发展中国家的航天能力，以及加强太空对地球上所有人民的经济和社会利益方面发挥了非常关键的作用。和平利用外层空间委员会各委员会和工作组是共同探索进入太空方法的地方，其工作十分艰辛[7]。

这是一项非常困难、经常有争议且缓慢的工作。委员会持续处理新出现的问题，包括成立负责拟定尽量减少空间轨道碎片准则的机构间空间碎片协调委员会和外层空间活动长期可持续性工作组。外层空间委员会负有监督若干空间条约的艰巨任务，它还受委托监督与外层空间有关的各项条约、公约和国际协定。目前约有85个会员国，且正在审议更多的成员资格。

还有一些组织具有永久观察员地位，包括国际电信联盟、大多数主要的太空组织，如国际宇航联合会、国际空间法学会、空间探索者协会（其成员包括世界上所有飞行过的航天员）、安全世界基金会、国际空间安全促进协会、空间新一代咨询委员会以及其他相关的国际太空实体等[8]。

为了支持委员会的工作，UNOOSA成为和平利用外层空间委员会的专业秘书处。其工作人员由从事各种太空领域的专业人员组成，他们在联合国框架内管理与太空有关的活动。UNOOSA位于联合国在奥地利维也纳的办事处。除了作为委员会的秘书处，UNOOSA还负责维护联合国发射到外层空间物体的登记，以及执行联合国秘书长在国际空间法下的责任（图7-1）。

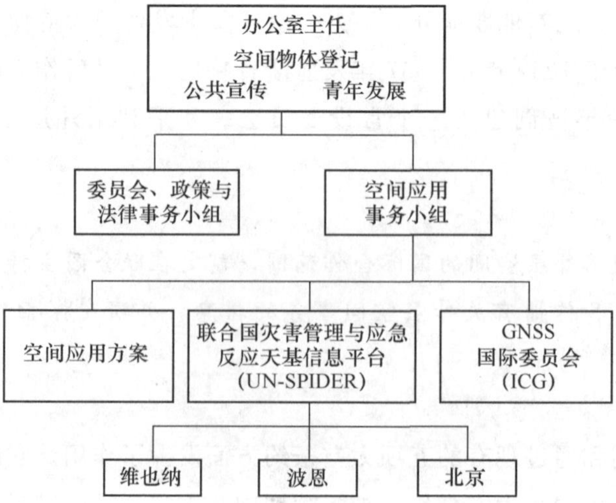

图7-1 UNOOSA的组织结构（图片来自UNOOSA）

现任 UNOOSA 主任是意大利的西蒙内塔·迪皮蓬，她和她的工作人员负责在联合国秘书处内执行空间任务，以促进迅速发展的和平利用外层空间的国际合作。UNOOSA 下辖两个事务小组，一个是委员会、政策和法律事务小组，另一个是空间应用事务小组。委员会、政策和法律事务小组是为外层空间委员会提供秘书处服务和人员配置的小组。空间应用事务小组是 GNSS 国际委员会（UNICG，稍后讨论）的秘书处，通过开展各种各样的活动支持联合国空间应用计划，包括在遥感、卫星导航、气象学、灾害管理、远程教育等空间应用领域组织和开展各种应用研讨会、项目和教育计划。这些计划主要在发展中国家推出，以造福目前没有参与太空活动的国家，计划里通常包括许多来自世界各地的国际太空专家。自 1971 年以来，他们已经在世界各地为 7000 多名学员举办了 150 多个培训项目[9]。

联合国灾害管理与应急反应天基信息平台也隶属于 UNOOSA，该平台在德国波恩和中国北京设有办事处。联合国灾害管理与应急反应天基信息平台监督国际灾害管理章程规定的活动，该平台将遥感数据的提供者与灾害管理者联系起来，并在全球重大灾害中提供近实时数据访问。自 2000 年创建以来，该章程已在 125 个国家启动了约 594 次，仅 2017 年就在 30 个国家启动了 44 次[10]（图 7－2）。

图 7－2　用于灾害管理的遥感图像的一个实例

（插图由联合国灾害管理与应急反应天基信息平台提供）

UNOOSA 的工作人员还为灾害管理人员开通了一条全天候的热线，并且还拥有一个公共灾害门户网站（图 7－3）。

UNOOSA 网站（http：//www. unoosa. org）维护着一个数据库，里面有所有与委员会及其小组委员会工作相关的文件。对于任何对本书主题感兴趣的人来说，这些文件都是非常重要的阅读资料。UNOOSA 的年度报告也是非常有趣的读物，可以通过 UNOOSA 的主要网站查阅。

UNOOSA 主办了 UNISPACE 会议（关于探索与和平利用外层空间）。这些会议的目的就是为空间探索和利用有关问题提供一个全球对话的平台。这些会议是由联合国组织的，以促进各国和国际组织之间在和平利用外层空间方面的合作。目前，已经进行了四次会议，即第一次、第二次和第三次 UNISPACE 会议，以及 2018 年的 UNISPACE+50 会议。这些活动在奥地利维也纳举行，联合国和平利用外空委员会在维也纳举行会议，在维也纳设有办事处。

图 7-3　联合国灾害管理与应急反应天基信息平台知识门户网站（图片由 UNOOSA 提供[11]）

全球导航卫星系统国际委员会（UNICG）是联合国和平利用外层空间委员会的下属机构。该委员会成立于 2005 年，旨在促进使用 GNSS 定位、导航和授时（PNT）卫星系统的国家之间的自愿合作和信息共享。UNOOSA 的工作人员担任该委员会委员的秘书，该委员会设法促进这些系统之间的互操作性和兼容性，并促进这些系统在全球范围内的额外和平用途。

联合国还有许多专门机构对协调全世界的空间应用十分重要，其中，两个最重要的机构是国际电信联盟和世界气象组织。

7.1.1　国际电信联盟

国际电信联盟管理着全球的无线电频谱，它是负责电信的主要国际机构，包括地面和外层空间物体的电信。因此，国际电信联盟是为无线和卫星服务分配无线电频谱、分配 GEO 轨位和卫星星座轨道、进行世界卫星网络的系统间协调、建立有效和不干扰卫星运行的标准以及组织具备许多其他关键职能的论坛。目前，国际电联联盟在卫星服务方面最重要的论坛被称为世界无线电会议，通常每四年举行一次，它同意为全球三个地区分配射频频谱。这些地区包括：第 1 区，欧洲、非洲和中东；第 2 区，北美和南美；第 3 区，亚洲和澳大利亚-亚洲区域。

目前，悬而未决的几个关键问题是：

1）将无线电频谱从卫星服务转移到对宽带手机服务的迫切需求所带来的压力。

2）故意干扰和意外干扰问题。

3）网络安全问题。

4）对地面通信系统之间接口标准的新服务以及与不断扩大的数字通信设备和系统形式的无缝互联的持续需求。这些都是需要不断处理和解决的挑战性问题，一个关键的现实是，国际电信联盟没有执法权，也没有否决其成员国的权力，目前有近 200 个成员国[12]。

7.1.2　世界气象组织

世界气象组织是联合国关于对地观测、气象卫星和空间遥感的专门机构。在发挥这一作用时，气象组织安排了一系列重大创新。这些包括创建世界天气监视（WWW）项目，该项目允许世界各地的气象卫星系统整合从卫星网络产生的数据。WWW 计划由全球观测系统（GOS）运行，从世界气象组织的成员国收集陆地、海洋、大气和太空的观测数据，以进行天气分析、天气预报，以及发布风暴警报和提供环境分析和气候变化的数据[13]（图 7-4）。

在卫星操作方面，这一过程需要通过所谓的气象卫星协调小组（CGMS）进行运作，该小组于 1972 年 9 月首次成立。欧洲航天局（当时称为欧洲空间研究组织）、日本、美国、世界气象组织的观察员以及全球大气研究计划的联合规划人员在华盛顿特区召开会议，讨论如何加强不同卫星系统之间的兼容与合作。目前，CGMS 已发展成为包括中国、法国、韩国、日本、美国、印度、联合国教科文组织、国际海洋委员会、俄罗斯和欧洲空间局等多个国家气象组织和机构在内的国际气象组织。欧洲卫星气象组织（Eumetsat）是 CGMS 的秘书处。

与 CGMS 密切相关的是为帮助发展协调遥感业务各个方面而成立的其他国际机构，包括地球观测卫星委员会（CEOS）和地球观测国际协调工作组（EO-ICWG）、地球观

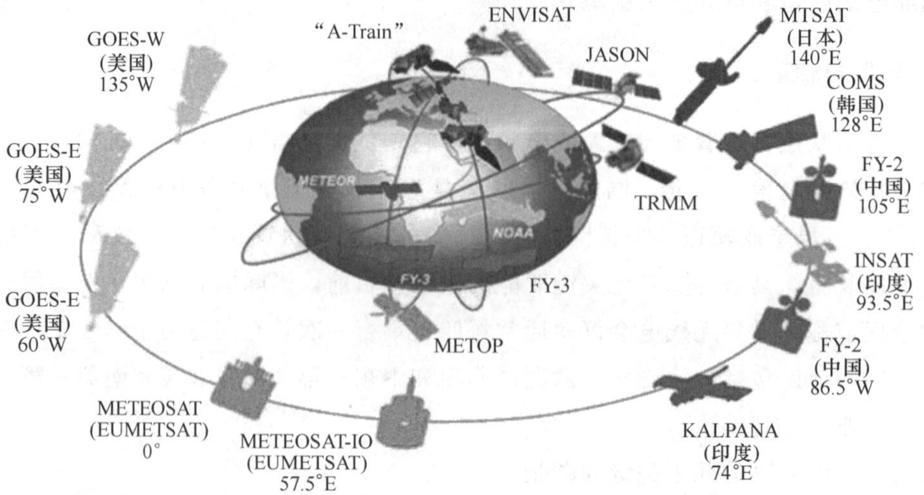

图 7-4　全球观测系统的天基组成部分（图片由全球观测系统提供）

测组织（GEO）和空间频率协调小组（SFCG）。虽然空间应用的许多方面可能是高度竞争的，但世界气象组织的行动已经促使世界各地的许多空间项目聚集在一起，为了人类的共同利益在气象和地球观测领域进行合作[14]。

7.2　商业空间部门面临的监管问题

商业空间部门和“新太空”所面临的最重要的问题之一是，我们所依据的国际条约和管理框架已经过时，迫切需要更新和修订，但这实际上不太可能发生。虽然这一初始框架对主要的航天国家很有帮助，但主要的国际条约和国际协定是在太空时代一开始就制定的，与当前的政治、经济或技术现实几乎没有关系，更不用说未来了。在太空发展的早期，当时只有美国和苏联是主要的参与者，我们现在面对的是一种与以往不同、更为广泛的对太空的利用和兴趣。现在新太空革命来了，有很多非常严重的新的国际问题需要解决。外层空间、国家太空交通管理和国家太空主权的界限现在已经模糊不清了。

新太空旅游企业，如维珍银河公司和杰夫·贝索斯蓝色起源公司的“新谢泼德号”火箭很快就会跨越这一界限，而我们对国家领空和外太空的界限在哪里仍没有达成一致意见。与负责管理我们的国际航空管理制度的国际民航组织不同，在空间方面，我们没有任何类似的国际空间安全标准，也没有太空交通管理系统，我们根本没有任何能力来监测和控制区域边界地带的航天器，同时也没有任何针对这种新一代航天器的国际操作程序。一旦埃隆·马斯克和其他人通过他们的计划，在 30 分钟内使用新的星舰让数百人在全球主要国际城市之间飞行，那我们就将很快需要所有这些，甚至更多的程序标准。国际民航组织现有的法律和监管体系根本不涉及航天器领域，这是一个迫在眉睫的重大问题。太空态势感知，或太空交通管理系统，直到最近还是科幻小说中的东西，但是，它现在正成为一种非常现实和重要的需求，必须通过新的技术系统和新的管理和法律制度加以解决。

这同样适用于多个新出现的问题或即将出现的问题，如果你愿意，也可以这么说，比如轨道碎片的跟踪和管理，主动清除碎片所需的政策和监管，以旅游、工业和科学研究为目的的私人空间站的运作监管，以及新出现的在轨服务、加油、维修，甚至在轨卫星的建造概念。所有这些以及更多的事情都将发生，而且许多将不是由国家空间机构而是新的商业和新太空创业公司进行的。另外，我们还有一个全新的领域，即在太空中开采自然资源。

我们是否正走向太空中一个新的“狂野西部”，在那里私人行为者会参与一场自由混战？空间资源的开采是一个非常热门的话题，已经有几个资金非常充足的新企业开始开采月球、小行星和其他空间物体。许多人说，这直接违反了《外层空间条约》关于禁止侵占外太空物体的规定。你怎么能在没有占用的情况下在一个绕轨道运行的物体中获取和开采金属呢？有可能主张这些东西的所有权吗？

一个更困难的问题是卫星的商业用途和军事用途之间的界限将继续变得模糊，以及私人和商业空间资产的武器化问题也值得关注。

7.2.1　“新太空”规则

2014 年 5 月，在加拿大蒙特利尔举行了第二次曼弗雷德·拉赫斯会议。会议正式通过《蒙特利尔宣言》(见本书附录)，该宣言呼吁对全球太空治理的地位问题进行国际跨学科研究，包括主要问题和对未来的潜在建议。

这样，一个多年的研究进程就此开始。世界上许多重要的太空领域领导人都参与其中，目的是进行一项全面的研究，使国际空间法律框架更能满足当前和未来的现实问题，并对可能的解决办法提出建议。这一研究的成果是《全球空间治理：国际研究》报告，由施普林格公司于 2017 年出版[15]。

第五届曼弗雷德·拉赫斯全球空间治理和联合国 2030 年可持续发展议程国际会议于 2017 年 5 月 5—6 日在加拿大蒙特利尔举行。这次会议以及之前的一系列会议产生了 2017 年的《蒙特利尔宣言》。举行这次会议是为了解决一个重要的问题，即为了实现联合国的可持续发展目标，应该采取哪些与全球外层空间活动有关的治理机制（已在第 6 章讨论)。外层空间的法律制度和全球空间治理的重要问题必须得到更充分的解决，以保护太空环境和确保地球上所有人民对外层空间的可持续利用。

这本著作详细探讨了太空治理的国际、区域和国家问题，并涵盖了与电信、遥感、定位导航授时、太空采矿、空间发射器、太阳能卫星、轨道碎片、太空交通管理，甚至太空移民和其他星球的地球化有关的所有学科和应用问题。其摘要中包含了各种总结性问题，概述如下[16]：

1）我们如何在涉及国家政府和私营商业航天企业的空间活动之间实现公正、公平和符合实际的平衡？而且，如何在一个国际监管机构下通过执行机制实现和管理这种平衡？

2）我们如何理解适用于外层空间的“全球公地”概念？

3）国际法的哪些原则和规则可以在逻辑上和实践上从地球上的活动延伸到外层空间领域？

4）我们是否需要对军事行动、政府民事活动和私营企业商业航天活动采取不同的监管程序、做法和执行程序？

5）如何看待重大的新技术趋势及其在管理外层空间活动方面所引起的法律问题？

6）联合国的国际专门机构以及世界各地的国际政府间组织是否需要加强其权威性，以应对太空商业化及太空工业和商业的扩张。

7）涉及主要空间大国的军事和战略考量是否会成为制定外层空间活动国际管制程序的决定因素？

7.2.2　区域、国家政策和管理问题

商业航天受到国际和国家法律和监管框架的限制。在广泛的国际法律结构中，每个国家都为商业航天活动提供自己的法律和监管框架，包括民法和刑法、政策、知识产权、军事和军民两用管理、国际技术和科学竞争力以及其他方面。

美国显然一直是商业航天的领导者，值得思考的是美国为什么能够做到以及是如何做到这一点的。显然，其自由市场资本主义金融体系有利于这些活动的开展。美国有一个充分发展的创业生态系统，包括个人和公司企业家、大量的风险和天使资本、一流的研究型大学、稳定的金融机构、强大的专利和知识产权法律，以及追求个人成就和个人利润的心态。人们从世界各地来到美国创造他们的新想法，而诸如硅谷、波士顿128号公路走廊、北卡罗来纳州三角研究区和其他地方的存在就是为了支持和孵化这些想法，并从中获益。

另一个很少被讨论的关键问题是太空创业成功或失败中的腐败问题，或者说，缺少腐败案例。尽管美国有许多缺点，但从地方到各州再到联邦，它在法律、银行、税收和知识产权等各个层面都保持着相对廉洁的结构。广义上讲，在美国，为获得办公场所、营业执照或赢得一场法律案件而需要行贿的情况并不像在世界其他地方那样普遍。事实上，如果你从事任何此类活动，都会受到非常严重的惩罚。美国的游戏规则比世界上大多数国家要少得多，这就是为什么资金和点子从世界各地流向美国进而最终实现目标的原因之一。

制度上的贪污和腐败，以及这对创新和新的商业企业所产生的扼杀影响，在印度、中国、南美、中东、非洲和亚洲等新兴的太空参与国中时有发生。讨论这个问题可能不太礼貌，但世界各地普遍存在的多层次的官员腐败是高科技商业创新和将新想法转化为主要新产品和市场的一个巨大障碍，无论是在太空还是在地球上。这对太空活动来说尤其如此，这些活动需要大量的资本、许可证、基础设施、知识产权管理和其他资源来启动。一个稳

定的法律和监管结构，一个创业生态系统，以及坚持这一点不会改变的期望，在使美国成为创新之地方面发挥了巨大的作用。

其他地区，如西欧和欧盟国家，也有稳定的法律和经济环境，但它们缺乏或至少在过去缺乏创业失败的自由和风险资本开放市场的心态，而这种心态可以将新的想法变成革命性的新市场和利润。高度管制的国家和欧洲商业环境一直不利于高科技创业企业的发展，但这种情况正在改变。理查德·布兰森在英国就做得相当好。

小而新的参与者，如卢森堡，长期以来是 SES 等商业卫星电信巨头的主力，现在已经创建了国家航天局，但情况有所不同。他们的新机构位于经济部内，致力创建一个专注于新太空、空间工作和发展太空劳动力的行业生态系统。卢森堡已经能够迅速吸引新的和不断增长的太空公司，包括让几个硅谷和日本的创业公司搬到那里。这些公司专注于太空采矿和太空资源利用、遥感等方面。太空制造公司是一家成功的硅谷创业公司，为太空建造增材制造系统，他们的欧洲办事处也设在那里，还有 Hydrosat，一家遥感创业公司，以及一个名为 CubeRover 的月球车集团。更重要的是，新机构将建立一个卢森堡太空基金，最初的资金为 1 亿欧元，为将在那里落户的新太空创业公司提供专门的风险资本。该基金是一个政府和社会资本合作项目（PPP），由政府和私人资金组成，是欧洲创建新太空生态系统过程中一个非常重要的步骤。小小的卢森堡只有不到 60 万的人口（其中一半不是公民），占地不到 2600 平方千米，或不到 1000 平方英里，但它有强大的商业和产业重点，有在主要太空电信业务方面的经验，金融稳定，有可观的可用资本，优秀的基础设施，一所领先的大学，以及欧洲第二高的个人收入排名。卢森堡正在寻求成为欧洲的新太空中心，并且已经有了一个良好的开端。在这种情况下，越小可能越好。

让我们从小小的卢森堡转向广袤的印度。世界各地的许多国家都认识到需要一个新的法律、政策和金融结构，来支持商业航天，个别国家正在定义新的商业航天法律，试图创造新的、更有利于商业航天活动的监管和法律结构，以及为他们创造更多的赚钱和就业机会。印度是一个有趣的例子，它在 2018 年年底参与创建了一个新的国家商业航天法律框架。

在过去几十年里，印度已经成为一个太空大国。在国家太空机构印度宇航局 ISRO 的领导下，印度已经发展了自己的发射装置和强大的遥感、电信、卫星导航和 PNT 能力；它已经完成了 70 多次发射和一次成功的火星任务。它甚至开始了自己的航天员计划，但所有这些活动都来自一个由国家机构领导的政府计划，涉及现有的企业和学术部门。印度国会于 2019 年年初通过一项新法案，为商业太空活动提供一个架构。这包括关于商业空间许可证的新法律、关于保护公众健康和国家安全考虑的法律，以及针对商业空间公司和企业的监管框架。新的法律涉及保护轨道和地球免受污染，还涉及商业、金融和刑事责任以及有关的商业问题。

还需要确定如何将其付诸实践，以及它对推动印度新一代商业太空活动的影响，但印度正在做出努力来解决商业太空所需的国家政策和法律问题。

世界上对商业太空感兴趣的国家很少有这样的最新法律结构。总的来说，它们在世界范围内根本不存在，如果其他国家想要参与进来，这种情况就必须改变。但是，即使是书本上最好的法律也不能弥补官僚腐败、令人窒息的监管要求、过度的政府干预、缺乏知识产权以及缺乏稳定的金融、制度和政治环境等问题带来的危害。这些都是更难创造和维持的。

显然，目前的国际空间管制和条约制度已经过时，没有一个新的全球空间管理制度和修订的国家管制结构，商业空间的新模式就不能蓬勃发展。如果没有一个新的、更新的国际和国家空间管理体系，我们将无法实现并为地球上的所有人保持对外层空间的可持续利用。不幸的是，如何实现这一点还不确定。一套新的综合太空条约将取代现有的五大太空条约的可能性很小。现在有太多的参与者，有太多相互竞争的利益和观点。那么，在国际层面上，事情要如何向前发展呢？

首先，太空行为需要更多地依赖一般规范和"软实力"规则。这五项空间条约仍将是空间活动的基础，因此，我们需要重新关注它们，包括它们的作用和意义。应该鼓励那些尚未签订这些条约的国家签订这些条约，包括一些新的空间行为体，如伊朗及许多非洲国家。

联合国与空间有关的主要组织、外层空间委员会、国际电信联盟和 UNOOSA 应更广泛地承认它们是空间领域的主要国际参与者，扩大甚至更改它们的作用和结构是合理的。这将包括外层空间委员会如何做出决定、其未来的任务、筹资、决策过程和执行结构。新兴空间国家，特别是新太空生态系统不断发展的国家，需要更加积极地参与国际空间管理活动，并应积极参与外层空间委员会的工作。由于不太可能有任何新的具有约束力的空间条约，新的空间生态系统在全球范围内将不得不依赖于无约束力的国际和双边协议，以及不断演变的国家监管结构。记住，现有的市场领导者不喜欢被颠覆，法律、监管和政策程序是固化现有参与者和拒绝新进入者进入市场的最佳手段。没有人喜欢被颠覆。

在"新太空"时代，平衡所有相互竞争的需求、视角、目标和财务利益将变得越来越困难。如何在现有条约范围内做到这一点，充其量是不确定的。我们如何在探索和利用外层空间的自由与禁止占据天体之间取得平衡？我们如何平衡发达国家与发展中国家的利益、私人与政府的利益？如何平衡和平利用与军事应用、国家与地区和国际目标等？10 分钟的太空游客真的是全人类的使者吗？私人空间活动必须由各州适当管理，这些国家管理人员的人员配置、资金和授权必须跟上新的私人空间活动的步伐。

对于太空的新参与者来说，在国家和国际空间法的这些问题上也必须有一个学习曲线，而这并不是大多数小型初创公司真正关注的问题。最近的一个例子很能说明问题，2018 年年底，美国硅谷一家名为 Swarm Technologies 的"隐形"初创公司因非法将四颗微型卫星送入轨道并运行而被美国联邦通信委员会（FCC）罚款。他们设想建立一个由大约 100 颗微型卫星组成的星座，提供“物联网”服务。在美国，FCC 负责所有卫星使用无线电频率的监管批准，无论发射地点在哪。2017 年年底，FCC 拒绝了 Swarm 公司的申请，因为担心这种微型通信卫星不能被美国空间监视网从地面进行跟踪，而且还可能会因部署在 LEO 上，从而与其他卫星碰撞，产生空间碎片。它的创新通信卫星只有传统的 1U 立方星的 1/4 大小。但 2018 年 1 月，Swarm 公司在没有获得美国政府批准和许可的情况下，秘密地用印度的运载火箭发射了卫星（图 7－5）。

图 7－5　Swarm Technologies 公司发射的小型 SpaceBEE 超微型卫星
（图片由 Swarm Technologies 公司提供）

Swarm 公司的卫星工作了一周，就被 FCC 的监管机构发现了。起初是业余卫星追踪者留意到了新的卫星传输，FCC 迅速命令 Swarm 公司停止所有与卫星的通信，并开始调查。他们发现，在高空气球试验中还有其他非法行为，以及其他违反频率使用规定的行为。根据国际法，美国政府应对总部设在美国的私人公司的这些行为负责。后来，Swarm 公司的申请得到了批准，现在正与这四颗卫星进行通信，并且还发射了其他卫星。

Swarm 公司现在的微型卫星设计增加了微型雷达反射器，以提高其被地面监测系统跟踪的能力。但是 90 万美元的罚款，以及一个五年的强制执行计划，也是对其他航天公司的一个警告，美国政府不能容忍未经授权的发射和频率使用。FCC 于 2018 年 4 月发布了一份执行建议，对美国电信公司不遵守联邦许可规定可能产生的严重后果提出了警告。“我们将积极执行 FCC 的要求，即公司在部署和运营通信卫星和地面站之前必须获得 FCC 的授权，”FCC 执法局局长罗斯玛丽·哈罗德在宣布罚款的新闻发布会上说。“这些重要的义务将保护其他操作人员免受无线电干扰和碰撞，使太空成为一个更安全的运营场所。”

这种情况发生在有强大执法和监管环境的美国，但什么能阻止另一家“隐形”太空初创公司从一个不太负责任的发射地点秘密发射微型卫星，并使用位于其他监管不那么严格的地区的地面接收网络呢？危险是显而易见的。这里没有简单的答案，特别是随着一波又一波的新技术以越来越快的速度席卷我们的世界，我们很快就会有新的发射国，所有这些国家都在竞争新业务。硅谷的模式还包括对规则的理性漠视，打破“旧”规则被视为游戏乐趣的一部分，但人们也在质疑这种态度是否适用于太空领域。

7.3 结论

总之，现有的国际空间法律和政策结构是在太空竞赛初期建立的。目前和未来的形势是完全不同的，我们需要一个新的和更切合实际的国际空间法律框架。但鉴于各国对太空的看法和利益存在诸多不同和冲突，实现这一目标将极其困难。

弗雷德·拉赫斯会议和报告确实提供了一条很好的前进道路，但我们必须看看它是如何展开的，而且会困难重重。各国还需要审查和更新其国家空间法律和政策结构，以考虑到现在和将来新太空和商业太空活动的现实情况。国家的法律和政策问题总是落后于技术发展，在过去这并不是一个真正的问题。现在，随着一波又一波的新技术以前所未有的速度向我们袭来，我们处于非常不利的地位，已经感受到了这种影响。我们的国家和国际法律与政策框架如何才能找到新方法，不仅要做出有效反应，而且要指导这一进程？这可能吗？那些能够积极制定新太空的法律和政策的国家将会得到丰厚的回报。

在下一章中，我们将看看新太空的颠覆性创新、计算机革命和我们的现代高科技世界的一些负面影响，以及如何减轻这些负面影响。

参考文献

[1] “The United Nations Convention on the Law of the Sea (A historical perspective) ”. United Nations Division for Ocean Affairs and the Law of the Sea.

[2] Treaty on Principles Governing the Activities of States in the Exploration and Use of Outer Space, including the Moon and Other Celestial Bodies. www. unoosa. org/…/treaties/introouterspacetreaty. html (Last access Jan. 31, 2019)

[3] Agreement Governing the Activities of States on the Moon and Other Celestial Bodiesnwp. ilpi. org/wp -content/uploads/2011/10/Moon - Treaty. pdf (Last Accessed February 1, 2019)

[4] RAM JAKHU, JOSEPH PELTON, YAW NYAMPONG. “National Space Laws and the Exploitation of Natural Resources from Space” Space Mining and Its Regulation, (2017) Praxis Imprint by Springer Press, Switzerland pp137 - 139, U. S. Public Law 114 - 90 Title IV 401 - 403 (Space Act of 2015).

[5] U. S. Public Law 114 - 90 Title Ⅳ 401 - 403 (Space Act of 2015)

[6] Convention on International Liability for Damage Caused by Space Objects — The Liability Convention www. unoosa. org/... /treaties/introliability - convention. html (Last accessed Feb 1, 2019).

[7] PRESENTATION BY THE U N. Office of Outer Space Affairs http://www. unoosa. org/documents/pdf/hlf/1st _ hlf _ Dubai/Presentations/67. pdf

[8] Status of the Committee on the Peaceful Uses of Outer Space http://www. unoosa. org/res/oosadoc/

data/documents/2018/aac _ 105c _ 12018crp/aac _ 105c _ 12018crp _ 18rev _ 1 _ 0 _ html/AC105 _ C1 _ 2018 _ CRP18Rev01E. pdf

[9] UN Office of Outer Space Affairs http：//www. unoosa. org

[10] The Disaster Charter http：//disastercharter. org，

[11] UN SPIDER Project http：//www. un - spider. org

[12] About the International Telecommunication Union https：//www. itu. int/en/about/Pages/default. aspx

[13] JOSEPH N. Pelton，Scott Madry and Sergio Camacho - lara，“Introduction to Space Systems. for Meteorology” in Handbook of Satellite Applications 2nd Edition（2018）Springer Press，Switzerland，pp. 1161 - 116. 7

[14] SERGIO CAMACHO - LARA，SCOTT MADRY JOSEPH PELTON. “International Meteorological Satellite Systems”，in Handbook of Satellite Applications 2nd Edition（2018）Springer Press，Switzerland，pp. 1197 - 1203.

[15] RAM JAKHU，JOSEPH N. Pelton（editors）Global Space Governance（2017）Springer Press，Switzerland

[16] https：//mcgill. ca/iasl/files/iasl/global _ space _ governance _ - executive _ summary _ and _ key _ proposed _ actions. pdf

第 8 章　颠覆性的弊端以及我们该如何应对

信息时代为人类提供了很多东西，我想我们会迎接它带来的挑战。但重要的是要记住，就原始数据而言，信息不是知识，知识不是智慧，智慧也不是远见。但是信息是实现这一切的第一步。

——阿瑟·克拉克

本章将探讨颠覆性对经济、社会、政治甚至个人产生的负面影响。有句话说："每个人都想开发一项颠覆性的技术，但没有人想被颠覆。"这句话非常正确。本章将介绍几个例子，说明技术颠覆如何对颠覆者和那些市场和业务受到颠覆影响的人产生了负面影响。本章还将探讨我们现在所理解的太空颠覆性创新的一些代价和风险。

1956 年 4 月，当世界上第一艘专用集装箱船"理想-X"号离开新泽西，满载集装箱前往得克萨斯州时，一位来自得克萨斯州的记者在现场询问码头上的一位国际码头工人协会的官员对此有何看法。这个人的回答是："我想把那个狗娘养的东西弄沉"[1]。

他的担心是有道理的：他看到他的世界末日已浮现在眼前。在 10 年多的时间里，世界各地的海岸永远改变了，成千上万的码头岗位消失了，一去不复返。依赖在码头工作的当地少数族群都失去了稳定的收入来源，他们没有准备好接受再培训，以适应该领域的高科技新工作。数以千计的工人的生活，以及他们家庭和社区的生活被撕裂。新的集装箱港口搬到了更大、更开放的地方，而传统的码头及其相关的社区、企业和制造商陷入了衰败的漩涡中，再也没有爬出来。颠覆也会带来伤害。

然而，从第一批集装箱运输到全球网络的转变是一个非常困难和漫长的过程，不仅是码头工人和他们的码头社区。大多数成熟的、有利可图的航运公司最初都不愿意承担从散装货物转换到新的集装箱模式的大量前期费用。这需要新的设备、新的码头、新的经营方式等，而这一点根本不受欢迎。他们面临着新的集装箱船、新的集装箱设施、起重机、集装箱箱体、跟踪系统、新的营销成本等各方面的资本投入。其中，有几家公司只是在现有的普通货船上增加了集装箱，并没有获得集装箱化带来的效率。

这种冷淡的反应表明他们不愿意改变，他们也没有得到任何收获。此外，还有与卡车和铁路网络联运的成本，这两个独立的业务同样对新的成本和现有业务模式的中断不感兴趣。现有的码头工人和工会与可能的失业进行了艰苦的斗争，赢得了重大的经济让步和重大的法律挑战，并承受了巨大的政治压力，以阻止或至少减缓这种对他们在港口和码头的既定统治地位的威胁。经过整整 10 年的经济、政治和社会变革，才实现了集装箱系统在国际航运中的主导地位。最终，每个人都看到了不祥的预兆，他们做出了改变，接受了代价，并尽最大努力继续前进，进入一个完全不同的世界。

虽然现在的铁路公司从遥远的内陆集装箱港口运输双层集装箱的大型列车，并从中获取巨额利润，但在一开始，他们也强烈反对集装箱化。因为他们有自己的散装货物处理方式，所有的货物分类和装载都是由铁路人员完成的。铁路公司为此收取了一笔可观的费用，他们对这个上了锁的箱子的主意感到非常不安，因为这可能会使他们失去重要的收入来源。

在 10 年的时间里，世界各地的主要码头都经历了一个痛苦的尝试更新阶段，但都以失败告终，最终几乎所有的码头都关闭了。许多港口被荒废，而其他的则成功重生为商业园区或新的住宅开发项目。数百家最初为了方便海运而在码头附近经营的企业，最后都关门大吉或迁往成本较低的地方。集装箱可以通过卡车或铁路从任何地方运输，不再需要靠近你的港口。更适合新集装箱模式的新地点成为全球贸易的新中心，这些地方有大片开阔的区域，可以堆放成排的集装箱，而且通往高速公路和铁路也更加方便。

每一项颠覆市场的创新，都会有输家。其中，许多可能是那些几乎没有能力做出反应、进行再培训进而恢复元气的群体或地点。这通常是工人阶级的情况，他们的工作岗位在无休止地寻求提高效率和自动化的过程中消失了。对于任何行业来说，劳动力成本都是关键要素，而降低这些成本总是很吸引人，也总是影响人们和人们的生活。

如前所述，19 世纪的就业往往是围绕不同类型的工作进行安排的。在各个港口，往往是单一的种族群体主导着装船和卸船的工作。这种类型的“工作结构”为那些通常处于经济阶层最底部的群体提供了重要的经济收益。在美国西北太平洋地区，这项工作由当地的美国原住民群体控制，在纽约市则由爱尔兰和意大利移民控制，在巴尔的摩则是波兰天主教移民的天下；在南方，黑人必须有他们自己的、与白人工会分开的工会和工作小组，以此在 19 世纪的美国获得就业。同样的故事也在世界各地上演着。当地群体，通常是少数民族群体，控制着码头，并为维持他们的地位而进行激烈的斗争。全球贸易的集装箱化完全颠覆了这个现有的系统，世界各地的装卸工人发现他们失去了工作，几乎没有机会在新的、技术含量更高的（和高效的）系统中接受培训，找到新工作。社会影响是不可避免的，而那些被淘汰的人却很少受到关注。大家有空可以看一下 1954 年的电影《码头风云》，看看 1950 年纽约港码头（实际上是新泽西州的霍博肯）、仓库和工会的腐败是如何被淋漓尽致地表现出来的。

新的集装箱模式也为空间带来了巨大的变化，世界各地曾经的码头已不再适合新的集装箱堆放。纽约市的曼哈顿岛曾经是码头和仓库的天堂，但新的集装箱系统需要大型堆场来存放数量庞大的集装箱，因此，新泽西州纽约港广阔、开放、以前未被利用的边缘地带很快就成为航运业的新宠，正如目前的情况一样。旧金山完全输给了海湾另一边的奥克兰。同样的模式在全球范围内频繁上演，人们为越来越大的集装箱船疏浚了新的航道，老码头要么被遗弃，要么充满希望地被重新开发新的用途，如伦敦的码头区和美丽的南非开普敦港区，它们已经成为非常成功的旅游景点和重要的城区新经济引擎（图 8-1）。

图 8-1 南非开普敦美丽的维多利亚和阿尔伯特水岸旅游综合体。它曾经是一个繁荣的码头，后来成为一个被遗弃的废墟，现在是开普敦繁荣的旅游业的主要经济来源（图片由作者提供）

还有一些老码头就没这么幸运了。另一个影响是，许多需要航运货物或将大量产品运往海外的企业往往都位于码头区附近。当码头搬离，集装箱可以从任何地方装载和运输时，许多企业便离开了原来的码头区，前往租金更便宜、工资更低的地方。这加剧了传统码头的损失，使它们失去了当地的工业、工作与税收。

很少有人讨论这个问题，但集装箱也造成了一种新的和可怕的国际安全威胁，因为这些数以百万计的上锁集装箱很可能装有与清单上所列内容完全不同的东西。人们越来越担心毒品和人口走私，甚至担心化学或核"脏"弹会直接运到首都或议会大厦的前门。要对世界各地不断流动的数百万个上锁的集装箱逐一进行全面检查根本是不可能的。新的技术，如移动 X 射线扫描仪，已经被开发出来，但数百万不断移动的集装箱永远不可能得到全面检查。

第二类被颠覆者与失去工作的低端体力劳动者非常不同。这些人是非常有权势的一类人，即企业领导人、政治领袖和商场精英。他们从当时的现状中获得了丰厚的利益，他们将与任何会对他们产生负面影响的颠覆性变化做斗争。在机械时代的经济史上，有很多这样的例子：强大的经济和政治利益集团为了保住自己的权力地位而进行残酷斗争，他们并不认可自己的权力地位会被颠覆。经济权力天生与政治权力相联系，且能够创造政治权力，对被颠覆的市场的争夺不可避免地会同时在政治和经济领域展开。具体的法规和关税往往像路障一样挡在新进入者的面前。

我们应该考虑对新太空颠覆者的调查研究与这个海运集装箱的例子有什么关系。世界上谁会赢，谁会输？肯定会有赢家和输家。埃隆·马斯克在短短十多年的时间里创建了三家公司，SpaceX、特斯拉和 SolarCity，总市值超过 400 亿美元。这些私营公司雇用了约 3.2 万名员工，并且还有长期的大规模人员扩充计划。马斯克的每一项创业项目都有一个共性，即除了带来革命性的技术变革外，还引领了社会进步。住房和交通从依赖化石燃料向使用太阳能转变，是一个充满政治色彩的问题。

强大的政治和经济力量想要维持现有的模式，但也从根本上与马斯克公开的自由市场资本主义活动相冲突，即使是在保守的得克萨斯和佛罗里达等南部各州。马斯克已经在南方建立了主要工厂，雇用了大量工人，并打算建立一个新发射场，但大型航空航天公司及其强大的政治盟友却一再试图通过政治和监管手段阻止。

马斯克曾在一次采访中表示，他无法让佛罗里达州或得克萨斯州国会代表团的任何成员回复他的电话。在他的南澳大利亚电力投资项目中，他要对抗非常强大的煤炭和采矿利益集团，以及他们强大的政治盟友。因为特斯拉，他与强大的汽车制造商、汽车经销商以及石油公司展开了较量。这些高级政客与做出巨大政治贡献的航空航天业领袖们有着密切的联系，这些政客并不看好颠覆性技术。因此，对于颠覆者而言，需要毅力和勇气来承受这种强强联合的压力，而这种压力往往是在公众视野的聚光灯下施加的。显然，要想成为一名颠覆者，需要一张厚脸皮，还需要很多的律师[2]。

杰夫·贝索斯肯定也学到了这一课。由于前总统唐纳德·特朗普的坚定盟友《国家询问报》的私人调查曝光了贝索斯的不正当恋情，导致他正在经历离婚风波，他的巨额财富可能会因此损失整整一半。这与特朗普憎恨贝索斯拥有的《华盛顿邮报》有关，我们不能排除这种可能性。

然而，除了有权势的人受到颠覆的负面影响，社会现在还面临着一种更根本、更危险的颠覆。一些分析人士认为，人工智能、机器人、增材制造和其他高科技行业产生的颠覆性技术，将在下一个时期导致全球经济体中 40% 的工作岗位被淘汰。这种破坏不仅会影响就业和家庭收入，还会影响其他关键领域，如税收、政府收入和服务，甚至政治稳定[3]。在我们有生之年，汽车、卡车、运输工具，甚至商业飞机和海上的集装箱船可能很快就会变为无人驾驶模式。在这场巨大的变革中，数百万拥有这些工作的人将会失去什么呢？

那么我们应该如何看待这个过程呢？它仅仅是作为我们个人或公司的利益或损失吗？它们之间的界限是什么？社会应如何管控颠覆所带来的广泛影响？

8.1　是创造性的颠覆，颠覆性的创造，还是纯粹的破坏？

除了太空发射装置和火箭，新太空革命还带来了正在收集和分析的涉及关于我们世界以及大量数据信息的重大问题。有许多重要的问题必须提出，并希望得到解决。

谁有权访问所有正在收集的数据？谁来决定可以访问这些信息？如果大量的工作岗位被机器人、人工智能、3D 打印和增材制造所取代，那么人们以什么为生？如果在个人所得税收入大幅减少，社会保障体系不得不大幅扩张，以应对大规模失业之时，政府应如何维持收入？

8.2 大数据鸿沟

人工智能和数据隐私是在一个相互联系越来越紧密的数字世界中最令人担忧的问题之一。人工智能、物联网、大数据、面部识别以及所有这些相关技术都将对数字世界中的个人隐私产生巨大影响。Alexa、Siri、谷歌助手和其他人工智能语音系统会在你说出关键字后记录下你所说的一切，从而实现与系统的交互。这些数据存储在企业数据库中，可能被公司、黑客或政府用于各种非法和侵入性活动。2018 年，一组私人研究人员为 Alexa 创造了一种亚马逊的“技能”，可以在用户不知情的情况下记录用户的对话，并将他们的对话文本发送给黑客。同年，亚马逊将 1700 多份美国家庭在家中的私人谈话录音，发送给了一个与他们没有任何联系的欧洲人。亚马逊最初否认了这件事，然后又将其斥为非常罕见的事件。法院和法律部门可以通过法庭传票的法律程序访问所有这些数据，而且在至少一个案件中，这些数据已被用于刑事起诉。物联网意味着，你家里从冰箱到电视的所有设备的数据，都将很快被连接、存储和共享。那么，谁有权看到这些数据？

目前，世界各地的各种场合，包括机场、商店、高速公路和重大体育赛事，都会使用面部识别系统。大多数人都不知道，他们的身份在公共场所中被记录下来后，会与犯罪数据库进行比对。公路系统定期记录汽车的品牌、型号和车牌号码，与被盗车辆的数据库进行对比。GPS 会不断记录你的位置，这些数据会被存储起来，你的智能手机制造商和警方也可以通过法院传票获取这些数据。

所有这些能力加在一起，使一个“老大哥”式的奥威尔世界成为可能，这可能是过去最恶毒的独裁者都没想过的，但他们也许会喜欢这样的世界。谁将控制这一切？面对这种对我们各方面生活都无处不在、渗透式的侵犯，普通公民和自由社会的利益如何能得到捍卫？如果大型科技公司和政府记录并存储我们的每一次对话，那么个人的权利又在哪里得到保护呢？我们每一次的谷歌搜索、每一笔的购买交易、每一个访问地点，都被记录、存储，并在幕后进行买卖。全球每个角落每天都被高分辨率卫星图像进行多次记录。个人在日常生活中如何才能安全地免受侵扰？这种情况导致了“全面监视社会”一词的诞生，而这种危险是非常真实的。

在许多层面上，滥用的可能性简直是压倒性的，鉴于人类的本性，滥用肯定会发生。如果能做到，我们一定会做到。显然，最近关于“假新闻”和虚假政治网站的政治问题令人不安。在俄罗斯、美国、英国和越来越多的国家，对公民的视频跟踪和监控系统已在世界各地全面部署[4]。

这里可能存在三个广泛的滥用领域：个人或黑客团体、私人公司和政府。这些问题中的任何一个都可能是主要问题，但更有可能出现的情况是，这些问题将以一种更危险、更难以监测和解决的方式结合在一起。目前，政府利用企业技术监控来绕过对其活动的法律限制，他们利用个人和黑客团体在暗处进行工作。谁来监督和控制这一切？美国伊利诺伊州通过了《生物识别信息隐私法》，这是美国最早的此类法律之一，要求收集生物识别数据的公司明确说明其用途。

至少在美国，买卖所有人的个人数据存在着一个庞大的合法市场，对这个市场的监管和控制却很松。互联网上的数据经纪人正在收集大量关于我们各方面生活的个人数据，然后将这些数据，或汇编，或以电子邮件列表的方式等，出售给其他经纪人、政府机构、保险公司，甚至个人。你会震惊地发现，你的个人习惯、买的东西、在哪里购物、使用哪些药物、喝了多少酒、去了多少地方、在银行里有多少钱都是可以出售的。数据经纪人行业极不透明，也几乎没有监管，即使行业需要纠偏，我们也很难有机会做什么。大数据可能很快变成坏数据。危险是真实存在的。

政客们是这些数据挖掘服务的大客户，他们购买大量的数据来定位选举邮件、拉票和电话，因此他们对限制这些服务的范围相当不感兴趣。

艾奎法克斯和其他大规模的隐私泄露事件、最终用户许可协议（EULAs）的复杂性、选择性使用入侵收集信息的方式等趋势似乎会不断增加，他们想让事情变得困难，事实也的确如此。

公司通过购买我们的信息赚了很多钱，然后每年以数百万美元的价格卖给其他公司。谁会去核实这些海量数据的准确性呢？谁在法律上、道德上、伦理上负有责任？最近的一个令人遗憾的趋势是，现在有一些公司的网站以很低的费用从你那里直接购买你的个人数据。私人公司是否有足够的“道德”来拥有这种权力？政府有吗？任何人有吗？

新的万物互联也有潜在的危险。谁会有权限？谁能打开我家里的灯或解锁我的门？如何防止非法的欺骗行为？如何减轻负面的影响？谁将会被追究责任？

《欧洲通用数据保护条例》（GDPR）是欧洲第一次系统地为普通民众提供隐私保护的努力，但早期迹象表明，大多数人通常无法真正有效地使用这些新法律保护[5]。法律效力是如何被降低的？

有一个新的相关问题需要关注，这将影响我们在世界各地开展太空活动的各个方面。这就是越来越多的低端工作被机器化，以及自动化不断取代工人。提高效率的最终目标是用不需要工资和退休福利的自动化系统迅速取代相当一部分的劳动力。在美国，有超过300 万人从事货车、出租车和其他商用车辆的司机工作，这些工作在未来 10 年可能不复存在。这些人会怎么样？但另一方面，无人驾驶汽车、企业和服务将为老年人和残疾人提供更多的机会，并肯定会减少道路上与酒精有关的汽车事故和死亡人数，以及减少碳排放。有一天，我们可能会在海上拥有无人驾驶的商用船只和大型集装箱船，完全由人工智能计算机控制。当然，美国的GPS、地理信息绘图系统、人工智能、强大的便携式处理器，以及相关的网络、计算机和数据库技术的进步，使这场无人驾驶革命成为可能。杯子永远不会是半空的，也不会是半满的，唯一可以肯定的是，里面的东西正在迅速变化。

越来越多原本不受自动化影响的工作，现在转型的时机已经成熟。这是从低端的手工工作开始的，比如机器人焊工现在在世界各地的汽车装配线上做大部分的焊接工作(图8-2)。

图8-2　特斯拉公司的生产线（图片由特斯拉公司提供）

最近，日本一家快餐店推出了机器人汉堡机，可以在没有休息、病假和薪水的情况下制作完美的汉堡。前台登记现在是世界各地机场柜台和酒店的常态。但这些工作永远消失了，更多的工作，甚至整个工作类别，也将很快消失。随着机器学习和人工智能的重大进步，这一过程很快将开始影响需要决策和使用复杂判断的高端工作，而不仅是在亨利·福特的移动装配线上组装零部件的工作。

太阳计算机系统公司负责人最近发表的一篇评论称，大部分的诊断医学很快就会由人工智能完成，许多人类医生将不再需要被培训或雇用。最近的一项研究发现，谷歌超级计算机上的“深度学习卷积神经网络”在诊断恶性黑色素瘤方面获得了比58名皮肤科医生更好的结果[6]。这一点遭到了医生们的强烈反驳，他们表示，医患关系中人的作用不可或缺，将病人作为一个复杂而完整的人对待的能力也需要人类医生的指导，最好是与强大的人工智能和其他计算机支持系统协同工作，同时也需要人情味。机器人手术的发展也反映出了这些进步。

一方面，我们有可能实现远程医疗，为世界各地带来急需的更好的医疗服务，并最终在世界范围内实现。但是，在所需的医生数量方面，以及在人类治疗方面失去重要的人情味，代价是什么？机器人焊接汽车车身是一回事，但人们真的愿意把他们的健康和生命以及他们的家人交给计算机和机器人吗？如果机器人在诊疗数以千计的病人方面做得比你当地医院的医生更好，会发生什么？如果只有富人才能负担得起这样的护理，那会怎样？问题有很多。当然，自动化不仅涉及机器人，还涉及专家系统和人工智能算法，它们可以取代服务业工作，就像我们使用的零售支付系统、会计、销售、保险和银行等服务行业的自动化一样[7]。

如果机器人创造了世界上的商品并自动分配它们，全球经济将如何运作？如果当消费者在世界所有商店购物时，如果是人工智能系统进行下单并检查货物或其他产品，会发生什么？在这样的世界里，很少有人会有工作或收入来购买它们。对社会、政治和人类将产生哪些影响？目前的私人资本系统正大力支持这些技术变革。市场力量正以更高的股票估值、积极的评级和其他方式大力奖励那些通过自动化减少工资的公司。如果不改变我们的全球经济体系和当前的监管过程，自动化只会继续增加。随着第 5 章中讨论的当前变革驱动因素的变化，自动化将持续加速。

如果工人阶级和受过教育的阶层中越来越多的人没有长期就业的预期，经济又将如何运转？谁会购买机器生产和交付的产品？一些国家，特别是欧洲国家，正在考虑为所有公民提供有保障的年收入。甚至微软公司的创始人比尔·盖茨也表示，随着机器人取代工人，对机器人征税是合乎逻辑的，因为这实际上是一种所得税。唯一的变化是，这些“工人”将是自动化机器或算法[8]。

然后，从资本主义经济角度来看，问题将不断循环。如果我们真的对自动化、人工智能和机器人征税，经济学家会问，公司自动化背后的利润动机是什么？这将成为全球经济、社会、政治和监管的主要问题，它们会以比大多数人所能意识到的更快速度出现。第四次工业革命将迅速来临，而且可能并不友好。机器人和人工智能将很快能够取代大量的工人。那你呢？你的工作安全吗？你孩子的未来前景又将如何？

最后，我们无法在这里讨论所有令人不安的问题，如果失去对一个建立在数字化世界的依赖，还将出现一系列的问题，还将发生什么也无从得知。很有可能，在遥远的未来，我们的数字时代可能会被认为是一个落后的时代。以此为基础建立了这个世界而后我们又失去了它，会发生什么？

8.3　全球停电的可能性以及数据存档的永久丢失

有两种可能的情况，一种是自然的，另一种是人为的。人为的原因可能是核电磁脉冲(EMP)，它可能由平流层的一次或多次核爆炸触发。这种攻击将立即产生巨大的电流和电压浪涌，有可能摧毁大片地区的计算机和电网[9]。计算机和电子元器件将永久损坏。

这种全球性灾难的自然成因是大规模的日冕物质抛射（CME）。这将产生一个巨大的太阳风暴，有数万亿个离子冲击地球，就像1859年被称为卡灵顿事件的巨大日冕物质抛射事件。该事件可能会导致大范围的停电，比如1989年的蒙特利尔事件，烧毁了许多变压器，导致从芝加哥到蒙特利尔和魁北克市的停电。2003年，斯堪的纳维亚半岛也曾发生过所谓的万圣节事件，导致当地大面积停电。这样的事件似乎每150年左右就会发生一次。卡灵顿事件发生时，世界上还没有电力或计算机，只是电报局着火了，那里没有其他易受攻击的电子设备。今天，在一个充斥着电子产品的数字世界里，其结果可能更具破坏性，不仅是在电力方面，管道、航空电子设备、互联网、电子存储数据、银行账户和更多的东西都可能面临威胁[10]。恢复全球电力网络可能需要数年时间，而数字互联世界的经济状况可能会发生翻天覆地的变化。

古代苏美尔楔形文字看起来并不是一种糟糕的媒介，至少4000年后我们还能读到这些文字。在短短10年内，你的数字文件中还有多少是可读的？我们庞大的知识库正在快速地以数字格式创建、存储和检索，作为一个社会，我们需要考虑如何保护我们的全球知识库，以防止这种可能的灾难性事件发生，或者数字化遗失。

8.4　结论

颠覆性技术带来的经济效益在本质上可能是短期的。有一些反乌托邦性质的科幻小说，如库尔特·冯内古特的第一部小说《自动钢琴》。这部小说阴森地设想了一个只有少数科学家和工程师工作的社会。广大人民过着肮脏的生活，他们只是劣质产品的消费者，生活毫无意义，对未来没有希望[11]。

创造性思维可以定义一个更美好的未来，但只有在如何过渡到一个许多工作任务都与智能机器和软件共享的未来时，才能提出更具创新性和洞察力的观点。颠覆性技术、自动化和人工智能不仅会改变我们生活和工作的定义，还将迫使我们更清楚地思考一个理想的人口规模、环境可持续性、经济吞吐量和繁荣的意义、政府在社会中的最佳角色，以及在充满智能工具和能力的世界里生活的目的是什么。这些都不是人们常常思考的问题，事实上，它们属于科幻小说的范畴。颠覆性技术不仅是商业和经济意义上的颠覆。

这些变化迫使我们思考环境学家蒂姆·莫顿所提出的“超对象”（Hyper - objects）[12]，指的是巨大而深刻的变化，它们在很长一段时间内发生，对社会和全球经济产生极大影响，大多数人只是说：“这超出了我的支付水平”或者“这远远超出了我个人可以掌控的范畴”。然后他们觉得这是可以忽视的事情。这个问题太大了，一个人根本无法处理，只能忽视。蒂姆·莫顿在气候变化的背景下发明了这个词，但人工智能、机器人和自动化等颠覆性技术确实是另一种类型的“超对象”。

一系列颠覆性技术正在影响我们的工作、生活、人们的自我意识及其对全球社会的改变，这些都太重要了，作为一个“超对象”，我们不能忽视它们。不要认为那是别人的问题，颠覆性技术的意义及其对我们 21 世纪生活的影响将是深远的。这是一个我们在经济、社会和文化上都有义务去思考的“超对象”。这些变化的影响是极其重要的，在许多情况下，可以让我们在保持身体健康、经济繁荣、应对气候变化等复杂问题方面受益，包括进入外层空间的能力。然而，我们也必须寻求掌握和缓解负面影响的方法。

讨论已经接近尾声。在下一章中，我们将思考颠覆性技术和太空创新需要了解的 12 件事。

参 考 文 献

[1] SS Ideal X：First Successful Container Ship（Anniversary Post） franklycurious. com/…/anniversary - post - ss - ideal - x accessed Feb. 12，2019.

[2] ELON MUSK. The Disruptive Technologist - Recorded Future www. recordedfuture. com/elonmusk - disruptive accessed Feb 1，2019.

[3] PELTON，JOSEPH N. Preparing for the Next Cyber Revolution，(2019) Springe Press，Switzerland.

[4] PELTON，JOSEPH N. and Indu Singh，Digital Defense（2015）Springer Press，Switzerland.

[5] EU GDPR Training - Learn From the Experts - Classroom & Online Training Adwww. itgovernanceu-sa. com/EU - GDPR/Training（Last accessed Feb. 2，2019

[6] https：//academic. oup. com/annonc/article/29/8/1836/5004443

[7] Op cit，Pelton，Joseph N. “Preparing for the Next Cyber Revolution”

[8] Bill Gates' Robot Tax Could Happen in San Francisco ｜ Fortune http：//fortune. com/2017/09/05/san - francisco - robot - tax/（Last accessed Feb 1，2019.

[9] ISBN 978 - 1 - 59 - 248389 - 1 A 21st Century Complete Guide to Electromagnetic Pulse（EMP）Attack Threats，Report of the Commission to Assess the Threat to the United States from Electromagnetic… High - Altitude Nuclear Weapon EMP Attack

[10] SINGH，INDU，JOSEPH N. Pelton，The Safe City（2013）The Emerald Planet，Washington，D. C

[11] Kurt Vonnegut' s Dystopian Future has Come to Pass，Irish Times https：//www. irishtimes. com/opinion/kurt - vonnegut - s - dystopian - future - has - come - to - pass/（accessed Feb. 1，2019

[12] Morton，Timothy 2013 Hyperobjects：Philosophy and Ecology after the End of the World. University of Minnesota Press.

第 9 章　我们需要知道的关于颠覆性技术和太空创新的 12 件大事

每个革命性的想法似乎都会引起三个阶段的反应。它们可以用以下话语来概括：完全不可能；这是可能的，但不值得做；我一直都说这是个好主意。

——阿瑟·克拉克

这一章将介绍在颠覆性太空技术影响下的急剧变化的世界中，每个人都应该知道的 12 件事。首先，快速回顾一下。我们已经花了很长时间来了解什么是颠覆性创新，它是如何运作的，谁在其中受益，谁又在其中失利，以及这与太空特别是“新太空”或“太空 2.0”革命有什么关系。我们已经从先前的例子中学到了很多，这些例子首先包含历史案例，其次还包含来自现在迅速变化的太空领域的例子。我们探索了正在改变世界的新兴技术，以及它们对与我们共享地球这艘太空船的“另外 30 亿”人的潜在影响。我们探讨了国际法规和政策的影响，以及 21 世纪颠覆性技术的弊端。那么，你应该从中学到什么呢？

9.1　12 个重要收获

1）在现代社会的许多领域，我们都正处在一个前所未有的颠覆性创新时期，而这也正在迅速成为太空领域许多方面的常态。太空活动的传统参与者，即资金充足的大型国家政府机构和主要的航空航天公司，它们正面临着一套全新的思想、方法和技术，同时，也正在通过许多方式努力适应这些变化。这个过程是颠覆性创新的另一个例子，正如我们在前面的章节中看到的，它仍在上演。将会出现新的赢家和输家，但现在判断谁输谁赢还为时过早。即使是失败、破产或被其他实体收购的新太空企业，也可能带来巨大变化，引发重要创新供其他人使用。一些早期的太空创业公司，如 Teldesic、铱星、全球星和 Orbcom 等，都经历了破产。一些公司从破产中复苏，另一些则没有。然而，所有这些实体都影响了商业太空领域，并带来了重要的创新。

2）变化的速度正在加快，以至于难以及时控制、预测或应对。所有这些都会带来巨大的好处，但也会产生重大的经济、政治和社会影响，甚至可能造成重大损失，包括许多我们难以减小的损失。一项技术或商业创新是重要的和“颠覆性的”，并不能保证它在商业世界中的一开始就能获得成功，或者永远都会保持成功。也不意味着它将对世界产生纯粹的积极影响。

3）进入轨道的发射成本正在大幅降低，小型卫星、立方星和大型低轨星座引领了许多的创新。埃隆·马斯克和杰夫·贝索斯等人打乱了传统的发射市场，通过创建可重复使用的发射系统，大幅降低了入轨价格。这一趋势只会继续下去并加速。他们正在为一个新兴的太空旅游市场打造框架，或者至少是一个太空探险市场。最终，这个过程将把成千上万的普通人（如果资金充足）送入太空，这个数字将使早期的航天局任务中飞行过的 500 名左右的航天员相形见绌。这种由颠覆性技术驱动的新型发射器的态势会一直保持下去，甚至会变得多样化。目前，有一些新的非常小的发射装置聚焦小卫星和立方星发射市场。理查德·布兰森和他的维珍银河公司不仅开发了一架用于太空探险飞行的太空飞机，而且还发展成了他的“发射者一号”火箭，目前已签订合同承诺为 OneWeb 星座发射小型卫星。

4）小型卫星革命正在迅速改变人们开展太空项目的方式。这一趋势将继续并加速。立方星星座即将取代传统的、大型和昂贵的 GEO 卫星，用于许多传统卫星应用。在遥感方面尤其如此，小型化的传感器能够完成许多任务，包括高光谱传感器，甚至是主动雷达传感器。小型卫星也正在进入互联网与农村市场的通信卫星业务领域。

现在，小型卫星在通信领域取得突破面临的挑战是控制地面系统的效费比，并能以较低的成本提供波束跟踪能力。同时，还必须寻找长期和可靠的市场战略方向，以及解决新出现的轨道碎片和拥堵问题。

5）还会出现一些新的应用程序，它们将创造出一些还未出现的新市场。这些活动可能涉及在轨服务、交会和抵近操作、更多地使用小卫星进行高频监测（如“鹰眼 360”），以及使用小卫星定位主要小行星，以进行可能的资源开采和行星防护。太阳能发电和人类对月球和火星的探索与定居时代将要来临，我们最终将成为多行星物种。

6）空间碎片的潜在问题可能导致无法进入轨道，必须在不久的将来加以解决。必须继续在主动碎片减缓、碎片再利用、3D 打印和卫星再利用方面取得新的进展。小卫星和诸如电动碎片消除器（EDDE）等颠覆性太空技术可能对未来至关重要。我们必须保护进入轨道的权利，必须解决空间碎片的问题，同时发展和落实相关的太空态势感知能力。

7）其他类型的创新思维将成为我们太空未来的一部分。有些新举措，例如更多地使用寄宿式有效载荷，单个小卫星的组合或蜂群任务，星上数据处理，以及在平流层部署新的高空有效载荷系统，开始更多地利用临空（protozone，即亚空间）等，都将是未来的一部分。为了使空间更安全而开展的太空交通管理也需要考虑国家领空与外层空间之间的过渡。我们需要平流层或临空高超声速飞行器的空间操控系统，这样航天飞机、平流层运输机和科学站才不会在悲惨的事故中坠毁。此外，必须解决发射装置和航天飞机释放固体颗粒所带来的环境问题，这样它们就不会污染平流层，那里的地球大气比海平面上的空气还要稀薄100倍以上。

8）太空正迅速向所有国家的人们开放，与发展中国家人民需求的关系也将越来越紧密。传统上，太空一直是超级大国、较富裕的发达国家和大公司的领地。即使其他国家对太空感兴趣，他们通常也会付钱给美国、欧洲或日本的公司来建造他们“国家”的卫星，然后再付钱给另一家公司进行发射。这种情况正在迅速改变，原因包括立方星的革命和入轨成本的降低。关注发展中国家需求的新应用程序正在被吸纳，这些应用都是由南非、新西兰、印度尼西亚和其他国家的人们在本国开发的。

9）个人和小团体继续推动创新周期，这一趋势只会持续增加。大型、成熟的航空航天企业组织和政府机构正在努力应对新太空革命的速度和规模。这是颠覆性创新周期的一个经典例子。10年后，太空工业将会看起来非常不同，而且现在还不可能知道谁将会占据领先地位。但很明显，将会有更多的参与者、更多的卫星、更多的国家和更多的新应用出现在地平线以上。我们正处在一个大变化的时代，会有新的赢家和新的输家，但面向灵活、私营、大胆的创新者的变革将持续下去。

10）关于太空的国际监管和条约内容已严重过时，阻碍了新思想和新活动的发展。虽然如何改变还不清楚，但改变是必须的。《外层空间条约》和其他四项附属国际协定为太空提供了基本的国际法规和政策框架。这些条约是在1960年和1970年建立的，它们没有预见到有大量私人和商业系统在太空运行的情况。《责任公约》已经相当过时了，或者给今天的太空参与者带来了错误的激励。

整个小型卫星领域以及它们所能提供的服务都是之前完全没有预料到的。因此，在许多重要方向，目前的国际空间法架构未能反映我们所处的现实，更不用说预计几年后随着新太空革命的继续展开，情况将会是怎样。国际社会将如何找到一条新的和更切合实际的太空法律和管理框架与途径仍然是未知数，但现在比以往任何时候都更需要这样做。这将是需要解决的最困难的问题之一。

11）太空是珍贵的不动产，已经成为我们现代世界中无形但必不可少的一部分。我们正在迅速污染有用的轨道区域，尤其是LEO，同时，我们也正面临着污染LEO所带来的真正危险，即将无法进入太空。我们必须更好地保护进入太空的机会，减少轨道污染，减少空间碎片，并确保未来所有人都能进入太空。这将需要平衡所有国家的需求，认识到太空投资昂贵，技术发展难度高，但“太空公共资源”需要用于造福所有国家和全人类。

12）所有这些的整合和协同作用将创造太空的新未来。其中，每一项都可以对我们的世界以及如何利用太空来造福世界上所有国家和人们产生重大影响。它将是一个累积和整合的总体，将创造一个完全不同的未来，一个对我们所知的世界有显著改变的未来。许多与太空没有直接关系的新技术，如人工智能和大数据，将与小卫星和更廉价的太空访问相结合，推动许多现有应用程序的改进，创造出今天甚至还不存在的新市场。颠覆性创新周期将继续以越来越快的速度循环起来。代表新思想和新应用的公司将被创建，经历它们的鼎盛时期，然后以越来越快的速度被下一波浪潮所吞没。这将对太空开发者、投资者、监管者和个人消费者的生活和工作方式产生潜在的根本性影响，同时也将大大影响工作和就业。

9.2 颠覆性技术与变革

太空所带来的益处将继续更广泛地传播到世界各地。对于那些目前还不能像发达国家的人们一样享受各种福利的贫困人口而言，太空在显著改善他们的生活方面具有实实在在的潜力。太空可以帮助人们获得通信、信息、教育、医疗保健资源，以及以更好的方式开展耕作、林业、渔业、采矿，并提供政府服务。

在太空发射和卫星星座领域，肯定会有一次洗牌。许多公司将无法生存，这也在意料之中。但是，即使是那些无法生存下来的公司和概念，也会为其他较新的企业提供新的机遇。

硅谷的企业家们可能会在不知不觉中推动一波新的技术浪潮，从而减少贫困，改善健康和教育，为地球上最贫穷和与太空联系最不紧密的人带来繁荣，增加安全感，至少这是个希望。当然，在非洲和亚洲有许多企业家根本无法进入这个行业，但这种情况正在迅速改变。目前，在南非、南美、澳大利亚、马来西亚、印度、新西兰和整个亚洲都有太空创业公司，他们带来了新的想法和观点，肯定会更加符合世界欠发达地区的需求和希望。我们需要支持和鼓励他们所做出的这些努力。

最后，所有这些将产生重大的，有时是严重的社会影响，而我们对所有这些将带来的变化准备不足。这将远远超出前几章所探讨的由于这些不同市场的新参与者而造成的工作岗位的流失和企业的迁移，也将远远超出我们现在可以看到的自动化、人工智能和机器人技术。相比“新太空”技术和其参与者更广泛的层面上讲，技术将以一种大规模的方式减少工作岗位总数，而且，其发生速度将比大多数人想象的更快。

事实上，它已经发生了。人们将不再需要设计、建造和将产品运往世界各地。机器变得越来越有能力完成更多的需要人完成的任务。这将很快从机器人焊工执行重复性任务，发展到高级任务，如银行、金融活动和医疗诊断。世界上的自由市场经济将积极寻找并奖励那些能减少工资和其他人力成本的低成本模式。这将产生巨大的社会影响，至少在短期内不会有所改善。许多这些负面影响将发生在发达国家中，那些受过高等教育和高级职业培训的人们将越来越多地感受到这些影响。

然而，如果没有工作，谁会有钱购买自动化创造的东西？这是社会在未来几十年将面临的最大问题之一，而我们确实没有答案。有一些已经提出的想法，包括对机器人和自动化企业课以重税，并将这些新收入投入社会项目。而在几个斯堪的纳维亚国家，甚至有关于保证最低收入的建议，但在可预见的未来，这不太可能发生在美国。此外，正在收集、筛选和出售的大量个人和私人数据将继续增长，并且在很大程度上无法受到监管。生活在一个全新的、受到全面监控的社会中可能不是地球上大多数人希望看到的，但这一现实正在迅速逼近我们。谁有能力收集和出售我们的信息，谁就有能力将我们每一次点击、通话和去杂货店买东西的行为变为武器；这必须成为政治领导人需要考虑的一个问题，我们必须要求他们做出回答。他们不会愿意答复，但公众对这个世界的理解要求他们必须这样做。

最终，很显然，我们正处在一场伟大的太空革命的边缘。在我们的下一章，也就是最后一章，我们将得出一些最终的结论，并预测未来。

第 10 章　最终结论和对未来的预测

预测是非常困难的，特别是关于未来的预测。

——阿瑟·克拉克

我们的旅程已经接近尾声。这本书试图将太空领域的颠覆性创新视为在很长一段时间内发生的一系列创新活动中的一种。在太空和其他技术领域，将会有更多的创新。颠覆性创新及对我们世界的影响是许多学术研究和分析的主题，这些研究产生了一些非常有用的见解，与太空的现状和未来有关。太空和商业太空业务明显不同于大多数传统商业活动，因为它们不是像盒装麦片那样的大众市场商品，至少现在还不是。但是，整个太空领域正在经历一个激进的变革时期，驱动这一切的是硅谷在新的太空理念、资金和能力方面的创新精神。

这种变化正在推动一系列新的低成本发射器和由数百甚至数千颗小卫星组成的卫星星座的发展。这些星座大多用于通信和遥感，也会用于其他新用途。这些系统将改变架构、业务计划、融资，以及我们如何在这两个主要方面做出更多应用。它将影响项目投资人，以及这些成果如何交付给全世界的人们。它完全有可能造福那些与我们共享地球号太空船的贫困群体，进入太空可以为他们提供迫切需要的基本生活用品。

这并不是说大型 GEO 通信卫星将不再提供电视广播或移动卫星服务。“新太空”革命也将影响这些卫星的制造、测试、发射、运行和融资方式。新思维将渗透到世界各地的航空航天工业，这将是一个积极的和革命性的变化[1]。

这里有巨大的潜在利益，但也有重大的挑战，包括国际、国家法律政策的问题，这些问题必须在这个我们正在进入的与以往大相径庭的现实世界中得到解决，也是最难解决的问题之一。开发新技术相对容易，真正困难的是国际关系。

虽然有许多令人振奋的想法，比如可能在太空开采稀有材料的资源或利用太阳能卫星发电，但今天，太空领域最重要的社会利益和商业利益仍是地球轨道卫星以及能够提供的许多有用服务，包括卫星通信、PNT、遥感服务所提供的巨大商业机会和市场，以及重要的社会利益和可能为发展中国家带来的潜在影响。

10.1 愿景

推动这一进程的是新一代太空企业家，他们把太空看作是年轻的私营企业和创造性变革的下一个前沿阵地。年轻人的活力和干劲与数十亿美元的私人资金结合在一起，这一代人在成长过程中一直期待着他们也能够进入太空。这已经成为一种爆炸性的、不可阻挡的力量。

美国的火箭先驱和液体燃料火箭的开发者罗伯特·戈达德（1892—1945）在他的高中毕业演讲中说过："很难说什么是不可能的，因为昨天的梦想是今天的希望，也是明天的现实。"

在我们的颠覆性创新和太空背景下，这显然是真实的，创新和技术发展的周期已经向我们表明，无论是在第 2 章提出的三个较早的案例中，还是在我们对新的太空先驱的介绍中，今天拥有的可能是我们 10 年前所梦想的。但是，梦想必须永远是第一位的，一旦梦想被孵化，它的实现只是时间、技术和金钱的问题。

因此，出现了一批奋发努力、富有远见的个人和企业家。他们看到了一个与众不同的未来，他们有动力，有经验，有机会获得大量的资金，他们可以让神奇的事情发生。真正使这些人有别于其他人的是他们的远见卓识，他们有能力以不同的方式看待世界，然后有勇气和资源来实现这种愿景，并创造一个大胆的新现实。

"如果我问人们想要什么，他们会说'更快的马'。"这是亨利·福特的一句名言。仅仅给人们他们想要的东西并不是颠覆性创新者所做的，他们要做的是为人们提供以前从未有过的东西，然后让人们产生"没有这件东西就不能活下去"的怀疑。国家地理学会主席简·凯斯在她的著作《无畏：人生突破和实现目标的 5 个原则》中称这是窥视角落的能力，是看到别人看不到的东西的能力，是分享愿景并使之成为现实的能力[2]。这是一种强大且宝贵的能力。它在空间和时间上的发生也不尽相同。无论好坏，美国都是当前创业能力和活动的中心地带。

当然，有时这些富有卓见的人也会出错，甚至大错特错。这项研究中最吸引人的一点是，我们发现，真正聪明的人通常会把事情完全搞错。我们一次又一次地看到，在他们的领域中，聪明、能干、有经验的领导者在技术上押错了赌注，或者完全误解了一个新想法的重点方向。马尔科姆·麦克莱恩在猜测油价会持续走低时将他的公司推向了破产，乔布斯一开始并不想发展 iPhone，后来又拒绝允许外部应用程序等。事后诸葛亮很容易做，但预测是很难的，尤其是对未来的预测。但令人惊讶的是，人们有多少次在关键时刻押错了赌注。当颠覆性创新被迅速引入时，当现状被迅速颠覆时，当通常的衡量标准失效时，这个现象会更加突出。

最终，发现新技术真正有价值的是最终用户和消费者，而不是发明或创造这些技术的人。史蒂夫·乔布斯完全反对在 iPhone 上允许外部应用程序，但市场和开发者要求这样做，他们最终取得了胜利，正是这一点改变了一切。杀手级应用程序不是智能手机，也不是新的触摸屏界面，而是你可以从数以百万计的应用程序中进行选择的事实，这成为关键所在，也为苹果公司的利润贡献了数十亿美元。事实上，最终用户感兴趣或不感兴趣，并不总是能够预测的。

现在，国际金融市场上出现了一些声音，质疑我们是否已经达到了“iPhone 峰值”，以及智能手机的大幅增长是否即将结束。一旦每个买得起这些昂贵玩具的人都拥有后，情况将开始改变，而且可能是相当彻底的改变。即使是强大的 iPhone，一代人的标志，有朝一日也会成为颠覆性创新曲线的受害者吗？苹果公司是否会变得臃肿而快乐，看不到下一波浪潮的来临？苹果公司当前的管理层是否会像史蒂夫·乔布斯那样聪明，找到下一款革命性产品，并有勇气杀死会自己下蛋的金鹅？再一次带来革命的会不会是圣何塞的某个 15 岁的孩子，或者上海、开普敦的某个孩子？埃隆·马斯克能看到他的可重复使用火箭面临的下一个极端威胁吗？什么会取代化学火箭？硅谷最终是否会变得过于昂贵、过于墨守成规，以至于它在看到威胁到来之前就被超越了呢？这是有可能发生的。总有一天，这一切都会过去。

回顾过去，质问别人为什么没有如此清楚地看到下一波浪潮的到来，这很容易，但正如我们所了解的那样，预测，尤其是预测未来则要困难许多。想想这个巨大的责任，如果你是苹果公司董事会的一员，你要怎样做出将影响数十亿利润和公司命运的决定？坐在椅子上阅读这本书，谈论勇气和远见是相当简单的，但思考当前的智能手机模式将走向何方以及它将如何结束是一个有趣而有用的练习。

唯一可以肯定的是，有一天 iPhone 和它的模仿品会看起来像一项古老的技术，就像我们早期看到的“砖头”手机那样，它们看起来十分可怜。关键在于要找到理解和预见革命何时以及如何发生的方法，我们这一代的太空颠覆者也是如此。总有一天，SpaceX 公司也会随着时代的变化而变得陈旧，与新世界格格不入。所有的事情都有它的寿命，看到它的到来比在它冲击你之后看见它要困难得多。我们能学会这样做吗？这应该是可能的；通过研究过去的颠覆性创新历史，我们可以看到其中的规律。

正如这本书的开头所述，一个人或一小群人，或一个单一的想法或技术发展，能够对市场、社会和个人产生如此巨大的影响，这十分有趣。这种情况是如何发生的？这种情况发生过多少次？是什么激励和抑制了这种颠覆性技术创新的惊人过程？为什么它发生在某个时间地点而不是另一个时间地点？它能被培育和管理吗？还是它只是在不经意间“发生”，然后像风一样，在它自己的时间里消失？它可以被收集吗？

一个重要方面是这些活动的短暂性和脆弱性。由乔布斯、马斯克等魅力型领导者领导的企业，一旦他们不再掌舵，往往很快就会失败。SpaceX 公司早期有几次发射失败，差点毁了公司。如果贝索斯或布兰森的第一艘商业旅游飞船坠毁，给付费顾客带来致命的后果，在多年和数百万美元的投资之后，整个公司可能会倒闭。保罗·艾伦于 2018 年不幸去世，他的许多太空活动随即处于不确定状态。

我们都知道太空活动是艰难的，私人资助的太空计划可能会因为一次失败或失去有魅力的领导人而迅速偏离轨道。这与亨利·福特的 T 型车或麦克莱恩的集装箱车有着根本的不同。一场致命的汽车事故，甚至是一艘大型集装箱船在海上的沉没，都不会像一次失败的火箭发射那样引起公众和媒体的密切关注，更不用说让数百名火星殖民者登陆火星失败。太空活动很艰难，但太空活动也很透明，太空活动故障很难向公众、潜在的或现有的投资者、保险公司或政府监管机构隐瞒。

未来将如何看待这一代太空预见者已经超出了我们的视野，但他们最终将被置于更大的历史背景中。有些人会被尊重，有些人会被遗忘。他们可能是未来的一个崭新而重要的光明开端，也可能是一个不会产生重大影响的昙花一现，我们根本不知道。但希望我们正处于一个转折点，我们很快就会看到一种与太空更紧密、更有用的关系。

必须有火花，能把梦想变成现实，把现金变成实物。我们今天所说的新太空的主要因素之一，是 20 世纪 50 年代中期和 20 世纪 60 年代由维尔纳·冯·布劳恩等推动者和倡导者通过他的电视亮相和许多杂志文章提出的太空约定，以及阿波罗之后太空世界的现实。那些在这一时期长大的人，包括作者本人在内，都记得太空给我们带来的惊人的希望。

冯·布劳恩通过沃尔特·迪士尼和他非常受欢迎的周日晚间电视节目《迪士尼乐园》，为即将发生的事情做出了精彩的阐释。通过神奇的图像和动画，我们看到了即将到来的景象：在太空中漂浮的航天员，巨大、圆形、绕地球旋转的空间站，月球上的航天员基地等。迪士尼动画师沃德·金博尔制作并执导了其中几集。这些还包括冯·布劳恩描述的登月任务，甚至包括演员、航天员在太空飞行器中穿着宇航服的真人表演片段。冯·布劳恩是一个有魅力的演讲者，他讲述了一个神奇的故事。这些节目以及杂志上的许多文章，使这一切看起来是可能的，而且非常真实。大家自己看吧[3]，这里面包含了一个早期的“阿波罗 8 号”登月任务的模拟，这个任务并不遥远（图 10-1）。

数以百万计的美国家庭怀着惊奇的心情观看了这些节目，这些节目取得了巨大的成功，它们激发了公众的想象力。仅仅 10 年后，冯·布劳恩继续创造了强大的土星 5 号，美国航空航天局真的把人类送上了月球，并向我们传回了现场直播和彩色电视图像，仿佛未来已经到来，那种兴奋程度真的是无以言表。那些记得那个时代的人，包括布兰森、艾伦、本书作者和其他所有人，都准备好了。阿波罗计划之后情况却发生了很大改变。冯·布劳恩和他的团队创造了一个非凡的太空探索路线图，遗憾的是，现在几乎被遗忘了。他设想了一枚比强大的土星 5 号更大的火箭，命名为“新星”（Nova），并制定了在阿波罗发射台以北新建发射场、建立永久占据地球轨道的空间站、在月球上永久驻扎以及更多的其他计划。

1969 年，阿波罗 11 号成功登陆月球后不久，NASA 站在了一个十字路口。我们已经

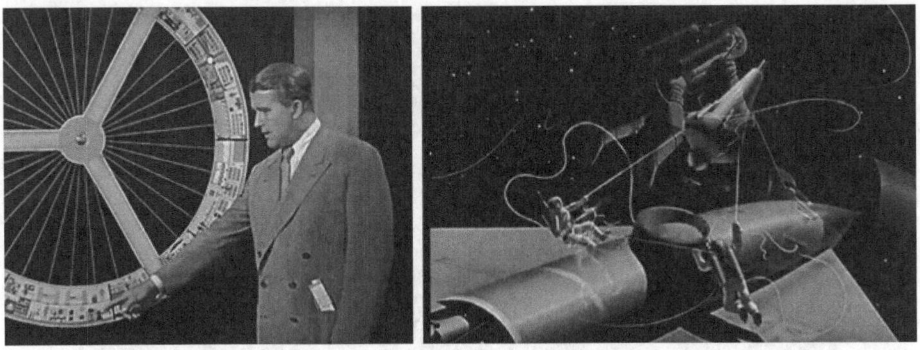

图 10-1　冯·布劳恩解释一个巨大的轨道空间站和航天员组装空间站的情况，来自 1955 年 12 月 28 日播出的迪士尼电视片段“人与月球”。注意他西装口袋里的计算尺（图片由 NASA 提供）

在太空竞赛中“战胜”了俄罗斯人，摆在桌面上的问题是：“现在怎么办?”时任总统理查德·尼克松讨厌约翰·肯尼迪和他所主张的一切，太空计划在很大程度上被认为是肯尼迪的计划。尼克松对太空不感兴趣，在地球上还有其他紧迫的政治和经济优先事项时，他也没有兴趣为这一愿景提供资金。

冯·布劳恩和他领导的 NASA 马歇尔太空飞行中心提交了一份详细的后阿波罗时代 20 年计划，该计划充满远见卓识，涉猎广泛而大胆。1969 年，在月球成功着陆的光环下，NASA 新成立的太空任务小组举行了会议，由副总统斯皮罗·阿格纽主持。

马歇尔太空飞行中心的计划包括一个完全可重复使用的航天飞机运载工具，将在 1975 年准备就绪，在不久之后为一个地球空间站提供构件，该空间站将永久占据轨道，并成为往返月球或其他更远地方的途经站。这个计划还包括继续生产土星 5 号，以及一个强大的、被称为 NERVA 的新型核上面级。

航天飞机、轨道空间站和强大的火箭将共同为载人火星飞船奠定基础，该飞船将包括一个火星任务运输工具和一个火星着陆器，称为火星漫游模块。这一新的火星运载工具将首先在近地轨道进行测试，计划于 1978 年开始，随后将在 1981 年进行首次载人火星发射，并在 1982 年首次登陆火星[4]。是的，1982 年，NASA 航天员登陆火星。

冯·布劳恩火星计划将使用两个相同的火星飞行器一起开展航行。这将需要总共发射 6 次土星 5 号，并在 LEO 空间站中进行组装。这种双飞行器设计将为这样一个漫长而危险的任务提供必要的冗余。每个飞行器将有 6 名工作人员，如果任何一个飞行器在任务中的任何时候发生故障，有足够的消耗品供 12 名机组人员使用（图 10-2）。

这次飞行将需要 270 天，在火星表面停留 80 天，然后是 290 天的返回之旅，总任务时间约为 640 天。两个火星着陆器的发射质量都将超过 40 吨，将支持三名航天员在火星表面停留两个月。三名航天员将继续在火星轨道上的两个轨道飞行器发射一系列的 12 个样本返回探测器到火星表面，观察火星及其卫星，与火星基地通信，并维护航天器，为回

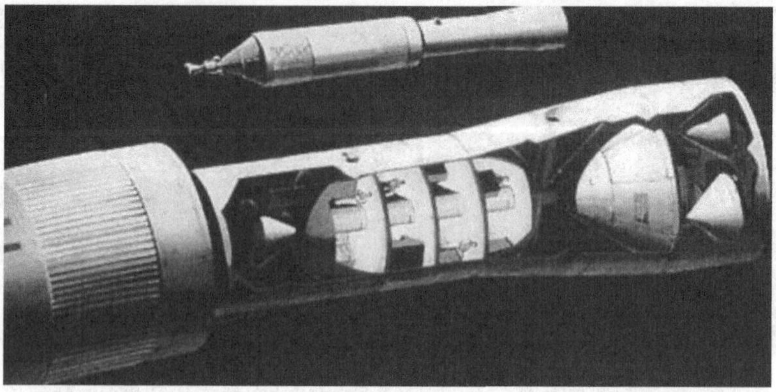

图 10-2　1969 年冯·布劳恩的双重火星探险飞行器，中间是居住舱，
右边是火星着陆器和机器人探测器（图片由 NASA 提供）

家的长途旅行提供保障。

两个着陆器看起来都很像更大的阿波罗指令舱，它们会在彼此非常近的地方着陆，形成一个火星基地。如果需要，这两架地球返回舱中的任何一架都可以搭载全部 6 名航天员。他们将在火星表面进行实验和探索，与火星轨道飞行器会合，然后进行长途返回。如果这还不够令人兴奋，那么每次任务还将包括对金星的轨道飞越，利用行星的轨道连线，在他们的飞行器上进行科学测量，并发射几个金星登陆器，将它们送到这个神秘星球的表面。航天员们将最终返回到两年前旅程开始的地球轨道空间站，而不是进行阿波罗式的水上降落。在那里，他们将卸下样品和货物，接受检疫，然后乘坐航天飞机进行最后的返航之旅。

但这并不是冯·布劳恩大胆计划的终结。除了火星着陆器和行星探测器外，该计划的所有部件都将完全可以重复使用，如果最初的任务成功，会形成一系列的重复任务，将在 1983、1986 和 1989 年三个火星发射窗口期再次飞行。这些工作加在一起将在 1989 年建立一个永久的火星基地，大约有 50 名工作人员在火星表面生活和工作。这个大胆的计划——包括建造新的航天飞机、轨道空间站，以及在 20 年内建立一个永久的人类火星基地，并对金星进行四次载人飞行——其总成本被 NASA 马歇尔团队估计在计划的 20 年内每年花费 70 亿美元，基本上是阿波罗计划的成本。

委员会提出的计划全部通过了，但是尼克松总统和他在 NASA 总部和国会任命的政治官员对此完全没有兴趣。这个计划没有任何进展，不幸的是，冯·布劳恩被理查德·尼克松总统和他的 NASA 局长托马斯·潘恩所排挤，后来在他提出计划仅仅七个月后就被“提拔”到华盛顿的 NASA 总部担任副局长。这迫使他离开了他心爱的马歇尔太空中心，第二次世界大战结束时，当他还是一个年轻的德国科学家时，他就在那里工作了。据报道，他曾说：“我们可以克服重力，但有时文书工作却让人喘不过气来。”

计划中唯一幸存的部分就是航天飞机，它被设计成一辆太空卡车，协助发射这个宏伟计划的所有部件，并在轨道站和地球之间穿梭。航天飞机被批准了，但只不过是一辆无处可去的卡车，尽管它确实建造了国际空间站的大部分。更糟糕的是，由尼克松批准的削减成本的、妥协的航天飞机有很大的设计缺陷，导致它在退役之前有两个机组的人员丧生，1986 年“挑战者”号和 2003 年“哥伦比亚”号事故分别导致了七人遇难。

冯·布劳恩在被驱逐到 NASA 总部仅仅两年后就辞去了职务，因为他知道，自己的宏伟愿景永远无法实现。他于退休五年后的 1977 年死于癌症，也是航天飞机首次飞行的大约四年前。他去世时，已经有三年时间没有一个美国人进入太空了，美国太空探索的宏伟计划被束之高阁。冯·布劳恩对 NASA 充满了怨恨，因为他的宏伟愿景从未被尼克松及其追随者理解或欣赏。

当你是一名政府雇员，而你的心目中唯一的客户就是政府时，你的愿景只能带你走这么远。1970 年从 NASA 退休时，布劳恩的年薪是 3.6 万美元。后来，他的联邦养老金每月支付给他大约 1400 美元。他成为仙童公司的副总裁，从事教育类通信卫星的研究，但不久之后他的健康状况就出现了问题。《纽约时报》援引他的话说：“现在我愿意投入任何时间来帮助实施一些我认为特别重要的太空项目，”“我认为我能在私营企业做到最好，因为私营行业正在制造进步的工具。”他放弃了通过政府和 NASA 取得任何实质性的太空成就。他在弗吉尼亚州亚历山大市的墓碑上写着：

沃纳·冯·布劳恩

1912—1977 年

圣经旧约诗篇 19：1

《圣经·旧约》诗篇 19：1 写道：“穹苍传扬他的手段。”因此，维尔纳·冯·布劳恩和他的 NASA 团队本可以在 30 多年前就开发、发射和运行火星基地、月球基地、轨道空间站、轨道航天飞机等，那时如果我们有远见、勇气和政治意愿，这些梦想都将变成现实。而且，不仅是冯·布劳恩和他的 NASA 团队感到失望和幻灭，其他人也深感失望，因为这个宏伟的未来本来近在咫尺，却被束之高阁，被人遗忘了。我们赢得了太空竞赛，我们能够继续前进，但错误就在于人们把这一切仅仅看成是一场要赢的比赛，而不是一系列更加持久、永恒的目标。

然而，这一切并没有完全被遗忘，没有被他的愿景所吸引的一代儿童所遗忘。当 NASA 未能实现它时，是新一代的个人、企业家，如埃隆·马斯克、杰夫·贝索斯、理查德·布兰森、彼得·戴曼迪斯和其他人，带着他们自己的愿景、资金和才能站了出来，他们说：“如果不是现在，那是什么时候？如果不是我，那是谁？我们开始干吧。”

可以说，阿波罗之后的 NASA 太空计划失去的希望为今天这一代私人太空先驱播下了种子。我们这些看着迪士尼和冯·布劳恩长大的人，以及在家庭电视上看到阿波罗惊人成就的人，如果放弃它，转而追求别的东西，我们会感到震惊和深深的失望。

从 1975 年阿波罗号的最后一次飞行到 1981 年大大减少且存在缺陷的航天飞机，

NASA 有整整六年没有能力将航天员送入太空。如果这还不够糟糕，历史又重新上演：自从航天飞机在 2011 年退役以来，我们没有能力用美国的发射装置将美国航天员送入太空，现在已经整整八年了，比第一次的间隔时间更长。美国政客们如此缺乏远见，令这些“阿波罗之子”深感失望，他们从小就被许诺拥有无限的太空视野，以及人类在其中扮演的角色。当然，当前的私人太空企业家一代的关键特性是：“如果你做不到，就别挡我的路，我来!”而他们也确实在这样做。

颠覆性创新更大的社会影响和后果是什么呢？有谁在乎谁被颠覆了吗，只要你能赚到几百万并及时离开就行？谁能决定那些受到负面影响的人的命运？社会和他们的政府代表是否应该要求征税或采取某种手段为那些受影响的人提供帮助？

我们怎样才能创造一个社会，能够适应这种新的、快速的技术变革周期？普利策奖得主托马斯·弗里德曼在他的新书《感谢你的迟到：在加速时代茁壮成长的乐观主义者指南》中详细研究了这个问题[5]。弗里德曼描述了他称之为“超新星”的三种相互关联、不断加速的全球进程：技术、商业市场和全球气候变化。有趣的是，他还把分布式计算作为一个关键的技术创新来介绍。他提出了非常有力的观点，即我们目前的教育、专利法和治理结构根本无法控制当今事件的发展速度，这只会成为一个更大的问题。但是，由于人类自然的适应能力，最后，他对未来解决所面临的问题相当乐观。希望他是正确的。

归根结底，问题不仅在于这些创新者如何创造新的未来，还在于如何减轻对这么多人产生的负面影响。颠覆性创新可能对整个社会有益，也可能不是，但它是否可以降低影响？由于劳动力的自动化和机器化，今天拥有高薪工作的数百万人将有一个不稳定的未来。政府在缓解这些影响方面的作用是什么？在某些时候，“市场”这只无形的手将不再能够平衡经济和对低生产成本的不断追求。在我们不断加速的技术发展历程中，谁来判定这些问题只是最近才被认真考虑，鉴于我们目前的情况，过去能给我们的经验不多。

达特茅斯学院计算机科学教授哈尼·法里德教授说：“谷歌公司和其他科技巨头需要更加认真地对待这种技术的武器化程度……我们必须了解其危害，并放慢部署此类技术的速度[6]。”

硅谷以不征求许可，并且愿意打破规则而闻名。这也是使其具有活力和动力的部分原因，但在决定我们如何让这些新能力在世界范围内释放时，必须考虑到这些能力的力量。我们必须正视这些强大的新工具的道德和伦理影响，而这是一个几乎从未被考虑甚至讨论的概念。我们也需要以同样的批判眼光来看待我们的新太空技术。

另一个关键问题是，这些类型的颠覆性创新会在何时何地发生。硅谷是一个独特而神奇的地方，无论是心态还是思维方式。但别忘了，理查德·布兰森的所有创新和颠覆性投资都是在伦敦完成的，彼得·戴曼迪斯是从波士顿起步的，后来才移居到加利福尼亚州，布兰森也一样，目前仍在伦敦工作。但是，到了建造和发射阶段，他和埃隆·马斯克却在加利福尼亚州设立了工厂。

世界上有许多地方都在试图复制硅谷，但那些地方的成功可能十分有限。硅谷有如此大的动力和如此多的资源，就像一块巨大的磁铁，吸引着有想法的人和想要支持下一个伟大想法的有钱人。大量的科技人才、知识产权律师、巨额资金，以及过往的成功记录，使它对那些有能力在那里工作的人具有强大的吸引力。而且，它也是一个美丽的、令人愉快的地方。山景城卡斯特罗街的一家户外咖啡馆是一个思考问题的好地方。

然而，这个南部海湾版的天堂有很高的进入门槛。首先，你必须能够到达那里，而我们这个星球上数百万拥有真正好点子的人甚至无法获得在美国生活的签证。其次，你必须能够负担得起，硅谷是世界上生活成本最高的地方之一。这里没有便宜的东西，包括住房、咨询、法律援助。毫不夸张地说，成功和需求使那里的生活和工作成本高得离谱，报纸上不时出现年轻科技人员以每月 1000 美元的价格租用一个步入式衣帽间的故事。

那么，创新如何能在一个特定的时间和地点而不是在另一个时间和地点上发挥作用呢？正如前面所讨论的，将其视为一个具有多个、连锁和相互依赖的组成部分的生态系统问题是十分有用的。借用生态学的比喻，像硅谷这样的创新中心是一个复杂的系统，需要多种来源的投入、能源、资源和内部调节。所有生态系统的发展和平衡都需要时间，不能只靠加水来培育种植它。硅谷具备所有的要素，并且拥有建立在成功基础上的多年经验。

那么，如何利用这些强大的创新和发展力量来造福于地球上数以百万计的贫苦大众？这有可能吗？当有人能在这个冒险中获得足够的利润时，这才会发生吗？太空技术可以为我们中最贫穷的人提供如此多的好处，希望新太空公司的大亨们能够努力做到这一点，或者更好的是，帮助非洲和其他企业家自己实现这一目标。

我们研究了各种各样的现象。个人、小团体、大公司、文化和国家都进行了创新，并受到了这些创新的影响。我们研究了几个传统的与太空相关的颠覆性创新的例子，以及如何研究和衡量这些创新。但是，人类的世界、我们的社会、法律和文化远比一条简单的曲线复杂得多，在任何一个单一的时间都有许多不止一个循环周期在起作用。克里斯滕森的 S 形曲线是一个有用的想法，但它过于简单，并没有真正反映出颠覆性创新在其时代背景下的复杂现实。

我们可以在这种颠覆性创新的方法中再加入一种创新或新思想。它是一个概念，不是来自经济或市场理论，而是来自法国年鉴学派的历史分析。年鉴学派于 20 世纪 20 年代在法国成立，20 世纪 80 年代，法国的弗朗索瓦·布劳代尔和他的同事们推动了第二次更大的活力爆发[7]。年鉴学派研究历史的长期趋势和周期，更多地关注复杂和相互交织的模式，而不是简单地关注有权有势的王公贵族们的生活和行为。教授们感兴趣的是，在政治、社会和文化背景的不同周期中，社会是如何被塑造的，同时社会又如何积极地塑造了世界。

在社会、经济和政治变革的背景下，年鉴学派提出了三种可观察到的一般模式或一般概念。其中，最关键的是所谓的长期趋势和周期（Longue Durée）、特定时间内特定条件的结合（Conjuncture）以及关键事件（évènement）的概念，它们共同在人类社会及其技术的历史发展中发挥了重要作用[8]。换句话说，年鉴学派关注的是我们这个世界经久不衰的社会经济循环模式。

这套观点在S形曲线和颠覆性创新相关的经济文献中还没有真正被探讨过，但它与我们的主题有关，它为讨论带来了另一种重要的复杂性。当然，也有反对这种方法的人，他们指出，这一方法突出和过度强调了明显留下重大印记的社会经济事件的各个方面，而没有充分考虑更多的确实发挥了主要作用的可能的短暂因素。尽管如此，许多相互交错的周期的概念，强调多种因素的独特结合，以及关键事件的想法，都带来了一种复杂性，更紧密地表现了人类社会的变化过程以及颠覆性创新在这个过程中所发挥的作用。

因此，与第1章所示的简单、合理的S形曲线系列不同（这些S形曲线依然是有用的），现在有了一个更复杂的模式，由不同的时间背景、原因和结果交织循环而组成。社会、政治、经济和技术周期既有交叉又有重叠，它们既能够促成也能抑制新技术的成功应用。每一种历史背景都是独特的，每一种情况都是循环模式和独特事件的新组合。

在科学文献中，尤其是在环境科学中，经常可以看到一个更详细、也许更现实的复杂类型的例子。图10-3显示了被称为“海因里希事件”的大致时间顺序，即在遥远的过去，由于气候的改变而产生大量冰山的情况（图10-3）。

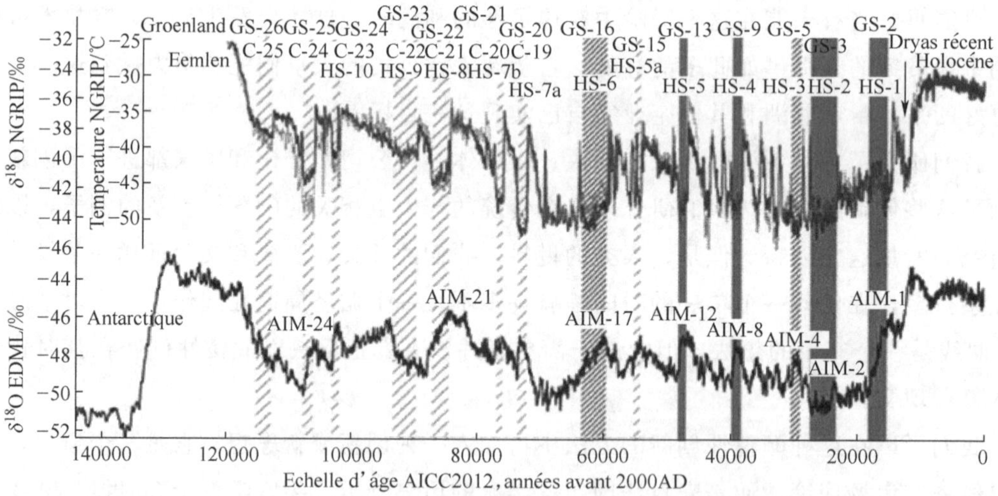

图 10-3　多个气候学数据集与时间的关系图[9]（见彩插）

图10-3的复杂性在于它考虑到了许多不同的周期和事件，这些周期和事件构成了复杂的典型自然周期和模式。在颠覆性创新和现代经济、社会和政治事件的背景下，这种方法值得考虑。

在下一阶段对颠覆性创新的分析中，第二个概念可能非常有用，那就是在这些重大创新的原因、抑制因素和由此产生的影响方面，增加一个固有的学科间甚至跨学科的视角。

过去，这些分析都是在单一的学术视角下进行的，主要是商业与经济学。同时，它们也存在于单一的、西方的或更具体的美国文化观点的微妙而难以察觉的范畴之内。

21 世纪初，学术界更有趣的创新之一是为复杂的社会科学和物理科学研究寻求一个更具包容性和跨学科的框架。没有任何一种学术观点或一套概念能够充分地模拟或概括复杂的现象，这些现象涉及颠覆性技术创新这种多层面的各种因素。我们必须考虑诸如经济市场、市场趋势、国际和国内政治以及贸易政策、个人心理的文化方面、群体动态、社会人类学和文化观念等不同的东西，以便真正发展出一套可行的颠覆性创新理论。需要的远不止是经济理论和 S 形曲线。

这也是试图将硅谷生态系统迁移到澳大利亚、肯尼亚或南非的做法可能注定会取得有限的成功或彻底失败的原因之一。经济理论必须考虑到，是人，是生活在特定时间、特定文化和政治现实中的人，在成就大事。我们必须将每种文化在某个特定历史时期的复杂的文化差异和相似之处考虑进去，以便更全面地了解创新是如何产生、成功或失败的，以及它们最终对社会及人类生活产生的多方面影响。跨学科研究试图结合几种不同的学术传统、语言和方法来研究这一复杂的现象，但我们真正需要的是一种务实的跨学科方法，即来自不同文化和学术观点的个人寻求超越这些差异，找到一种合作方式，既发挥各自的优势，又质疑和综合它们使之成为一个更完整的整体，能够真正理解这样一种复杂的现象。

目前，有许多例子表明，学者们正在跨越这些界限，研究社会、物理和自然科学之间的复杂交织。其中，一种远离太空和高科技的跨学科方法是新兴的历史生态学领域，它试图将社会文化、自然科学和物理科学方面的文化历史分析与时间结合起来[10]。历史生态学与年鉴学派也有着深刻的联系。

这种不仅考虑经济因素，而且考虑文化、社会、经济、监管和其他多种因素重叠和循环的方法，可能有助于解释为什么有些创新不得不反复提出，比如我们之前介绍的航运集装箱的例子[11]。这是一个我们会多次看到的模式。看来，好的想法通常被反复提出，只是为了最终实现合适的要素集合。年鉴学派过去注重非常长期的历史周期，而历史生态学则着眼于社会科学和自然科学之间复杂的相互作用，以理解历史活动的复杂性。这些很可能对研究颠覆性创新的原因和影响很有帮助。随着计算、机器学习、大数据等领域的发展，这一点或许很快就会被我们掌握。

10.2　我们今天的处境

在成为一个航天物种方面，我们已经取得了重大进展。康斯坦丁·齐奥尔科夫斯基、赫尔曼·奥伯斯、冯·布劳恩、谢尔盖·科罗廖夫、罗伯特·戈达德和其他人的开创性概念为太空时代的启航奠定了基础。自从苏联在 1957 年 10 月发射了第一颗名为“斯普特尼克 1 号”的人造卫星以来，大约已有 40 个国家能够建造、发射或在太空运行卫星。

截至 2022 年底大约有 7000 颗卫星在围绕地球的各种轨道上运行工作，为人类带来了各种各样实用的商业和科学效益。还有更多的太空垃圾和碎片散落在我们星球周围的轨道上，这是必须解决的一个非常严重的问题。如果申请的星座全部建成并发射，我们即将发射大约 4 万颗新卫星。这是一个巨大的数量，所有这些卫星都需要被监测，并最终以合适的方法离轨。现在大约有九个国家有能力发射自己的卫星，而且这个名单上的数量还在迅速增加。如果算上所有不同的型号和版本，今天在用的太空运载工具超过了 90 种，另外还有超过 50 种新型号正在研发中，许多将服务于新的小型卫星市场。但它们中的大多数将无法在技术和经济现实中生存下来，最终我们将只剩下一套更小的、经过验证的、有能力到达地球轨道及更远地方的系统。

就载人航天而言，目前只有美国、苏联（现在的俄罗斯）和中国三个国家将航天员送入了太空，但自 1961 年尤里·加加林首次飞行以来，有更多国家的人曾在大气层之外航行。截至 2018 年，来自 32 个国家的 560 多人进入了太空，其中，绝大多数是美国和俄罗斯的专业航天员。到目前为止，美国已经派出了超过 360 人，这很大程度上还受限于航天飞机的运载能力，因为一次最多只能运送 7 名航天员。只有两个人进入太空达 7 次，而我们在太空中的总人年数为 135。

有史以来同时进入太空人数最多的一次是在 2009 年 7 月，当时有来自 5 个国家的 13 人在俄罗斯“和平号”空间站和美国航天飞机上。写这篇文章时，国际空间站上有 6 个人（译者注：2018 年)。1968—1972 年，在“阿波罗”登月计划中，只有 24 人冒险离开了近地轨道。12 人在月球上行走，其中 3 人进行了两次月球航行。最长的单次太空飞行是俄罗斯的瓦列里·波利亚科夫，他连续飞行了 438 天。截至 2019 年，在太空停留时间最长的人是俄罗斯航天员根纳迪·帕达尔卡，他在轨道上总共待了 878 天，完成了几项不同的长期任务。国际空间站是国际空间合作的一个巨大成功，现在已经连续使用了十多年，算上国际合作伙伴的额外数十亿美元投资，美国在发射和运行方面已花费了大约 1500 亿美元。但国际空间站也仅仅是在离地球表面 400 千米（250 英里）的地方绕地球旋转，离地球并不遥远。

有史以来离地球最远的人是倒霉的“阿波罗 13 号”航天员。他们在距离地球约 401056 千米的地方绕月飞行，最终安全返回。但这个距离源于一个意外。是的，我们离家最远的一次航行竟然是个意外。在某些方面，我们已经走了很远，但在另一些方面，我们根本就没有走出那么远。“新太空”正在大踏步前进，努力让成千上万的人以一次性游客或永久火星移民的身份进入太空。

我们的机器人卫星已经走得比我们更远，它们在探索月球、太阳系的行星，甚至更远的地方。当你读到这篇文章时，我们的机器人“漫步者”和轨道飞行器正在火星上空和火星表面工作，在某种程度上，我们对火星的成像比我们对地球的成像更好。目前，火星表面上有两个漫游车、一个新的固定着陆器，还有六个轨道飞行器已经成功到达火星。但走这么远的路非常困难。自 1960 年第一次尝试以来，大约 2/3 的火星发射任务都失败了，要么在发射时，要么在途中，要么在着陆时。太空活动仍然是艰难的，我们走得越远，它就变得越困难。

最近的“新视野号”冥王星任务是 NASA“新疆界”计划的一部分，冥王星现在已被降级为矮行星。“新视野号”飞过了超过 64 亿公里（40 亿英里）的距离，越过冥王星，拍摄了我们已知的太阳系边缘、柯伊伯带以外一个名为 Ultima Thule 的天体的第一张特写图像。“Ultima Thule”是古罗马人用来形容“已知世界之外的地方”的词语，这真是一个伟大的名字。我们走得越远，就越困难，但我们一直在努力，不断做得更好。我们已经向太阳系的每一颗行星都至少发射了一枚探测器，还向银河系偏僻的小角落发射了一些探测器。

旅行者 1 号是人类制造的飞得最远的探测器，也是有史以来从地球发射最远和最快的人造物体。它于 1977 年 9 月离开，以大约 17 千米/秒（38610 英里/小时）的速度飞行。它已经离开了太阳系，现在处于星际空间，与地球的距离为 137.9 天文单位，已经超出了太阳系的边缘（约 188 亿千米）。从地球发出的信息以光速到达那里大约需要 38.16 个小时。

这个探测器仍在记录和捕捉一些数据，但其核动力源将继续衰减，并将在 2027—2030 年之间的某个时间失去通信能力。它将在大约 300 年的时间内到达遥远的奥尔特星云的内部边缘，并需要大约 3 万年的时间穿过这片广阔而鲜为人知的区域。在大约 4 万年后，它将到达“葛利斯”445 号恒星（Gliese 445）的 1.5 光年以内，然后永远地进入浩瀚的宇宙。和它一起悄无声息离开地球的还有它的孪生兄弟旅行者 2 号，旅行者 2 号最近刚刚摆脱了太阳系和太阳的影响，开始它自己的旅程，进入了无垠太空的另一个角落。我们正在向外移动，探索我们的邻居。

因此，我们已经走了很长一段路，而且我们正在以更快的速度前进，这在很大程度上要感谢一群梦想家和颠覆者的新模式和新创新。我们不能忽视这样一个事实：NASA 和其他老牌机构继续在这一切中发挥着非常重要的作用，并资助了大量的研究与开发，支持“新太空”技术成为现实。现在，而且在可预见的未来，NASA 和其他政府太空机构还将扮演着重要角色。NASA 的科学和应用活动将继续推动我们对太空的理解，未来也将如此。我们将看到传统的太空机构和新的太空新来者如何相互平衡、继续前行，政府资助和指导的太空科学也将在未来发挥重要作用。

在不久的将来，肯定会有一场对所有新进入者的筛选。如此多的国家纷纷进入发射、卫星建设和星座运营市场，必然会有一个自然选择的过程。这个市场只能支持这么多专用的小型卫星发射器，而随着 SpaceX 公司、印度和传统的 GEO 运载火箭也提供搭载服务，有多少新进入者能够生存下来，我们拭目以待。当然，肯定会有生存不下来的。记住，我们曾经经历过一段参与者们纷纷进入新的 LEO 通信服务市场的时期，但他们都失败了，并且让他们的投资者付出了沉重的代价。但这是一个自然过程，那些生存下来的公司将继续填补所需的新市场，那些没有生存下来的公司则将把他们的才华和思想输送到其他尚未成立的新公司中。太空活动是艰难的，在新一轮创业中肯定还会有很多失败，但这本身并不是坏事。

我们在这本书的每一章开头都引用了有先见之明的阿瑟·克拉克的话，他的视野和洞察力令人叹服。约瑟夫·佩尔顿写了一本精彩的书，记录克拉克的预言。这些预言很多，而且已经被证明是非常准确的[12]。其中，最重要的一句话可能是："只有当我告诉你的事情看起来绝对不可思议时，我们才有机会想象未来，因为它将真的发生。"

如果我们以此为出发点，我们就可以开始了解我们的未来，以及太空的未来会是什么样子。太空的未来将比我们在这里开始考虑的要"遥远"得多，唯一可以的是，无论我们做出什么猜测都可能是错误的，内容也会比将要发生的事情少得多。不过有一件事是确定的，即我们的未来将在太空中，除非发生巨大的小行星或彗星撞击或核战争这样的灾难，人类将成为太空中的多行星物种。对于这一点，你应该深信不疑。

美国人类学家玛格丽特·米德（1901—1978年）曾写道："永远不要怀疑一小群有思想、有献身精神的公民能够改变世界。事实上，这是一件永远都在发生的事。"

在未来太空和颠覆性太空技术背景下，这句话似乎特别合适。虽然"阿波罗"登月计划耗费了近50万人的努力，以及数十亿美元的资金，但如果没有几个关键人物非凡的远见、雄心和干劲，这一切都不会发生。在整个人类探索太空的故事中，有很多杰出的人物，他们克服重重困难，创造了未来。冯·布劳恩、肯尼迪和其他一些人通过他们个人的努力，使几十万人齐心协力成为可能。

本书中列举的每一个例子，无论是在太空领域还是其他领域，都是由一个具有远见卓识的人所驱动的，这个人拥有对未来的憧憬，以及将这种憧憬变为现实的动力和决心。虽然很多人在加利福尼亚州霍桑市的SpaceX公司和其他地方工作，但把他们带到这里，并让每一艘飞船进入太空的是埃隆·马斯克的愿望。就像对冯·布劳恩和其他人一样，愿望就是一切的动力。最终，在人类创新和创造的历史上，是个人和小群体真正构想和创造了新想法，并将它们变成新的现实（图10-4）。

德国著名哲学家歌德（1749—1832年）曾写道："当一个人一旦全身心投入，就会触动冥冥中的天意。无论你想做什么或认为能做什么，开始去做便是。行动有魔法和力量，并且十分优雅。"

第二个教训是第一个教训的补充。行动有力量，如果你不能将想法付诸行动，再多的想法也毫无意义。从亨利·福特、马尔科姆·麦克莱恩到埃隆·马斯克和阿波罗号的其他孩子们，本书中介绍的所有创新者都显示出了行动的力量。他们不等待别人，他们不请求许可，他们不害怕他们所做的决定的后果。开始吧，现在就做！

拿破仑应该说过："L' audace，l' audace，toujours L' audace." 果敢，果敢，更加

图 10－4　从加利福尼亚州霍桑市的 SpaceX 公司设施看从范登堡发射的猎鹰 9 号（图片由 SpaceX 公司提供）

果敢。或者也可以翻译为“大胆”或“无畏”，意思很明确。如果你敢于做伟大的事情，你就必须大胆，愿意抓住机会。我们在接下来的篇幅中讨论的所有人物都有这个重要的特征。大胆，以及用太空领域的话来说，愿意“推倒重来”，是这个故事的关键因素。开始干吧！

最后，纳尔逊·曼德拉说：“人生最大的荣耀不在于从不跌倒，而在于每次跌倒之后都能站起来。”

我们在这本书中看到的每个人都有过重大的失败和挫折。亨利·福特的第一个汽车合资企业失败了，马尔科姆·麦克莱恩因押注油价而致使公司破产。理查德·布兰森的“维珍可乐”遭遇了一次可怕的失败，该公司原本打算与可口可乐和百事可乐竞争。史蒂夫·乔布斯被苹果公司解雇了，他的下一代计算机也失败了，等等。

2006—2008 年，SpaceX 公司的前三个猎鹰 1 号发射器连续炸毁了，但埃隆·马斯克发射了第四个；他从错误中吸取了教训，继续前进。他的第一级火箭也是如此。他们失败了无数次，甚至有一个非常有趣的视频，所有的失败都被张贴在互联网上，但是，在硅谷模式中，失败是可以预期的。失败是有价值的。你每次失败都会学到东西，而且你会想出办法。这些创新者和有远见的人都有过失败和挫折，但他们都重新站了起来，从失败中学习，再次尝试，直到成功。他们都有勇气冒险、掷骰子，清楚地知道他们可能会失败。勇气是行动的重要组成部分，失败后重新站起来是另一回事。他们每个人都失败过很多次，但他们都爬了起来。有多少杰出的企业家和他们令人惊奇的想法从未进入市场，因为他们在最初的几次失败后干脆放弃了。天才和疯子之间的界限、坚持和痴迷之间的界限是模糊的，人们有时会放弃或尝试其他东西，但是，有勇气一次又一次地尝试，是使一个成功的颠覆性创新概念成为新现实的一个方面。从错误中学习并适应下一次冒险的能力也是我们看到的一个共同特点，这是硅谷模式的一个固有部分。要尽早失败，经常经历失败，但每次都要学习。归根结底，正是爬起来再尝试的勇气导致了成功。重新站起来，再次尝试，但首先要从错误中学习。

10.3 最终结论

人类具有创造新工具的非凡能力，也许用“能人”（Homo habilis）来称呼那些生活在大约 210 万～150 万年前、足迹遍布非洲和欧亚大陆地区的人类比用“原始人”来称呼他们更合适（图 10－5）。

图 10－5　（左图）150 多万年前的奥尔德沃文化石器，由“能人”制作

（图片由 José－Manuel Benito Álvarez 提供，经许可使用）

（右图）SpaceX 公司的“龙 2 号”载人飞船，于 2019 年飞行（图片由 SpaceX 公司提供）

“能人”是最早的石器制造者之一，他们的石器是人类在遥远的过去迈出的重要一步，使人类从生活在世界中过渡到塑造世界。我们仍然是工具的制造者和使用者，我们已经学会了制造神奇的机器在太空中做有用的事情。但我们更擅长创造工具、事物和数据，而不擅长理解它们的全部含义以及面对我们行为产生的后果。阿瑟·克拉克还有一句话说得也很好：“信息时代为人类提供了很多东西，我想我们会迎接它带来的挑战。但必须记住，信息（在原始数据的意义上）不是知识，知识不是智慧，智慧也不是远见。但信息是通向所有这些的第一个必要步骤。”

我们在这方面非常缺乏智慧。我们在创造、发射和操作太空中的传感器方面非常出色，在生成 PB 级字节数据并将其发送到地面上，再用我们强大的计算机进行分析方面也很出色。太空遥感卫星现在每天都在绘制我们的世界。事实上，我们现在被数据所淹没。

我们也非常善于使用计算机处理这些数据。正如前面所讨论的，新的传感器和新技术，如人工智能和机器学习，也正在彻底改变我们从全部原始数据中提取有用信息的方式。我们仍然很不擅长的是在这些基础上变得更明智或做出更好的决定。我们可以把这称为“从数据到信息到知识”的悖论。我们真的很擅长构建工具，收集数据，并将其处理成有用的信息。但至少到目前为止，我们在创造知识方面做得非常差。

图 10-6 来自美国地球同步气象与气候卫星运营者——美国国家海洋和大气管理局，这张图显示了从 PB 级字节的原始数据到更小数量的有用信息和有用知识的发展过程。我们在这方面做得很好，而新太空革命只会通过新的卫星、数据系统、分析方法和应用，提高这一过程的速度和规模。

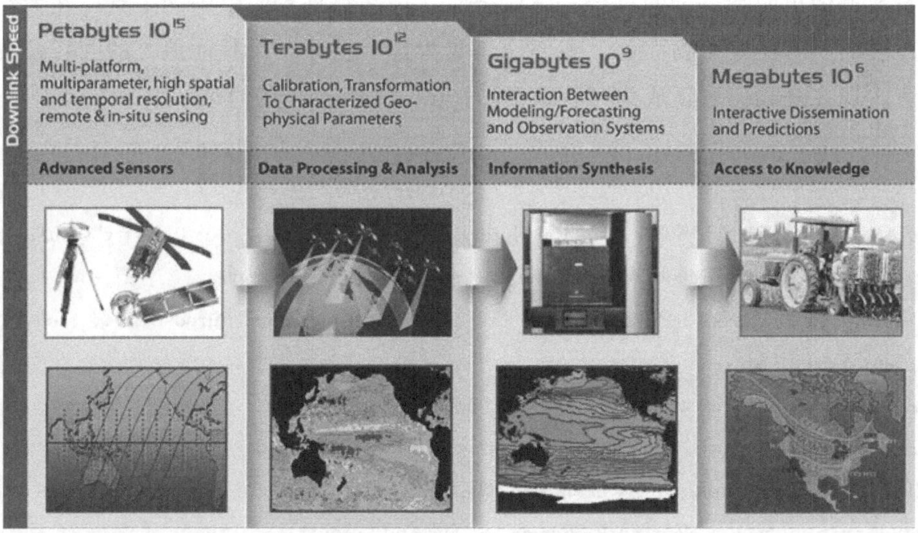

图 10-6　从 PB 级字节的原始数据到兆字节的有用信息（图片由美国国家海洋和大气管理局提供）

另一种思考这个过程的方式是从光子到电子再到神经元。我们创造了神奇的数字传感器，在遥感方面，我们设计和操作收集光子的传感器，并将其转化为电子或电流，全部存储为数字数据。我们将原始数据传输到地面，由计算机进行处理，最终由人类分析师和他们的神经元研究这些数据，并将结果提交给决策者，然后由决策者思考我们所学到的内容和意义。然后，这些都将被用于一些有用的人类目的。也许是基础科学，以更好地了解地球演化的过程，如臭氧层空洞，或对极地冰层、森林砍伐或水污染的实际分析。

人们希望，在未来，我们选出来的领导人、有权势的人、行业的领头人和决策者，都能将这些信息、知识结合起来，为人们及其星球做出更好的决策。可惜现在还不是这样。在今天的美国，我们选举出来的领导人，他们在国会任职，在监督 NASA、美国国家海洋和大气管理局及其预算的委员会任职，他们拒绝相信全球变暖，尽管有大量的科学证据表明这已是事实。无论如何，我们必须找到一种方法，根据我们从所有令人惊叹的科技中学到的知识，做出更好的决定。为了这些科技，我们可是付出过艰巨的努力。

我们在这里考虑的所有颠覆性技术，具有一定的普适性。一个令人担忧的问题是，人类总是急于创造一些新的玩具，但很少考虑到这些玩具带来的影响和后果。能人！如果我们能做到，我们就会去做！之后再看看它会给我们带来什么问题。这种特质深深根植于我们的 DNA 中，是我们走到今天这一步的原因之一，所以我们不妨接受这是我们命运的一部分。我们热爱我们的玩具。在遥远的过去，一种新的但危险的颠覆性发展可能只影响小部分人或偏远的地理区域，但在当今一体化和网络化的世界中，其影响可能是大规模的、全球性的和直接的。在未来的几十年里，这种情况将更加严峻。

在这个前所未有的、技术快速发展变化的时代，如何既能接受并缓解我们正在开发的东西所带来的负面或颠覆性影响，同时又能在政治、经济和社会方面，提高我们的领导人根据大量数据做出明智决定的机会？归根结底，这些都是我们手中的工具，在太空新技术和尚未出现的所有美好事物面前，我们应该成为这个星球以及其他地方的明智开发者和良好使用者。现在是我们真正成为“智人”（Homo Sapiens）的时候了。

参考文献

[1] PELTON，JOSEPH N. “Space 2.0：Revolutionary Advances in the Space Industry”（2019）Springer，Geneva，Switzerland10 Final Conclusions and Predictions for the Future221.

[2] CASE. Jean Be Fearless：5 Principles for a Life of Breakthroughs and Purpose 2019. Simon @ Schuster，New York.

[3] https：//www. youtube. com/watch? v=eXIDFx74aSY

[4] http：//www. astronautix. com/v/vonbraunmarpedition - 1969. html

[5] FRIEDMAN T L. Thank you for being late：An Optimist’ s Guide to Thriving in the age of Accelerations（First Edition.）. New York：Farrar，Straus and Giroux.

[6] https：//www. wsj. com/articles/privacy - problems - mount - for - tech - giants - 11548070201

[7] BURKE，PETER. The French Historical Revolution：The Annales School 1929 - 89，(1990).

[8] BRAUDEL，FRANCOIS. History and the social sciences：The Longue Durée. In：On history. University of Chicago Press，Chicago

[9] https：//commons. wikimedia. org/wiki/File：Approximate _ chronology _ of _ Heinrich _ events _ vs _ DansgaardOeschger _ events _ and _ Antarctic _ Isotope _ Maxima. png Goeland1234 [CC BY - SA 4.（https：//creativecommons. org/licenses/by - sa/4. 0）]

[10] CRUMLEY，CAROLE L. 1994. Historical Ecology：A Multidimensional Ecological Orientation. In Historical Ecology：Cultural Knowledge and Changing Landscapes，ed. C. L. Crumley，pp. 1 - 16. Santa Fe：School of American Research Press.

[11] BALÉE W. “Historical ecology：Premises and postulates”. In W. Balée（Ed.），Advances in Historical Ecology，(pp 13 - 29). Columbia University Press，New York. ISBN 0 - 231 - 10633 - 5.

[12] PELTON，JOSEPH N. with Peter Marshal，The Oracle of Colombo：Arthur C. Clarke Reveals the Future（2nd Edition）PM Associates，London，UK.

附　　录

附录 A　术语表

Active debris removal——ADR：主动碎片清除，指的是旨在主动完成清除碎片的空间活动。它可能涉及使用各种技术使碎片脱离地球轨道。这与被动系统形成对比，后者由于引力效应、大气阻力或其他自然效应，如空间天气，导致空间物体最终不受控制地脱离轨道。(见促进空间物体脱离轨道的被动系统。)

Agreement Governing the Activities of States on the Moon and Other Celestial Bodies——关于各国在月球和其他天体上活动的协定：该协议，俗称《月球协定》，于 1979 年 12 月 5 日签署，是联合国大会通过的主要空间协议中的第五个，也是最后一个。《月球协定》重申了《外层空间条约》的许多规定。它还引入了“人类共同遗产”的概念，来描述天体及其自然资源。这已被证明是最具争议的空间协议之一，与 1960 年和 1970 年早期通过的其他四个空间协议相比，实际认同它的国家要少得多。

Airspace——空气空间（空域）：空域和外层空间的定义以及两者之间的分界线还没有正式决定。商业空域是指为了飞机安全而受到管制的空间，它从地面向上延伸到 20 千米。军事空域则延伸到这些高度之外。有些人将空域定义为延伸至冯·卡门线，即飞机在物理上不可能飞行的点，也就是距离地球表面 100 千米的地方。根据《芝加哥公约》第 1 条，各国对“［其］领土上方的空域拥有完全和专属主权”。

Asia - Pacific Regional Space Agency Forum——APRSAF：亚太地区空间机构论坛，成立于 1993 年，包括来自亚太地区的参与者，目的是协调和加强该地区的空间活动，该集团的成员包括私营公司和组织、政府机构、国际组织以及独立实体。它支持与空间有关的项目，并举行年度会议和研讨会。

Asia - Pacific Space Cooperation Organization——APSCO：亚太空间合作组织，这也是一个涵盖亚太地区的组织，寻求区域内空间技术和应用方面的合作。16 个国家成为该组织的成员，该组织成立于 1992 年，其公约于 2002 年全面签署并全面生效。

BRICS——金砖国家：这是一个缩写，指的是巴西、俄罗斯、印度、中国和南非五个国家。在工业和技术发展方面，这些国家经常被一起提及。

Centre National d'études Spatiales——CNES：国家太空研究中心，这是法国国家航

天局。

China National Space Agency——CNSA：中国国家航天局，这是中国的官方空间机构。

Committee on Space Research——COSPAR：空间研究委员会，这个委员会成立于1958年，主要目的是促进与外层空间利用有关的科学研究的国际合作。它的主要目标是在国际层面实现相关信息的有效流通。它是由国际科学理事会建立的，并主办年度会议、研讨会和大会。

"Common heritage of mankind"——"人类的共同遗产"：这一阶段在《月球协定》第11条第1款中有明确规定。这是一个试图正式将天体及其自然资源定性为人类共同利益的一部分。1982年《联合国海洋法公约》第136条也使用了这一短语，涉及公约中海床和其自然资源的利用。这句话的确切含义现在存在一些国际争议。

Commercial Spaceflight Federation——商业航天联盟：这是一个致力于开发航天相关的新商业系统的公司组织，包括太空港的运营商、太空飞机的开发商和运营商，以及其他相关活动。它最初是作为私人航天联盟组织的，但后来改名为包括所有类型的商业航天活动。

Commercial Space Launch Amendments Act of 2004——2004年商业航天发射修正法：是一部关于商业航天发射器的美国法律，也被缩写为CSLAA。

Commercial Space Launch Competitiveness Act of 2015——2015年商业航天发射竞争力法：是最新的法案，涉及美国对商业航天器飞行和商业空间活动的监管。该法案的第四章涉及太空采矿活动的监管。

Consultative Committee on Space Data Systems——CCSDS：空间数据系统咨询委员会，一个国际委员会，其任务是协调空间数据的收集和使用。

Cubesat——立方星：指的是一个相当小的立方体形状的卫星，尺寸为10厘米×10厘米×10厘米，质量约为1千克。立方星从1个部件开始，最多可增加到6个部件，比基本的立方星大六倍。

Customary law——习惯法：习惯是国际法的来源之一（根据《国际法院规约》第38条），由国家惯例和法学意见组成。习惯法可以被定义为从各国所遵循的实践中产生的、被认为具有约束力而不涉及常规法的全部规则。

Data Relay Store and Forward Services——数据中继存储和转发服务：这是一种在轨道上数量有限的低地球轨道卫星可以提供的服务，即储存上传的数据信息，然后在通过相关地点时下传这些信息。萨里大学的卫星（UoS）是完善这种小型卫星服务的先驱。这种仅仅是数据中继的服务有时可以被称为B2B（或企业对企业）服务。

Defense Advanced Research Projects Agency——DARPA：美国国防部高级研究计划局，美国的这个国防机构最初是作为高级研究计划局（ARPA）成立的。它的章程是为美国国防开发最先进、达到最高水准的技术，并在空间技术和系统开发中发挥了关键作用，包括小型卫星技术。

The Disaster Charter——灾害章程：这是“在发生自然或技术灾害时进行协调使用空间设施的合作章程”的简称，也是比较流行的名称。该灾害章程建立于 2000 年，是第三次外空会议讨论和建议的结果。该宪章及时地、免费地提供遥感数据，它已经被启动了 400 多次。诸如地球观测小组（GEO）、全球环境与安全监测（GMES）和美国空间技术灾害管理（STDM）等实体都为该章程做出了贡献。

Disruptive Innovation——颠覆性创新：颠覆现有市场和市场领导者的新技术。该术语由美国马萨诸塞州剑桥市哈佛商学院的克莱顿·克里斯滕森在其《创新者的窘境：当新技术让伟大公司走向失败》一书中提出概念，该书由哈佛商业评论出版社于 1997 年出版。

DLR：德国航空航天中心，这个首字母缩写在德语中表示为 Deutsches Zentrum fur Luft und Raumfarht，实际上就是德国国家航天局。

Dragon——龙飞船：SpaceX 公司的太空舱，可置于猎鹰 9 号和猎鹰重型运载火箭之上。它有货运和载人版本，用于国际空间站的再补给、太空旅游和其他任务。

Dual - use satellites/payloads——军民两用卫星/有效载荷：可同时或交替用于民用（主要是商业）和军事目的的卫星及有效载荷。有时这代表某一航天器使用相同的有效载荷用于军事和民用通信。在其他情况下，可能一颗卫星有几个有效载荷，其中一些有效载荷用于民用目的，而其他有效载荷用于军事目的。

Due diligence——尽职调查：这是一个在国内和国际法中使用的术语。在国际法律用法中，它指的是这样的原则：各国在开展活动之前应考虑其活动的后果，如果预见到这些活动会造成伤害或妨碍其他国家的活动，则应放弃这些活动；或者，它们应采取一切必要的步骤，来避免这种后果。同样的概念也是根据《外层空间条约》的规定开展空间活动的依据。

Due regard——适当注意：这一概念是指国家有义务以不对其他国家造成伤害的方式开展活动。该术语与尽职调查的区别在于，前者是指操作阶段，而后者是指准备阶段。在空间法中，《外层空间条约》第九条规定了这一术语。

Electron launch vehicle——电子运载火箭：是由新西兰和加利福尼亚的火箭实验室开发的新运载工具，该公司是一家新太空公司，试图开发一种低成本的小型卫星发射器。

EMI：电磁干扰。

Equal non - discriminatory sharing/uses of outer space——平等无歧视地共享/使用外层空间：这一概念随着《外层空间条约》被引入空间法体系，后来在《月球协定》中得到重申，要求各国平等参与外层空间的共享和使用，“无论其经济和科学发展程度如何”。

Equitable sharing/uses of outer space——公平共享/利用外层空间：与“平等分享”形成对比，“公平共享”利用外层空间所产生的利益是指根据各国的需要、能力和财政投资进行“平衡共享”，而不一定是平等分享与空间有关的活动的结果。《月球协定》确立了这一概念，因为它提到了利用天体自然资源所产生的利益。这句话的确切含义也是一个有国际争议的问题。

European Space Agency——ESA：欧洲空间局，是一个包括大多数欧洲国家的综合空间机构，它与欧盟的成员不同。这种成员的不同和这些国际机构采用的不同财务条款，有时会使欧洲空间活动的管理和融资变得复杂。

European Commission——EC：欧洲委员会，是欧盟（EU）运作的权威机构，下设各局。

European Union——EU：欧盟，是一个综合组织的名称，为欧洲提供区域政府的要素，“欧元”是其共同货币。

EUTELSAT：欧洲通信卫星组织。

Extremely Eccentric Earth Orbit or Highly Eccentric Orbit——EEO 或 HEO：极偏心地球轨道或高偏心轨道，是一个非常高的椭圆轨道。它有时也被称为闪电轨道（也称莫尼亚轨道），名称来源于苏联闪电型通信卫星。

Fault - based liability——过错责任：与《责任公约》第二条规定的绝对责任不同，过错责任要求国家存在过失，才能将责任归咎于它。《责任公约》第三条对在地球表面以外的地方造成的损害规定了这种责任。

Federal Aviation Administration——FAA：联邦航空管理局，美国的国家民航当局，负责“民用航空的发展、安全和管理”。在其管辖范围内还有空中交通管制活动。联邦航空局空间运输办公室（OAST）负责许可和监督商业空间活动的安全。

Federal Communications Commission——FCC：联邦通信委员会，是美国的监管委员会，负责美国无线电频率的分配，包括那些用于太空通信和那些在非常高的高度（即临空）使用的频率。

Femto - sat：是最小的一类迷你卫星，其大小被认为是在 10～100 克的范围内，或最多约 4 盎司。

FOS：法国太空行动法。

GAGAN：GPS 辅助地理增强导航系统。印度版本的 GPS 卫星导航系统。

GEO：地球静止轨道。

Geosynchronous Earth Orbit——GSO：地球同步轨道，与 GEO 非常相似。GSO 几乎是一个理论上的概念，因为一个完美的 GSO 卫星将始终保持在赤道平面上。月球引力以及地球形状和密度的异常，不断将地球同步轨道卫星拉到赤道的北方或南方。

Global Positioning System——GPS：全球定位系统，是由美国军方运作的 NAVSTAR 卫星定位和计时系统的名称，以提供精确的导航和计时。

GLONASS：俄罗斯的全球导航卫星系统，在俄语原文中表示为 GLObal'naya NAvigatsionnaya Sputnikovaya Sistema。

GNSS：全球导航卫星系统，是各个国家GPS卫星系统的总称。

HAPS：高空平台系统。在非常高的高度运行的有翼飞机，远远高于商业航空的高度，但低于卫星轨道高度。

IAASS：国际空间安全促进协会。成立于2004年，IAASS是一个非营利组织，其目标是实现广泛的国际合作，以促进空间系统安全领域的发展。

IAC：国际宇航大会。

IAF：国际宇航联合会。

IAU：国际宇航联盟。

IGC：全球导航卫星系统国际委员会。

International Bank for Reconstruction and Development——IBRD：国际复兴开发银行，是联合国的一个专门机构，负责处理世界银行业，特别是发展中国家的融资和发展。见国际货币基金组织。

International Civil Aviation Organization——ICAO：国际民用航空组织，联合国专门机构，成立于1944年，旨在“管理《芝加哥公约》的行政和治理工作”。国际民用航空组织通过《芝加哥公约》的成员国采用SARPs（标准和建议措施），目的是实现安全、可靠、经济和环境可持续的航空。它由公约的191个成员国组成。

International Council of Scientific Unions——ICSU：国际科学联盟理事会，是一个全球理事会，包括空间研究委员会（COSPAR）和国际宇航联盟。

International Court of Justice——ICJ：国际法院，是一个解释国际法的国际法院，在条约、公约或其他既定的国际太空法可能出现争议的情况下进行裁决。

International Global Navigational Satellite Service——GNSS：国际全球导航卫星服务，是描述PNT卫星服务的另一种方式，如美国的GPS。

International Maritime Organization——IMO：国际海事组织，是联合国的一个专门机构，负责处理国际海事服务和操作及安全的所有方面，包括通信。该组织以前被称为国际海事协议组织（IMCO）。

International Monetary Fund——IMF：国际货币基金组织，是联合国的一个专门机构，处理经济最不发达国家的金融需求。

INMARSAT：国际海事卫星组织。

INTELSAT：国际通信卫星组织。

Iridium——铱星：是世界上第一个LEO星座，部署小型卫星，为使用小型手机进行语音和数据通信的用户提供移动卫星通信。这个最初的系统经历了破产，不得不进行财务重组。第二代铱星系统，包括第二代卫星，最近已使用SpaceX公司猎鹰9号火箭全面部署。第二代铱星系统卫星有附带的有效载荷，将用于支持所谓的（FAA－NEXTGEN）

位置确定，以支持飞机的精确导航。

Indian Regional Navigation Satellite System——IRNSS：印度区域导航卫星系统，是由印度运营的综合 PNT 卫星系统。与其他大多数系统不同，因为它是区域性的，不在全球范围内运行；它由 GEO 和 MEO 卫星组成。

Indian Space Research Organization——ISRO：印度空间研究组织，印度宇航局。

International Standards Organization——ISO：国际标准组织，是一个国际标准机构，是政府和商业组织使用的许多国际技术标准的关键，以确保质量和国际标准化。

International Telecommunication Union——ITU：国际电信联盟，是联合国负责信息和通信技术的专门机构。它是最古老的联合国机构，成立于 1865 年。它位于瑞士日内瓦，其法律框架包括《国际电信联盟公约》《国际电信联盟章程》和《国际电信联盟无线电条例》。

International Traffic in Arms Regulations——ITARs：国际武器贸易条例，控制与国防目的有关的物品和服务的贩运（出口和进口）的条例。它们在本质上构成了《美国法典》第 22 章第 2778 条《武器出口管制法》的实施，由美国国务院发布。任何涉及使用美国供应商的部件的小型卫星设计者应该了解这些法规和适用的限制。

ITU Convention——国际电信联盟公约：是国际电信联盟的公约，它有一个国际商定的条约。

ITU RR：国际电信联盟无线电条例。

Japanese Aerospace Exploration Agency——JAXA：日本宇宙航空研究开发机构，日本宇航局。

Launcher One：是维珍银河公司正在开发的小型火箭发射器，具备将小型卫星发射到 LEO 的能力。这个发射系统正在签订合同，提供一些发射，以支持 OneWeb 卫星群的部署（见太空船 2 号）。

Launching authority——发射机构：授权将空间物体发射到外层空间的法律实体。这是一个有别于“发射国”的概念，通常与许可实体有关。发射实体也常常是“发射国”，正如在联合国外层空间事务处登记时指出的那样。

Launching State——发射国：发射或安排发射空间物体的国家，或从其领土或设施进行发射的国家（《责任公约》和《登记公约》第一条）。

Liability Convention——责任公约：1972 年 3 月 29 日空间物体所造成损害的国际责任公约。经过 10 年的谈判，联合国和平利用外层空间委员会法律小组委员会在 1971 年通过了第 2777（XXVI）号决议，提出了《责任公约》。该公约于 1972 年生效，通过区分绝对责任和过错责任，涵盖了空间活动中出现的责任问题。这是一个面向受害者的条约，因为它规定了在地球表面造成的损害的绝对责任，以及在外层空间发生损害的过错责任。

Low Earth Orbit——LEO：低地球轨道，这并不表示一个具体的轨道，而是一个低于范艾伦辐射带内部的轨道范围。典型的 LEO 从 300～1500 千米不等。其中，许多是极地的、与太阳同步的轨道，用于遥感卫星。国际空间站就在 LEO 上。

Long - Term Sustainability of Outer Space Activities——LTSOSA：外层空间活动的长期可持续性，联合国和平利用外层空间委员会成立了一个外层空间活动长期可持续性工作组。它已经提出了一些与轨道碎片、太空交通管理和其他问题有关的建议。关于这些建议的结果可以在联合国和平利用外层空间委员会的文件和《全球空间治理国际研究报告》（2017 年）中查阅。

MEO：中地球轨道。这个轨道范围是 PNT 卫星群的领域，高度约为 20000 千米。

Micro satellite——微型卫星：这种类型的小卫星通常是由较小的制造商为特定的目的而制造的，一般用于军事或政府任务。这种类型的卫星通常在 20～99 千克的尺寸范围内。

Millennium Development Goals and Beyond 2015——MDG：2015 年以后千年发展目标，联合国大会最初通过的联合国目标，现在已经被 2030 年的可持续发展目标所取代（见 SDG）。

Nanosat——纳米卫星：纳米卫星是一个术语，指的是没有确切含义的小型卫星，但其质量通常在 1～10 千克之间。这有时是指与立方星相同的卫星。

NASA：美国国家航空航天局。NASA 是美国联邦政府行政部门的一个独立机构，负责民用太空计划，并进行航空和航天研究。

NewSpace——新太空：是当前商业空间活动的革命，也被称为太空 2.0 或硅谷太空。

NGOs：非政府组织。

OECD：经济合作与发展组织。

Office of Outer Space Affairs——OOSA：外层空间事务办公室，该部门为联合国和平利用外层空间委员会的运作和活动提供支持。它执行大会的决定，并支持联合国和平利用外层空间委员会、其法律和科学与技术小组委员会以及各工作组的会议。它成立于 1962 年，目前该办公室位于奥地利的维也纳。

On - orbit servicing——在轨服务：对在轨物体（例如卫星、空间站或空间飞行器）的安装、维护和修理活动，以便通过补充燃料延长该物体的寿命，或通过更新或修理部件增强其能力。在轨服务可以包括载人或无人的任务。有很多人担心这种活动可能被用来进行间谍活动或摧毁卫星。

OneWeb：由大约 800 颗卫星和备件组成的大型 LEO 星座，由 Astrium AirBus 公司承包制造。理查德·布兰森是其主要的投资者。这是真正大规模的“巨型低地球轨道”概念中的一个，正在实际生产中，准备发射。它的主要目标是向世界各地服务不足的地区提供宽带互联网服务。

Orbital space debris——轨道空间碎片：空间碎片指的是太空中失效的人造物体和由各种目的造成的物体，包括电池和燃料箱爆炸、卫星之间的碰撞，以及碎片本身与其他碎片的碰撞。也被称为太空垃圾，它可以由旧卫星、废旧末级火箭、解体后的碎片以及侵蚀或碰撞后的碎片组成。

Outer space——外层空间：外层空间包括什么，没有一个广泛接受的定义，主要是由于对空域和外层空间之间的划界缺乏一致意见。尽管许多理论提出了不同的看法（例如，空间主义方法、功能主义方法、空气动力升力理论等），但最广泛接受的外太空开始点是地球表面以上 100 千米（冯·卡门线）。因此，外层空间可以被定义为从地球表面以上约 100 千米处开始的空域以上扩展的区域。其他人建议 160 千米，这是维持低地轨道卫星所需的最低高度，可能是外层空间开始的适当高度，也是所谓临空的上限。

The Outer Space Treaty——OST：《外层空间条约》，是关键的太空条约，正式名称是“关于各国探索和利用包括月球和其他天体在内的外层空间活动的原则条约”，于 1967 年 1 月 27 日签署。因此，《外层空间条约》于 1967 年 1 月开放供签署，并于 1967 年 10 月正式生效。《外层空间条约》通过核心原则建立了国际太空法的基本框架。目前，已经有 104 个国家批准了该条约。

Passive device de-orbit systems——被动装置脱离轨道系统：这些是可以在卫星寿命结束时启动的装置，以产生空气阻力，协助 LEO 卫星脱离轨道。

Peaceful uses——和平利用：从一开始，太空法就被起草为以和平目的使用外层空间为中心。虽然没有具体条款禁止将太空用于军事目的，但在《外层空间条约》的谈判中普遍认为，只要不是以侵略的方式，就可以将外层空间用于军事目的。因此，和平利用可以是军事目的，但不是交战行为。

Piggyback launches and piggyback payloads——背负式发射和背负式有效载荷：一次发射可能包括一个或两个甚至更多的主要有效载荷，加上一些小卫星作为“背负”，提供超出主要发射目标所需的额外发射能力。除了这些辅助性的发射安排，一颗卫星可能有一个主要的任务目标，但它也可以包括一些“背负”包，可以在主卫星平台上携带并由其提供动力。较大卫星上的背负式发射和背负包为小型卫星的空间任务开辟了广泛的机会，这些任务只是较大的、资金更充足的空间任务的辅助品。

Planet (formerly Planet Labs) ——星球公司（原名星球实验室）：这家遥感小型卫星公司最初被称为星球实验室，但现在只被称为星球公司，它部署了被称为“鸽子”的 3U 立方星，由于其庞大的 LEO 卫星网络，提供了全球范围内的快速更新覆盖。它是地球观测卫星的最大运营商，也从谷歌公司收购了 Terra Bella 系统，谷歌公司也是股东之一。它位于加利福尼亚州的旧金山。

Position, Navigation, Timing Services——PNT：定位、导航、授时服务，这种基于卫星的服务也被称为全球导航卫星服务，或 GNSS。这是一个通用术语，指的是现在运行的许多此类系统，如美国的 GPS、俄罗斯的格洛纳斯系统、中国的北斗系统、日本的准天顶系统、印度的区域导航系统，以及计划中的欧洲伽利略系统，目前该系统正在建设之中。

Protozone——原区：由于空域和外层空间之间没有明确的分界线，商业空间以上和外层空间以下的区域有时被称为“临空”。这个区域可以被描述为卫星不能维持轨道飞行的区域（即160公里）和商业空域以上的区域（即21千米以上）。

“Province of mankind”——“人类开发范围”：《外层空间条约》中提到了人类开发范围的概念，后来又在《月球协定》中重申了这一概念。这个词是为了确定所有国家都可以进入外层空间，并为所有国家自由使用和进入外层空间打下基础。

Radio frequency——RF：无线电频率，无线电频率是在大约3千赫～300吉赫兹范围内的电磁波频率。它们包括，例如，用于通信或雷达信号的频率。一系列的无线电频率，特别是分配给特定用途的频率，被称为频谱。

Radio Regulations Board——RRB：无线电规章委员会，是国际电信联盟的一个部分，涉及国际电信联盟世界无线电会议全体会议通过的无线电条例。

Registration Convention——登记公约：是一项国际公约，正式名称是《关于登记发射到外层空间物体的公约》，于1974年11月12日签署。《登记公约》于1975年由联合国大会通过，并于1976年9月15日正式生效。它主要涉及缔约国对其空间物体的责任方面可能出现的问题，并要求发射国向UNOOSA正式登记所有发射到外层空间的物体。

Remotely piloted aircraft systems——RPAS：遥控飞机系统，指的是无人驾驶飞机，是国际电信联盟在提到为此类飞机系统的通信分配频谱时使用的一个术语。

Res communis——共有物：是罗马法中使用的一个拉丁术语，今天指的是公共领域的概念，通常与“人类共同遗产”的概念相联系。

RFI：射频干扰。

Rocket Labs——火箭实验室：位于新西兰和加利福尼亚的新太空创业公司。正在为小型卫星开发一种低成本的发射器，名为Electron。它被计划用于向月球发射，并在2017年赢得月球X奖。据报道，这次发射的成本为500万美元。到目前为止，它已经有两次成功的发射。

S Curve——S形曲线：是克里斯滕森教授提出的一种描述颠覆性创新的方法，它以图表的形式描述了颠覆性创新的引入、应用和最终替代的过程。

Secure World Foundation——SWF：安全世界基金会，是一个非政府组织，处理与空间安全、宇宙危险、轨道空间碎片以及其他涉及太空冲突或滥用的问题。总部设在科罗拉多州的博尔德，并在华盛顿特区设有办事处。

SEDS：一个创建于1980年的学生探索和发展空间组织。

Smallsat——小型卫星：通常指的是质量为500千克或更小的卫星，其设计是为了通过使用现成的部件、小型化的部件或作为发射更大卫星的辅助任务来降低成本。这样的小卫星可以相当小，如Femtosat、皮卫星、纳米卫星或立方星等术语所描述的那样。这些小卫星可以是简单的一个项目，也可以是一个非常大规模的星座之一。大多数小型卫星被发射到 LEO。但它们也可以部署在不同的轨道上执行科学任务，甚至进入深空，例如，为太空采矿的目的寻找合适的小行星。

Soft law——软法：软法可以与硬法形成对比。与后者相反，软法不具有约束力。它可以被描述为一种准法律文书。

Solar flares/storms——太阳耀斑/风暴：在太阳表面附近观察到的闪光，它是从太阳喷射出辐射。在某些情况下，除了耀斑之外，还有从太阳的日冕向太空喷射离子。这些破坏性特别大的事件被称为日冕物质抛射。太阳风、太阳耀斑和太阳风暴由气象卫星密切监测，如美国国家海洋和大气管理局部署的卫星，可以发出警报，要求所有卫星由于大型的太阳风暴而关闭电源。LEO 上的小卫星通常比 GEO 上的卫星受到更多规避太阳耀斑/风暴的保护。

Space Data Association——SDA：空间数据协会，由商业卫星网络的运营商在马恩岛创建的组织，进行交流信息并获得卫星可能碰撞的警告。一开始只有 4 个卫星运营商，目前有近 50 个不同类型的轨道卫星运营商参与。

Space plane——太空飞机：没有确切的定义。对这个术语的通常理解是一种可重复使用的有翼飞行器，通过以抛物线、非轨道飞行模式飞行，可以实现 100 千米高度以上的飞行（即通常的外层空间的起点）。

Space Situational Awareness——SSA：空间态势感知，是指用于加强对人造卫星和近地天体进行探测、跟踪、识别的系统和工程。例如，欧洲航天局的空间态势感知计划旨在支持欧洲对太空的独立利用和访问。它在 2008 年 11 月的部长理事会上得到授权，于 2009 年 1 月正式启动，并被延长至 2019 年。美国于 2017 年在密克罗尼西亚实施的新的 S 波段雷达系统将提高了该系统的能力，从在 LEO 上能够跟踪约 22000 个棒球大小的物体，到能够跟踪约 25 万个弹珠大小的物体。这些 SSA 系统最初是为跟踪导弹发射而创建的，但目前在跟踪不断增加的轨道碎片方面发挥着关键作用。

Suborbital spaceflight——亚轨道航天飞行：一种航天飞行，其轨迹与发射所在的引力体的大气层或表面相交。因此，尽管航天器到达了太空，但它并没有完成一次轨道公转。

Surrey Space Centre——萨里太空中心：萨里大学的小型卫星设计、开发和制造中心，现在由 Astrium AirBus 公司拥有。

Sustainable Development Goals (SDG) of the United Nations for 2030——SDG：联合国 2030 年可持续发展目标，是联合国大会为全球发展订立的 17 个目标，包含 169 个具体任务，为农业、环境、经济增长和就业、卫生和教育等领域的改善提出了明确的发展方向。在 21 世纪到来之际，这些目标取代了“千年发展目标”。

TCBM：“透明化和建立信任措施”的首字母缩写。它经常涉及惯常的或广为人知的太空防御或军事应用与实践。如果持续贯彻，可以减少一些空间系统可能被误解为进攻性军事行动的担忧。

Telemetry, tracking, and control——TT&C：遥测、跟踪和控制，是维持卫星或航天器在轨道或轨迹上运行的三个基本要素。遥测涉及从航天器到地面的数据中继，以便掌握卫星状态。跟踪是保持获取卫星在轨道或轨迹上的准确位置信息的过程。控制（或命令）是向卫星或航天器发送指令，以执行某些功能，如激活部件，操作开关，启动控制推进器，或以其他方式使太空飞行器以适当方式运行。

Terra Bella：这个全球遥感立方星星座只使用 LEO 上的三个单元的立方星网络，提供快速的视频更新。这个使用商业现成组件的系统最初是由斯坦福大学的一群研究生研制的，被命名为 Skybox。随后，该系统被谷歌公司收购并更名为 Terra Bella，然后卖给了行星公司，即以前的行星实验室。

U. N. Conferences on the Exploration and Peaceful Uses of Outer Space——UNISPACE：联合国探索与和平利用外层空间会议，联合国探索与和平利用外层空间会议的目的是提供一个全球对话的平台，讨论与太空探索和利用有关的问题。这些会议由联合国组织，以促进各国和国际组织之间在和平利用外层空间方面的合作。现在已经召开了三次联合国探索与和平利用外层空间会议，2018 年已经召开了联合国探索与和平利用外层空间会议＋50。这些活动都是在奥地利维也纳举行的。联合国和平利用外层空间委员会在那里举行会议，UNOOSA 也在那里设有办公室。

U. N. Convention on the Law of the Sea of 1982——UNCLOS：1982 年的《联合国海洋法公约》，是一个非常广泛的涉及国际海洋的公约。《联合国海洋法公约》的规定有时被认为是有关外层空间的法律先例或有用的准则。

U. N. Coordination of Outer Space Activities——UNCOSA：联合国外层空间活动协调，负责协调联合国层面的空间活动的计划。

UNCOPUOS：联合国和平利用外层空间委员会，联合国和平利用外层空间委员会由联合国大会在 1959 年创建，以审查和平利用外层空间的国际合作，鼓励研究计划，研究探索外层空间产生的法律问题，登记发射国发射到太空的物体，并开展需要由联合国承担的与空间有关的活动。

UN COPUOS Space Debris Mitigation Guidelines——联合国和平利用外层空间委员会空间碎片减缓准则：是联合国和平利用外层空间委员会在对空间碎片问题进行多年讨论后，于 2010 年批准的一系列不具约束力的自愿条例。虽然它们敦促各国限制在其太空作业中造成的碎片，并尽量减少各自对外层空间环境的风险，但它们是以准则和建议的形式存在的，因此不能强制各国遵守。

U. N. Educational, Scientific and Cultural Organization——UNESCO：联合国教育、科学及文化组织，是联合国的一个专门机构，总部设在巴黎，负责科学事务。它也探讨与太空有关的事项。它目前正在创建一部关于太空的百科全书，并有一个新成立的太空理事会。

University of Surrey Satellites——UoS：萨里大学卫星，这是在萨里太空中心开发和制造的卫星的名称。

U. N. Office for Disarmament Affairs——UNODA：联合国裁军事务厅，最初于 1982 年以不同的名称成立，于 2007 年更名为联合国裁军事务厅。其宗旨包括促进核裁军和不扩散，加强关于大规模毁灭性武器、化学和生物武器的裁军制度，以及关于常规武器（例如地雷）和特别是在当代冲突中使用的小武器的裁军。

U. N. Office for Outer Space Affairs——UNOOSA：联合国外层空间事务办公室，是联合国秘书处的一部分。它加强了联合国大会和联合国和平利用外层空间委员会的决定，成立于 1962 年，目前总部位于维也纳。

U. N. Platform for Space - based Information for Disaster Management and Emergency Response——UNSPIDER：联合国灾害管理和应急反应天基信息平台，由 UNOOSA 实施。其主要目的是向所有国家以及相关组织提供灾害管理方面的天基数据和服务的普遍访问。

Unmanned Aerial Vehicles——UAVs：无人驾驶飞行器，在没有人类飞行员乘坐的情况下运行的飞机。自主程度可以不同，因为无人机的飞行可以在人类操作员的远程控制下或由机载计算机（完全或间歇性自主）操作。它们通常被称为无人机或无人驾驶飞机系统。

U. S. Commercial Space Launch Competitiveness Act of 2015——2015 年美国商业太空发射竞争力法案：是目前美国最新的立法，涵盖美国新航天器和太空系统的商业开发。该法案的第四条涵盖了未来可能从太空物体或太空采矿中提取自然资源的问题。

Van Allen radiation belts——范艾伦辐射带：范艾伦辐射带是环绕地球的两个轨道带中的带电粒子层。这些层（或“带”）通过其磁场固定在地球周围。

Vienna Convention on the Law of Treaties of 1969——VCLT：《维也纳条约法公约》，于 1969 年 5 月 22 日通过，于 1969 年 5 月 23 日开放供签署，并于 1980 年 1 月 27 日生效。截至 2014 年 4 月，已有 114 个国家批准了《公约》，规范了国家间条约的国际法。

Wide Area Augmentation Service——广域增强服务：是一个地面系统，用于增强美国运营的 NAVSTAR - GPS 的准确性。随着基于卫星的导航在下一代航空和太空交通控制中发挥越来越大的作用，该服务变得更加重要。

World Economic Forum——WEF：世界经济论坛，是一个致力于公私合作的瑞士非营利基金会组织，使命包括通过与商业、政治、学术和其他社会领袖等不同的世界行动者合作，来改善世界状况，以塑造全球、地区和行业议程。

World Intellectual Property Organization——WIPO：世界知识产权组织，该组织总部

设在瑞士日内瓦，关注版权、商标，特别是专利等知识产权的保护问题。

World Meteorological Organization——WMO：世界气象组织，这个国际组织是联合国的一个专门机构。它关注协调世界范围内与天气预报、监测和警告、气候变化和空间气象有关的工作——特别是最危险的太阳风暴，如X级耀斑和日冕物质抛射，它们会损害航天器和全球关键基础设施。

World Radio-communication Conferences——WRCs：世界无线电通信会议，定期召开，目的是审查和修订（如有必要）无线电条例。这些无线电条例在全球范围内达成一致，并对无线电频谱的使用以及地球静止卫星和非地球静止卫星的轨道进行管理。这些会议曾被称为世界无线电管理会议（WARC），大约每四年举行一次。

附录B　太空颠覆性技术与创新的相关文件、立法和国际法规

《关于各国探索和利用包括月球和其他天体在内外层空间活动的原则条约》

1967 年 1 月 27 日，签订于莫斯科、华盛顿、伦敦；

1967 年 4 月 25 日经美国参议院建议批准；

1967 年 5 月 24 日经美国总统批准；

1967 年 10 月 10 日美国批准书交存于华盛顿、伦敦和莫斯科；

1967 年 10 月 10 日美国总统宣布生效。

本条约的缔约国：

1）鉴于人类因进入外层空间，展示出伟大的前途，而深受鼓舞。

2）确认为和平目的发展探索和利用外层空间，是全人类的共同利益。

3）深信探索和利用外层空间应为所有民族谋福利，不论其经济或科学发展程度如何。

4）希望在和平探索和利用外层空间的科学和法律方面，促进广泛的国际合作。

5）深信这种合作将使各国和各民族增进相互了解，加强友好关系。

6）回顾了 1963 年 12 月 13 日联大一致通过题为《各国探索和利用外层空间活动的法律原则宣言》的（十八届）第 1962 号决议。

7）回顾了 1963 年 10 月 17 日联大一致通过的（十八届）第一八八四号决议，要求各国不在绕地球轨道放置任何携带核武器或任何其他大规模毁灭性武器的实体，不在天体上配置这种武器。

8）考虑到 1947 年 11 月 3 日联大通过的（二届）第 110 号决议，谴责旨在煽动或鼓励任何威胁和平、破坏和平或侵略行为的宣传并认为该决议也适用于外层空间。

9）确信缔结各国探索和利用外层空间（包括月球和其他天体）的活动原则条约，会进一步实现联合国宪章的宗旨和原则。

兹议定条款如下：

第一条

探索和利用外层空间（包括月球和其他天体），应为所有国家谋福利和利益，而不论其经济或科学发展程度如何，并应为全人类的开发范围。

所有国家可在平等、不受任何歧视的基础上，根据国际法自由探索和利用外层空间

(包括月球和其他天体)，自由进入天体的一切区域。

应有对外层空间（包括月球和其他天体）进行科学考察的自由，各国要促进并鼓励这种考察的国际合作。

第二条

各国不得通过主权要求、使用或占领等方法，以及其他任何措施，把外层空间（包括月球和其他天体）据为己有。

第三条

各缔约国在进行探索和利用外层空间（包括月球和其他天体）的各种活动方面，应遵守国际法和联合国宪章，以维护国际和平与安全，促进国际合作和了解。

第四条

各缔约国保证：不在绕地球轨道放置任何携带核武器或任何其他类型大规模毁灭性武器的实体，不在天体配置这种武器，也不以任何其他方式在外层空间部署此种武器。

各缔约国必须把月球和其他天体绝对用于和平的目的。禁止在天体建立军事基地、设施和工事，禁止在天体试验任何类型的武器以及进行军事演习。不禁止使用军事人员进行科学研究或把军事人员用于任何其他的和平目的。不禁止使用为和平探索月球和其他天体所必需的任何器材设备。

第五条

各缔约国应把航天员视为人类派往外层空间的使节。在航天员发生意外、遇难，或在另一缔约国境内、公海紧急降落等情况下，各缔约国应向他们提供一切可能的援助。航天员紧急降落后，应立即、安全地被交还给他们宇宙飞行器的登记国家。

在外层空间和天体进行活动时，任一缔约国的航天员应向其他缔约国的航天员提供一切可能的援助。

各缔约国应把其在外层空间（包括月球和其他天体）所发现的能对航天员的生命或健康构成危险的任何现象，立即通知给其他缔约国或联合国秘书长。

第六条

各缔约国对其（不论是政府部门，还是非政府部门的团体组织）在外层空间（包括月球和其他天体）所从事的活动，要承担国际责任，并应负责保证本国活动的实施，符合本条约的规定。非政府团体在外层空间（包括月球和其他天体）的活动，应由有关的缔约国批准，并连续加以监督。保证国际组织遵照本条约之规定在外层空间（包括月球和其他天体）进行活动的责任，应由该国际组织及参加该国际组织的本条约缔约国共同承担。

第七条

凡进行发射或促成把实体射入外层空间（包括月球和其他天体）的缔约国，及为发射实体提供领土或设备的缔约国，对该实体及其组成部分在地球、天空，或外层空间（包括月球和其他天体）使另一缔约国或其自然人或法人受到损害，应负国际上的责任。

第八条

凡登记把实体射入外层空间的缔约国对留置于外层空间或天体的该实体及其所载人员，应仍保持管辖及控制权。射入外层空间的实体，包括降落于或建造于天体的实体，及其组成部分的所有权，不因实体等出现于外层空间或天体，或返回地球，而受影响。该实体或组成部分，若在其所登记的缔约国境外寻获，应送还该缔约国，如经请求，在送还实体前，该缔约国应先提出证明资料。

第九条

各缔约国探索和利用外层空间（包括月球和其他天体），应以合作和互助原则为准则；各缔约国在外层空间（包括月球和其他天体），所进行的一切活动，应妥善照顾其他缔约国的同等利益。各缔约国从事研究、探索外层空间（包括月球和其他天体）时，应避免使其遭受有害的污染，以及地球以外的物质，使地球环境发生不利的变化。如必要，各缔约国应为此目的采取适当的措施。若缔约国有理由相信，该国或其国民在外层空间（包括月球和其他天体）计划进行的活动或实验，会对本条约其他缔约国和平探索和利用外层空间（包括月球和其他天体）的活动，造成潜在的有害干扰，该国应保证于实施这种活动或实验前，进行适当地国际磋商。缔约国若有理由相信，另一缔约国计划在外层空间（包括月球和其他天体）进行的活动或实验，可能对和平探索和利用外层空间（包括月球和其他天体）的活动，产生潜在的有害的干扰，应要求就这种活动或实验，进行磋商。

第十条

为遵照本条约的宗旨，提倡探索和利用外层空间（包括月球和其他天体）的国际合作，各缔约国应在平等的基础上，考虑其他缔约国的要求，给予观测这些国家射入空间的实体飞行的机会。

观测机会以及提供的条件的类型，要由有关国家以协议定之。

第十一条

为提倡和平探索和利用外层空间（包括月球和其他天体）的国际合作，凡在外层空间（包括月球和其他天体）进行活动的缔约国，同意以最大的可行性和可操作性，将活动的类型、方法、地点及结果的情报，通知给联合国秘书长、公众和国际科学界。联合国秘书长接到上述情报后，应准备立即落实分发这种情报资料。

第十二条

月球和天体上的所有驻地、设施、设备和宇宙飞行器，应以互惠基础对其他缔约国代表开放。这些代表应将计划的参观事宜，提前通知，以便进行适当磋商，并采取最大限度的预防措施，保证安全，避免干扰所参观设备的正常作业。

第十三条

本条约各项规定，应适用于各缔约国为探索和利用外层空间（包括月球和其他天体）而进行的各种活动，不论这些活动是由一个缔约国，还是与其他国家联合进行的（以国际政府间机构进行的活动也包括在内)。

因国际政府间机构探索和利用外层空间(包括月球和其他天体),而产生的任何实际问题,要由缔约国与主管国际机构,或与该国际机构中一个或数个缔约国一起解决。

第十四条

1) 本条约应听任所有国家签署。凡在本条约据本条第三款生效之前,尚未签署的任何国家,可随时加入本条约。

2) 本条约须经签署国批准。批准书和加入文件应送交苏维埃社会主义共和国联盟、大不列颠及北爱尔兰联合王国及美利坚合众国政府存放,为此指定这三国政府为交存国政府。

3) 本条约应于五国政府(包括本条约交存国政府在内)交存批准书后,即刻生效。

4) 对在本条约生效后交存批准书或加入文件的国家,本条约应于其交存批准书或加入文件之日起生效。

5) 交存国政府应将每次签署日期、每次批准书及加入文件的交存日期、条约生效日期及其他事项,立即通知所有签署国和加入国。

本条约应由交存国政府根据联合国宪章第一百零二条的规定办理登记。

第十五条

每个缔约国均可对本条约提出修正。对每个要接受该修正的缔约国来说,每项修正在多数缔约国通过后生效;其后,对其余每个加入国来说,修正应于其接受之日起生效。

第十六条

任何缔约国在条约生效一年后,都可书面通知交存国政府,退出本条约。退出条约应从接到通知之日起,一年后生效。

第十七条

本条约的中文、英文、法文、俄文和西班牙文文本均具有同等效力,均交交存国政府存档。交存国政府应把经签署的本条约之副本送交各签署国和加入国政府。

为此,下列全权代表在本条约上签字,以昭信守。

1967 年 1 月 27 日,签订于伦敦、莫斯科、华盛顿。

《蒙特利尔宣言》于 2014 年 5 月 31 日通过。

2014 年 5 月 29—31 日,在加拿大蒙特利尔的麦吉尔大学举行的第二届曼弗雷德·拉赫斯全球空间治理国际会议,汇集了来自 22 个国家(航天和非航天国家)的 120 多名参与空间活动和监管各个方面的专家。作为就全球空间治理的不同方面和观点进行国际和跨学科审议的客观场所,认识到在 1960 年和 1970 年创建的当前全球空间治理体系自成立以来尚未得到国际社会的全面审查;认识到全球治理的概念是全面的,包括范围广泛的行为守则、建立信任措施、安全概念、国际机构、国际条约和其他协议、法规、程序和标准；注意到整个世界，特别是航天部门发生了许多事态发展，对当前和未来的空间活动以及对可持续地将太空用于造福全人类的和平目的（即外层空间的全球公共利益）产生严重影响；认为现在是评估当前全球空间治理制度的效力并提出适当的全球空间治理体系，以解决当前和即将面临的问题的时候。

特此以协商一致的方式解决：

1）呼吁民间社会、学术界、政府、私营部门和其他利益攸关方考虑成立一个工作组，筹备和召开一次国际会议，审议并商定向各国政府和相关国际组织提出的建议，旨在为全人类的利益建立一个和平和可持续的空间探索、利用和开发的全球治理机制。

2）确保在所有主要利益相关者（即国家和非国家行为者）的全球参与下尽快召开拟议的国际会议，包括国际政府间组织、相关区域组织、非政府组织、适当的国家部委（部门）和空间机构、学术机构、适当的商业企业和有关个人。

3）呼吁麦吉尔大学航空和航天法研究所带头在提议召开的国际会议之前，通过各种形式的媒体发起并完成一项审查太空条例和标准驱动因素的国际跨学科研究，并为其提供支持，面向全球受众。

4）除了确保上述研究审查外，还包括：

a）不断变化的全球经济、政治和社会状况以及对空间基础设施的依赖；

b）识别和评估所有已知的空间威胁；

c）太空机遇以及全人类对空间的可持续和和平利用、探索和开发的需要；

d）有待填补的安全、技术和操作空白；

e）与当前和新出现的空间活动问题相关的适当太空治理标准、法规、计划、协议和机构。

2014 年 5 月 31 日在蒙特利尔签署。

作 者 简 介

斯科特·马德瑞（Scott Madry）博士是区域环境和文化应用（包括考古学、环境研究和灾害管理）的遥感和地理信息系统专家。他是北卡罗来纳大学教堂山分校考古学研究副教授，并在法国斯特拉斯堡的国际空间大学任教近 30 年。自 1987 年国际空间大学成立以来，他就为国际空间大学工作，并在全球超过 25 个国际空间大学暑期课程中任教，曾经作为教员，常驻法国斯特拉斯堡三年。他还是南半球夏季空间项目的主管，该项目最近在澳大利亚阿德莱德举行，为期三年。

斯科特·马德瑞是信息国际公司（Informatics International，Inc.）的创始人和总裁，这是一家位于北卡罗来纳州教堂山的国际遥感和地理信息系统咨询公司，同时，他还是全球空间研究所的执行董事。他擅长自然与文化资源管理以及空间系统灾害应用。他于 1986 年在北卡罗来纳大学教堂山分校获得博士学位，并在 NASA 空间遥感中心技术发展研究所工作了三年，然后在罗格斯大学任教九年，之后在国际空间大学任教，并再次回到北卡罗来纳大学教堂山分校。他的研究领域包括遥感、地理信息系统和全球定位系统应用，曾在北美、非洲和欧洲工作。他曾担任《卫星应用手册》联合主编，该著作共有两卷本 1200 页，2012 年由施普林格出版社出版，第 2 版于 2017 年出版，迄今已下载超过 37 万次。同时，他也是施普林格出版社出版的其他几本著作的作者。

马德瑞博士在全球 30 个国家开设了 150 多个短期课程和教育项目。他非常关注开源地理信息系统、遥感和全球导航卫星系统，并教授 QGIS/GRASS 课程。他是美国红十字会的高级灾难指导师，并多次与其他工作人员一起到达灾难现场，作为紧急行动中心联络员或以其他身份开展灾难救援工作。他还积极与地理信息系统公司一起开展灾害远程数据分析研究，与其他地理信息系统公司志愿者一起被巴拉克·奥巴马授予“2012 年总统志愿服务奖”，并在 2016 年因与美国红十字会的合作而获得第二个金奖。

作者简介

[illegible]

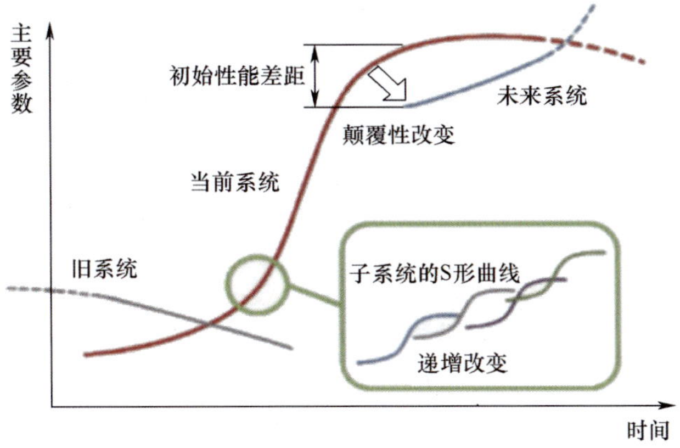

图 1-1　S形曲线(P7)

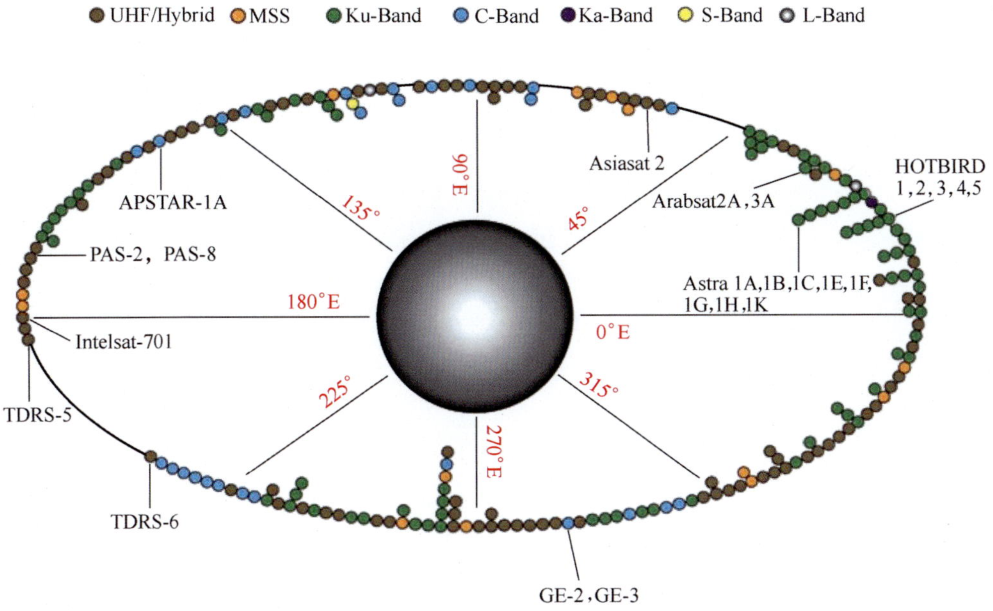

图 3-11　GEO 和不同频率的通信卫星的位置。左下方大片空白区域位于空旷的太平洋上空,大量卫星聚集在一起的区域为北美东部、欧洲西部和亚洲东部(图片由史密森尼航空航天博物馆提供)(P50)

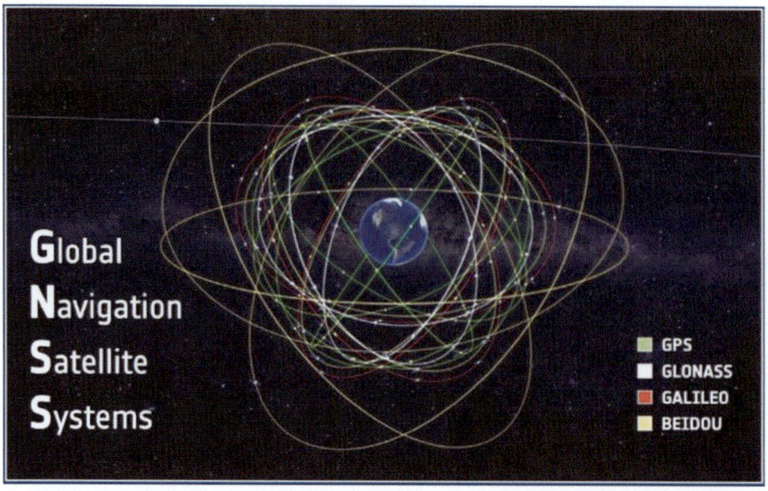

图 3-12　GNSS 中地球轨道（图片由联合国外空事务办公室提供）（P51）

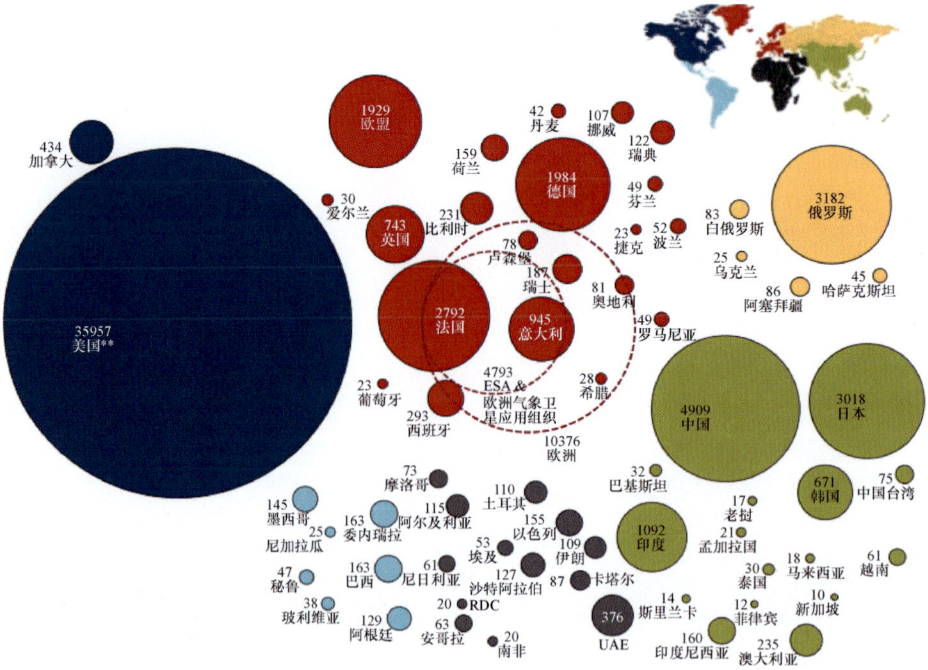

图 3-16　2016 年的国家太空支出（图片由 Euroconsult 集团提供[9]）（P56）

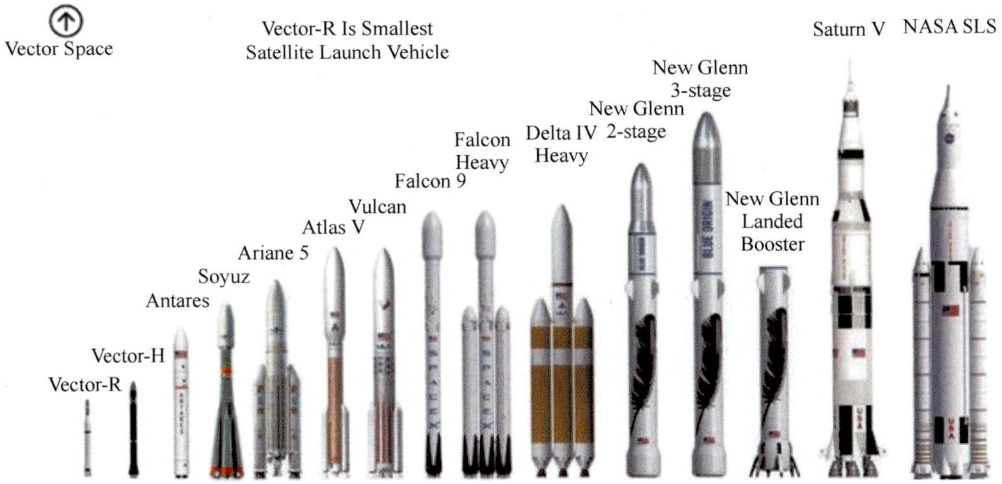

图 4-12　目前和计划中的运载火箭的相对尺寸，右侧是非常大的“新格伦”号与巨大的土星 5 号(Saturn Ⅴ)火箭的对比(图片由 Vector Space 公司提供)(P82)

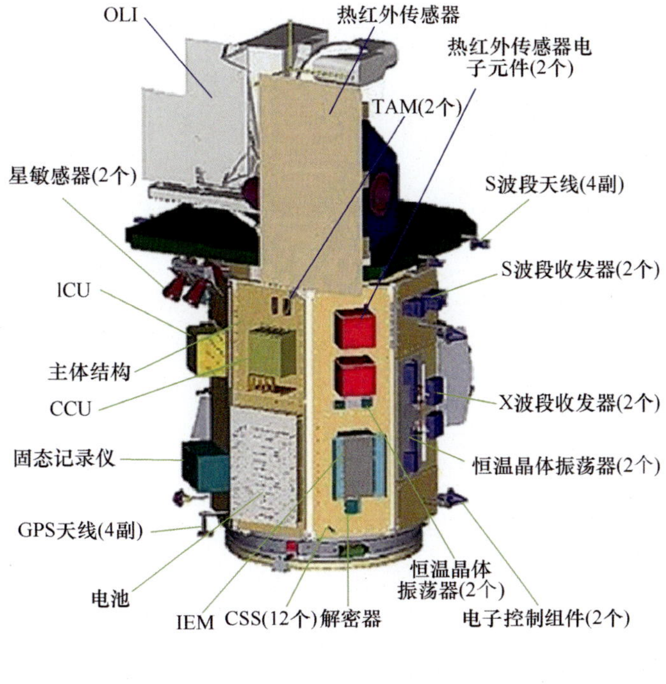

图 5-9　陆地卫星 8 号航天器(不含太阳能电池阵列)及其主要部件。固态记录仪(SSR)在左下方，显示为蓝色(图片由 NASA 和美国地质勘探局提供)(P105)

图 6－3 联合国的 17 个可持续发展目标(图片由联合国和平利用外层空间委员会提供[5])(P132)

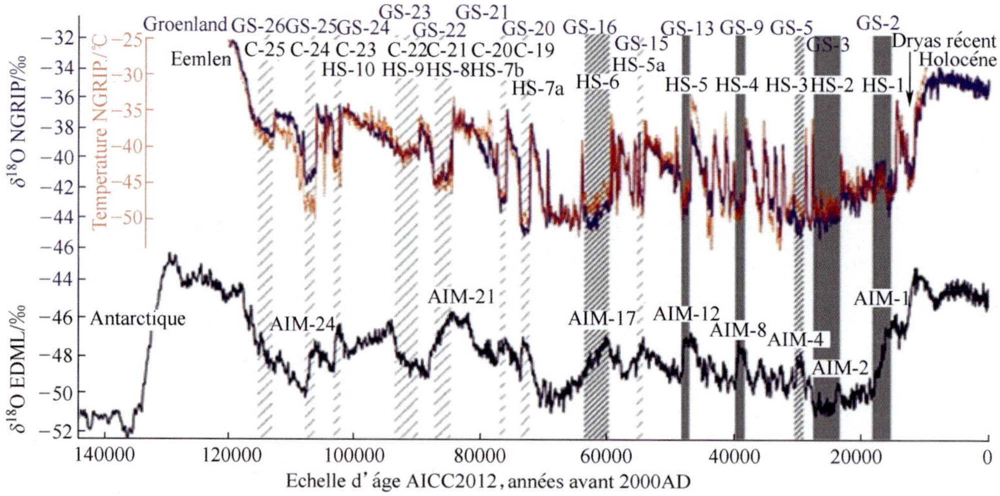

图 10－3 多个气候学数据集与时间的关系图[9](P178)